Der Strategieprozess

Klare Strategien und ihre konsequente Umsetzung sind für jedes Unternehmen die entscheidenden Erfolgsfaktoren. *Der Strategieprozess* beschreibt, wie innovative Zukunftskonzepte auf der Grundlage detaillierter Analysen und umfassender Zielfindungsprozesse entwickelt werden. Strategisches Handeln verlangt dabei uneingeschränkte Konsequenz bei der Implementierung, Leistungsmessung und bei den notwendigen Kurskorrekturen.

Die Autoren integrieren die einzelnen Management-Werkzeuge in einen praxiserprobten Ablauf, der Unternehmer und Führungskräfte bei der direkten Anwendung in ihren Organisationen Schritt für Schritt unterstützt. Dem Praktiker wird ein theoretisch fundiertes Konzept an die Hand gegeben, das heute bereits eine Vielzahl von Unternehmen in seiner systematischen »Einfachheit mit Substanz« zum Erfolg geführt hat.

Prof. Dr. Markus Venzin lehrt an der *Bocconi University* in Mailand Strategisches Management und ist Gründer der Strategieberatung *Redcon* in Mailand.

Diplom-Betriebswirt Carsten Rasner ist Direktor an der *Steinbeis-Hochschule* Berlin und dort verantwortlich für den Studiengang *Master of Business Administration in Media Management*.

Prof. Dr. Volker Mahnke lehrt an der *Copenhagen Business School* in Dänemark Strategie und Innovationsmanagement.

Markus Venzin, Carsten Rasner, Volker Mahnke

Der Strategieprozess

Praxishandbuch zur Umsetzung im Unternehmen

Campus Verlag
Frankfurt/New York

Bibliografische Information der Deutschen Nationalbibliothek:
Die Deutsche Nationalbibliothek verzeichnet diese Publikation in der
Deutschen Nationalbibliografie. Detaillierte bibliografische Daten
sind im Internet über http://dnb.ddb.de abrufbar.
ISBN 978-3-593-39330-8

2., erweiterte Auflage 2010

Copyright © 2010 Campus Verlag GmbH, Frankfurt/Main
Umschlaggestaltung: Init GmbH, Bielefeld
Satz: Fotosatz L. Huhn, Linsengericht
Druck und Bindung: Druckhaus »Thomas Müntzer«, Bad Langensalza
Gedruckt auf Papier aus zertifizierten Rohstoffen (FSC/PEFC).
Printed in Germany

Besuchen Sie uns im Internet: www.campus.de

Inhalt

Ein Plädoyer für kompetente Unternehmensführung

Manchmal verkommt Managementlehre zur Managementleere. Tausende von inhaltslosen Schlagworten, modischen Werkzeugen und simplifizierenden Checklisten bereichern auf fragwürdige Weise unseren Arbeitsalltag. Die Modelle und Schlagworte bewegen sich zwischen Vereinfachung und Praxisferne – zwischen Scharlatanerie und akademischer Weltflucht.

Mit diesem Buch wollen wir dem Unternehmer und Manager eine substanzielle Hilfestellung bieten. Sie finden hier eine Toolbox, die systematisch aufgebaut ist und sämtliche relevanten Techniken des modernen Managements vereint. Dabei handelt es sich um die Werkzeuge, die sich im Laufe der Jahre bewährt haben und die in einen strategischen Prozess integriert werden. Deshalb haben wir bewusst reduziert. Nicht die »333 Checklisten des praktischen Managements« sollen Ihnen von A (wie Anfängerfehler) bis Z (Zero-Based-Budgeting) vermittelt werden, sondern die essenziellen, wesentlichen Methoden, die sich sowohl in der unternehmerischen Praxis als auch in der akademischen Diskussion behauptet haben.

Wir blenden außerdem modische Managementtrends aus. Was der Mittelständler vor 20 Jahren unter Kundenorientierung und -bindung für selbstverständlich hielt, muss unter dem Begriff CRM nicht anders, geschweige denn besser werden. Gerade hier gilt es zu differenzieren und zu fokussieren.

Es kommt auf die Anzahl der einzusetzenden Werkzeuge, den Grad an Detaillierung und den richtigen Zeitpunkt der Anwendung an:

- Welche Werkzeuge sind relevant? Das heißt: Was ist wissenschaftlich fundiert und gleichzeitig praxistauglich?
- Wann liefert eine Analyse die richtigen Ergebnisse, und was müssen Sie dabei alles beachten?

- Wie läuft ein strategischer Managementprozess ab, und wann integrieren Sie welche Funktionen im Unternehmen?

Dieses Buch wird Ihnen umfangreiche Antworten liefern und ist somit ein Begleiter für die Herausforderungen des täglichen Managements. Wir sind der Überzeugung, dass die Unternehmerpraxis sehr stark von wissenschaftlich fundierten Methoden profitieren kann. Deshalb haben wir auch den theoretischen Unterbau und die Einordnung und Systematisierung unserer Empfehlungen nicht vernachlässigt. Anhand von Firmenbeispielen werden wichtige Konzepte kurz illustriert, um das Verständnis und die Umsetzbarkeit zu erhöhen.

Was wir Ihnen vermitteln wollen ist Prozesskompetenz. Am Ende der Lektüre sollen Sie in der Lage sein, Strategieprozesse systematisch zu steuern. Sie sollen wissen, welche strategischen Handlungsalternativen Ihnen zur Verfügung stehen, welche Werkzeuge Sie in welcher Phase einsetzen und wie Sie mit dem »Faktor Mensch« intelligent und verantwortungsvoll umgehen. Der Strategieprozess ist der rote Faden dieses Buches. In der Praxis ist er für Sie eine logische Struktur zur Entwicklung und Umsetzung von strategischen Initiativen. »Was mache ich wann?« und »Welche Ergebnisse sollte ich erzielen?« sind die Leitfragen der einzelnen Stufen. Deshalb finden Sie zu Beginn eines jeden Kapitels eine kurze Einführung, in der die Aufgabenstellung auf der jeweiligen Prozessstufe zusammengefasst wird. Am Ende einer jeden Stufe halten wir fest, welche Ergebnisse Sie nach diesem Schritt erzielt haben sollten.

In gewisser Weise soll dieses Buch auch ein Gegenentwurf zu den »Management-Eskapaden« der jüngsten Vergangenheit sein: Unternehmenspleiten, Börsenskandale und milliardenschwere Managementfehler gründen nach unserer Auffassung insbesondere in einem falschen Managementverständnis. Schnellstmögliches Wachstum, kundenferne Produktkonzepte, inhaltsleere aber medienwirksame Equity Stories sind an die Stelle von solidem Managementhandwerk getreten. Wer permanent damit beschäftigt ist, die Fantasien von Anlegern zu befriedigen, dem fehlt häufig die Zeit, um Situationen zu durchdenken, Alternativen zum gängigen Trend zu prüfen und Strategien konsequent umzusetzen. Mit Sicherheit ist es für die meisten Manager kein intellektuelles Problem, strategisch zu führen. Es ist vielmehr ein mentales Problem. Strategische Führung verlangt Geduld, Realismus und Konsequenz. Geduld, weil Strategien ihre Zeit brauchen, um sich im Markt und insbesondere im eigenen Unternehmen zu entfalten. Realismus, weil 100 Prozent Wachstum pro Quartal und permanente Renditen über dem Marktniveau gegen alle Regeln der Wirtschaftslehre verstoßen. Konsequenz, weil Strategieprozesse eine anstrengende Führungsaufgabe darstellen, bei der Menschen überzeugt und Entscheidungen durchgesetzt werden müssen. Erwarten Sie von Strategiearbeit also keine Wunder, sondern nur gute Ergebnisse.

Keine Tätigkeit ist essenzieller für Unternehmen als die Weichenstellung für die Zukunft. Deshalb ist die Prozesskompetenz bei der Strategischen Unternehmensführung die Kernkompetenz des General Managers. Wir wünschen Ihnen viel Spaß bei der Lektüre und insbesondere viel Erfolg bei der Umsetzung unserer Vorschläge.

1. Willkommen in der Welt des General Managers!

Stellen Sie sich vor, Sie müssten morgen die Leitung eines Geschäftsbereiches übernehmen und planen als erste Maßnahme, einen Strategie-Workshop mit Ihrem Topmanagementteam durchzuführen. Wie bereiten Sie sich auf den Workshop vor? Welche Analysen müssen im Vorfeld durchgeführt werden? Welche Themen sollen diskutiert werden? Wie stellen Sie sicher, dass die Resultate des Workshops einen Einfluss auf das Tagesgeschäft haben? Wie beteiligen Sie den gesamten Geschäftsbereich am Strategieprozess? Dieses Buch beschreibt Strategiearbeit als einen 9-Stufen-Prozess und ordnet die wichtigsten Instrumente des Managements den einzelnen Prozessschritten zu. Das Hauptgewicht legen wir aber nicht auf die Beschreibung der einzelnen Instrumente, sondern auf deren Einbettung in den Strategieprozess.

Der Strategieprozess ist vergleichbar mit einem Arztbesuch. Als erster Beratungsschritt werden dort meist Blutwerte, Blutdruck und andere Leistungswerte ermittelt. Der Arzt kann dann, aufbauend auf den Laborberichten, in die nächste Phase eintreten: Die Identifizierung von Problembereichen oder, auf das Unternehmen übertragen, von strategischen Themen. Tritt Übergewicht zusammen mit erhöhten Cholesterinwerten und zu hohem Blutdruck auf, so stellt sich dem Arzt und dem Patienten die Frage: »Wie können wir die Gefahr eines Herzinfarktes verringern?« Dieses strategische Thema leitet dann die Analyse der Ess- und Lebensgewohnheiten des Patienten ein. In der Managementsprache käme das wohl einer Ist-Analyse des Marktumfeldes und der Firmenressourcen und -fähigkeiten gleich. Aufbauend auf dieser zweiten, spezifischeren Analysephase wird der Arzt dann zusammen mit seinem Patienten eine Diagnose entwickeln, in der die Ursachen für die derzeitige Situation klar dargelegt werden. Oft wird auch eine Prognose des zukünftigen Gesundheitszustandes entwickelt: »Wenn Sie so weitermachen, leben Sie noch maximal fünf

Jahre.« Um diese Situation zu verändern, wird zusammen mit dem Patienten die Vision eines gesünderen Lebens entwickelt: »mit dem Rauchen aufhören, keinen harten Alkohol und keine fettigen Speisen mehr, ein Blutdruck von 110/90, eine Gewichtsreduktion von 14 kg, eine sportliche Figur und Freude am Leben«. Um diese Vision zu erreichen, muss eine Strategie entwickelt, ein Weg aufgezeichnet werden. Der Arzt wird das als Therapie bezeichnen: Medikamente, Ausdauersport, Diät, Rauchverbot. Die Umsetzung dieses Therapievorschlages erfordert viel Selbstdisziplin. Um die Implementierung des Plans zu unterstützen, wird möglicherweise ein Kuraufenthalt oder eine Periode mit reduzierter Arbeitszeit vorgeschlagen. Regelmäßige Kontrollbesuche beim Arzt mit eventuellen Therapieveränderungen schließen den Prozess ab.

Das Beispiel des Arztbesuches kann leicht auf Unternehmen übertragen werden. Von der Messung bis zur Implementierung: Über neun durchdachte Stufen hinweg können Unternehmen ihre Entwicklung permanent und systematisch vorantreiben. In Abbildung 1 finden Sie den Strategieprozess, der die Grundlage für das Managementkonzept des vorliegenden Buches ist.

Im Folgenden wird für jede Phase des strategischen Prozesses eine kurze Beschreibung und ein Fragenkatalog entwickelt, der als Leitfaden für Strategiegespräche dienen kann. Zusätzlich werden die wichtigsten Ma-

Abbildung 1: Der Strategieprozess

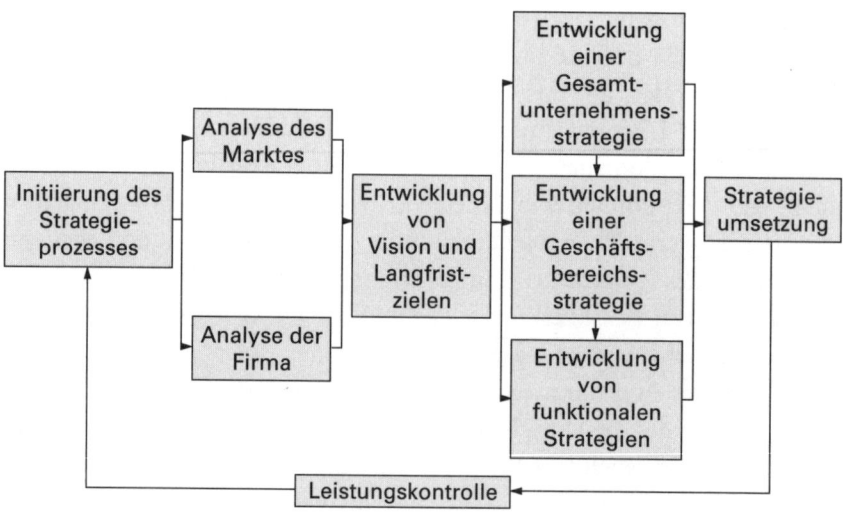

nagementinstrumente den einzelnen Phasen zugeordnet. Als Instrumente werden hier nicht nur klassische »Kochrezepte« aufgeführt, sondern auch nützliche Denkansätze. Die hohe Kunst des Managements besteht darin, das richtige Instrument der Situation angepasst einzusetzen.

Leistungskontrolle: Erfahrene Manager entwickeln sehr schnell ein gutes Gefühl für den »Gesundheitszustand« des Geschäftsbereiches – ein Gefühl, das durch Kennzahlen verstärkt wird. Neben finanzwirtschaftlichen Kennzahlen (wie ROI, ROCE oder ROA) werden unter anderem auch Kundenzufriedenheit, Innovationsgrad oder organisatorische Aspekte betrachtet. So wird das »Cockpit« entwickelt, das den Geschäftsbereichsleiter bei der Steuerung seiner Einheit unterstützt. Die Leistungskontrolle ist als Implementierungshilfe für strategische Initiativen ebenso wichtig wie für die Identifikation von strategischen Themen. Sie ist der Katalysator, der den strategischen Prozess antreibt. Grundsätzlich kann der Strategieprozess an jeder Stelle begonnen werden: mit der Entwicklung einer Vision, der Beurteilung der aktuellen Strategien oder der Identifikation von strategischen Themen. Es kann aber sinnvoll sein, mit der Leistungsmessung als erstem Schritt zu beginnen, wenn ein Manager einen neuen Geschäftsbereich übernimmt, oder wenn das Unternehmen schon längere Zeit keinen formellen Strategieprozess mehr durchlaufen hat.

Abbildung 2: Übersicht der Fragen und Instrumente zur Leistungsmessung

Fragen an das Management	Managementinstrumente
Welches sind die wichtigsten Indikatoren, die zur Leistungsmessung im Bereich der Strategieumsetzung herangezogen werden können?	Strategisches Controlling Balanced Scorecard
Ist die Implementierung der Strategie erfolgreich?	Shareholder-Value-Analyse
Wie erkennen Sie früh, ob Ihr Unternehmen vom Kurs abgekommen ist?	Finanzanalyse
Wie kommunizieren Sie den Wert und die Leistung Ihres Unternehmens?	Frühwarnsysteme

Initiierung des Strategieprozesses: Den strategischen Prozess zu initiieren heißt: relevante Themen zu erkennen, Prioritäten zu setzen und das Unternehmen dazu zu bewegen, sich mit diesen Themen auseinanderzusetzen. Betriebs- oder Industrieblindheit, persönliche Interessen, eine erhöhte Marktkomplexität und der operative Zeitdruck erschweren die klare Identifikation und das Festlegen von Prioritäten bei strategischen Themen. Viele Unternehmen überlasten ihre Mitarbeiter mit Strategieprojekten und verstehen es nicht, Themen zu gewichten und zueinander in Bezug zu setzen. Das Unternehmensleitbild (»Mission Statement«) bietet eine gute Basis, um Wichtiges von Unwichtigem zu unterscheiden. Im Leitbild wird der Unternehmenszweck und das Wertesystem des Unternehmens beschrieben. Ein gutes Leitbild beschreibt auch deutlich, in welchen Märkten das Unternehmen tätig sein will. Neben der klaren Entwicklung von strategischen Themen werden in dieser ersten Phase die Spielregeln des strategischen Prozesses festgelegt. Die Gespräche und Erfahrungen während des Strategieprozesses sind meist wichtiger als der eigentliche Output – der strategische Plan. »Plans are nothing – Planning is everything« lautet die Devise.

Das bedeutet nicht, dass der Strategieprozess zu einem esoterischen Gedankenaustausch verkommen muss: Die Entwicklung einer Strategie kann als Lernprozess verstanden werden, und was am Ende dieses Prozesses zählt, sind die gemachten Erfahrungen und die neuen Erkenntnisse – Strategie als »learning by doing« (Mintzberg 1999). Ein schriftliches Festhal-

Abbildung 3: Übersicht der Fragen und Instrumente zur Initiierung des Strategieprozesses

Fragen an das Management	Managementinstrumente
Welche Themen sind langfristig von Bedeutung für Ihr Unternehmen?	Gesprächsmanagement
Wie setzen Sie Prioritäten bei der Bearbeitung von Themen?	Leitbild (Mission Statement)
Wie kann ein Strategie-Workshop gestaltet werden?	Eisenhower Matrix
Wie managen Sie Macht in strategischen Gesprächen und durchbrechen gewohnte Denkmuster?	Strategic Agenda Setting

ten des strategischen Planes stört hingegen oft den Lernprozess. Andere Manager und Akademiker beschreiben die Entwicklung einer Strategie als einen Planungsprozess (Ansoff 1965): nicht »learning by doing«, sondern »learning before doing«. Strategieentwicklung ist ihrer Meinung nach ein objektiver und rationaler Vorgang. Willkürliche Experimente sollten dabei möglichst vermieden werden. Die Erfahrungen aus der Praxis zeigen deshalb nicht überraschend, dass der optimale Strategieprozess etwas von beidem hat: »learning before, by and after doing«. Den richtigen Prozessansatz zu finden, der den Managern sowohl neue Erfahrungen beschert als auch die gemachten Erfahrungen gezielt ausnutzt, ist eines der Hauptziele in dieser Phase.

Durch den schematischen Aufbau dieses Buches und die Darstellung des strategischen Prozesses in neun Stufen mag der Eindruck entstehen, dass die Autoren vor allem den Argumenten von Igor Ansoff folgen. Dem ist nicht so. Wir sind davon überzeugt, dass Strategiearbeit zum größeren Teil ein kreativer Akt und kein pures analytisches Vorgehen ist. Wir sind uns bewusst, dass Sie in der Praxis die analytische Trennung der verschiedenen Schritte in dieser reinen Form selten finden werden. Das Prozessschema hilft Ihnen jedoch, strategische Prozesse zu verstehen und zu steuern. Wie ein Maler zuerst lernt, Gegenstände so abzubilden, dass man sie wieder erkennt, und sich dann der abstrakten Kunst widmen darf, müssen Manager das Handwerkszeug des strategischen Managements erlernen, um dann »Strategie-Virtuosen« zu werden.

Analyse des Marktes: Nachdem die strategischen Themen identifiziert und klassifiziert worden sind, werden sie bearbeitet. Wenn zuerst das Marktumfeld analysiert wird, spricht man vom so genannten »market-based-approach-to-strategic-management«. Das Unternehmen versucht, den Markt möglichst gut zu verstehen, um dann die eigene Position so zu definieren, dass der Gewinn maximiert wird. Das Management orientiert sich also klar am Markt und passt die eigenen Ressourcen und Fähigkeiten an. Dieser Ansatz funktioniert am besten in relativ stabilen Märkten. Der erste Schritt in einer Marktanalyse ist deshalb die klare Segmentierung der Märkte. Wird verallgemeinernd über zu unterschiedliche Märkte gesprochen, riskiert man, nur oberflächliche oder falsche Resultate zu bekommen, denn für unterschiedliche Marktsegmente sind jeweils andere Strategien erforderlich.

Abbildung 4: Übersicht der Fragen und Instrumente zur Analyse des Marktes

Fragen an das Management	Managementinstrumente
Über welches Marktsegment sprechen Sie? Welche Bedürfnisse haben die Kunden?	Marktbasierter Strategieansatz
Wie hoch schätzen Sie das nachgefragte Auftragsvolumen? Nach welchen Kriterien wählen die Kunden ihre Lieferanten aus?	Marktsegmentierung
	PEST-Analyse
Wer sind die existierenden (und potenziellen) Wettbewerber? Was wissen Sie über deren Profitabilität (Umsatz, Kosten, Investitionen, Mitarbeiterzahl)? Wie sind diese in der Vergangenheit gewachsen? Wie schätzen Sie deren Stärken, Schwächen und Marktstrategien im Vergleich zu unserem Geschäftsbereich ein?	Anspruchsgruppenanalyse
	Industrieanalyse
	Analyse strategischer Gruppen
Welche generellen Marktfaktoren aus dem politischen, ökonomischen, soziokulturellen und technologischen Umfeld beeinflussen Ihr Unternehmen?	Analyse der kritischen Erfolgsfaktoren
	SWOT-Analyse
Auf welchen Trends beruhen diese Szenarien? Wie können Trends frühzeitig erkannt werden?	Szenario-Technik
Wie können Unsicherheitsfaktoren eingegrenzt und Zukunftsentwicklungen abgeschätzt werden?	Trendmanagement
Auf den Punkt gebracht: Welches sind die entscheidenden Faktoren, die über Erfolg oder Misserfolg in diesem Marktsegment entscheiden?	Spieltheorie
Passen Sie sich den Markttrends an, oder versuchen Sie, diese aktiv zu gestalten?	

Nach der Segmentierung des Marktes wird das generelle Industrieumfeld analysiert. Hierbei werden Trends aus dem politischen, ökonomischen, sozio-kulturellen und technologischen Umfeld beschrieben. Danach untersucht man die spezifische Segmentstruktur. Das 5-Kräfte-Modell (Porter 1980) ist wohl, trotz seines Alters, immer noch das am häufigsten benutzte Instrument dafür. Nachdem die aktuelle Marktsituation erfasst wurde, ist es angebracht, sich über die Zukunftentwicklung des Marktsegmentes Gedanken zu machen. Methoden wie die Szenario-Technik, Regressionsanalyse, spieltheoretische Ansätze oder die Entwicklung von Analogien können dabei verwendet werden. Die Erfahrung zeigt, dass sich viele Firmen zu diesem Zeitpunkt des Strategieprozesses in einem Datenwirrwarr verlieren und Mühe haben, die Informationen zu strukturieren. Deshalb unser Tipp: Konzentrieren Sie sich bei der Analyse nur auf eine strategische Fragestellung und sammeln Sie nur Daten, die Ihnen helfen können, die Qualität der Antwort auf die eingangs gestellte Frage zu erhöhen. Zudem sollten Sie versuchen, die Marktanalyse zusammenfassend in einigen wenigen Kernaussagen zu präsentieren. Oft geschieht dies in Form von strategischen Erfolgsfaktoren (Key-Success-Factors). Achten Sie darauf, dass diese Erfolgsfaktoren so formuliert sind, dass sie keine firmenspezifischen Merkmale enthalten. Oder anders gesagt: Strategische Erfolgsfaktoren sind für alle Wettbewerber gleich. Vermeiden Sie Sätze wie »Unsere starke Marke ist ein strategischer Erfolgsfaktor in unserem Marktsegment«, denn es könnte gut sein, dass die Kunden keinen Wert auf Marken legen, sondern möglichst billige Produkte kaufen wollen. Erst die Gegenüberstellung von Marktanforderungen und den aktuellen Unternehmenscharakteristika bildet die Grundlage für die Entwicklung der Vision und der Strategie.

Analyse der Firma: Im Gegensatz zum marktbasierten Ansatz geht der ressourcenbasierte Ansatz davon aus, dass der Markt zu dynamisch ist, um langfristige Prognosen zu entwickeln und auf dieser Basis eine optimale Position zu definieren. Bis die marktbasierte Strategie implementiert ist, haben sich die Marktgegebenheiten schon so stark verändert, dass die Strategien nicht mehr greifen. Orientierungshilfen für das Unternehmen kommen nicht vom Markt, sondern von der spezifischen Ressourcenausstattung der Firma selbst. Wettbewerbsvorteile liegen deshalb nicht in der Fähigkeit, Veränderungen in Industriestrukturen schnell und flexibel auszunutzen, sondern in einzigartigen Ressourcen und Fähigkeiten. Das Ziel ist nun, diese Ressourcen und Fähigkeiten so auszunutzen, dass der Markt aktiv mitgestaltet werden kann oder sogar ein neuer Markt entwickelt wird.

Abbildung 5: Übersicht der Fragen und Instrumente zur Analyse der Firma

Fragen an das Management	Managementinstrumente
Passen Sie sich den Markttrends an oder versuchen Sie, diese aktiv zu gestalten?	Ressourcenbasierter Strategieansatz
Welche Ressourcen und Fähigkeiten erzeugen einen anhaltenden Wettbewerbsvorteil?	Wertschöpfungsketten-Analyse
Welche Ressourcen oder Fähigkeiten (Wertschöpfungsprozesse) sind wertvoll für den Kunden, selten (die Wettbewerber haben diese Ressourcen/Fähigkeiten nicht), schwer zu imitieren und schwer zu substituieren?	Benchmarking / Kernkompetenzen-Ansatz / Wissensmanagement
Wie werden Ihre Ressourcen durch Fähigkeiten ausgenutzt, um schließlich Produkte und Dienstleistungen am Markt anbieten zu können?	
Wie sieht das aktuelle Portfolio von Geschäftseinheiten aus? Wie viel wird in welche Geschäftseinheiten investiert?	

Entwicklung von Vision und Langfristzielen: Nun wird eine Vision entwickelt, an der sich die Firma orientieren soll. Auch wenn das Umfeld komplex ist und sich schnell verändert, ist es doch in den meisten Firmen möglich und notwendig, eine solche Zielvorgabe zu entwickeln. Die Herausforderung besteht darin, eine Vision zu formulieren, die zu Leistung anregt und von der Mehrheit der Mitarbeiter getragen wird. Führungskräfte sollten Mitarbeitern vorstehen, die ihnen folgen, weil sie eine klare Idee von einer besseren Zukunft haben, und nicht, weil sie zu einer höheren Hierarchiestufe gehören. Eine wirkungsvolle Vision sollte deshalb nicht zu komplex sein, sondern eine »bessere« Zukunft in einfachen Worten beschreiben, damit sie effektiv kommuniziert werden kann.

Die Entwicklung von »Vision Statements« ist leider oft eine Pflichtübung ohne wirklichen Einfluss auf die täglichen Managemententscheidungen. Die Vision bildet den Endpunkt – das Ziel – für die einzelnen

Abbildung 6: Übersicht der Fragen und Instrumente zur Entwicklung einer Vision

Fragen an das Management	Managementinstrumente
Wie sieht die Zukunft des Geschäftsbereichs in fünf Jahren aus? Wie könnten Sie diese in knappen Kernsätzen beschreiben?	Vision Statement Strategic Intent
Welches sind Merkmale einer effektiven Vision?	Leadership-Modelle
Welche Meilensteine sollen in den nächsten drei Jahren erreicht werden?	Motivationstheorien
Wie bewerten Sie strategische Alternativen?	Strategiebewertung

Strategieprojekte und damit gleichzeitig den Ausgangspunkt für die Definition von Mittelfristzielen und Jahresbudgets. Eine gute Vision hat also – zugegeben über mehrere Stufen hinweg – einen starken Einfluss auf die Zielvereinbarungsgespräche jedes einzelnen Mitarbeiters. Zusätzlich stellt die Vision die Grundlage für die Auswahl von strategischen Alternativen dar. Die Auswahlkriterien zur Bewertung einer strategischen Option werden erarbeitet, bevor Strategien entwickelt werden. Dadurch entsteht »Prozessgerechtigkeit«, oder anders formuliert: Die Entscheider sind mit dem Auswahlverfahren einverstanden, obwohl sie vielleicht mit dem Inhalt der Entscheidung nicht glücklich sind.

Entwicklung einer Gesamtunternehmensstrategie: Die zentrale Frage auf Gesamtunternehmensebene lautet: »Welche Marktsegmente soll die Firma mit welchen Mitteln langfristig bearbeiten?« Kernaufgaben einer Unternehmenszentrale sind die Ressourcenzuteilung, Diversifikationsentscheidungen, Kontrolle und Steuerung der Geschäftseinheiten und die Koordination der Aktivitäten von verschiedenen Geschäftsbereichen untereinander (Synergieentwicklung). Das Ziel einer jeden Unternehmenszentrale sollte sein, die Wettbewerbsfähigkeit der Geschäftseinheiten zu stärken – und dies sollte von der Leitung der Geschäftseinheiten anerkannt werden. Erfolgreiche Unternehmenszentralen verfügen über Kompetenzen und Ressourcen, die komplementär zu denjenigen der Geschäftseinheiten sind,

Abbildung 7: Übersicht der Fragen und Instrumente zur Entwicklung einer Gesamtunternehmensstrategie

Fragen an das Management	Managementinstrumente
Wie generiert eine Unternehmenszentrale Wert für die einzelnen Geschäftseinheiten?	Parenting Advantage
Welche Rollen kann und soll die Unternehmenszentrale übernehmen?	Wachstumsstrategien
Welche unternehmensübergreifenden Kooperationen sollen eingegangen werden?	Outsourcing
Wie sollten die Ressourcen auf die einzelnen Geschäftsbereiche verteilt werden?	Strategische Allianzen
In welche neuen Märkte soll investiert werden? Wo sollte desinvestiert werden?	Diversifikationsstrategien
Wie können Synergien zwischen den einzelnen Geschäftseinheiten erzielt werden?	Internationalisierungsstrategien
	Synergie-Management

und verstehen die Geschäftslogik dieser Einheiten. Nur durch eine klare Definition der Rolle der Zentrale und sehr selektiven Eingriffen kann die Gratwanderung zwischen der nötigen Autonomie der Geschäftseinheiten und der ebenso erforderlichen Koordination und Kontrolle des Gesamten erfolgreich durchgeführt werden.

Entwicklung einer Geschäftsbereichsstrategie: Auf Geschäftsbereichsebene stellt sich hierbei die Frage, wie ein Marktsegment erfolgreich bearbeitet werden kann: »Wie kann sich der Geschäftsbereich im Vergleich zu den Wettbewerbern abheben und eine einzigartige und Wert erzeugende Leistung (Produkt oder Service) erstellen?« Der Geschäftsbereich ist die dem Wettbewerb direkt exponierte Unternehmenseinheit. Das zentrale Ziel einer Geschäftsbereichsstrategie ist es, möglichst lange anhaltende Wettbewerbsvorteile zu entwickeln. Die Art dieser Wettbewerbsvorteile wird sowohl von den Fähigkeiten und Ressourcen der Firma als auch von den Kundenbedürfnissen und Marktstrukturen bestimmt. Hat der niedrigere Preis die Kaufentscheidung des Kunden zu Ihren Gunsten beeinflusst, so spricht man von einer Strategie der Kostenführerschaft. Ist der

Abbildung 8: Übersicht der Fragen und Instrumente zur Entwicklung einer Geschäftsbereichsstrategie

Fragen an das Management	Managementinstrumente
Welche Basisstrategie liegt dem Geschäftsbereich zugrunde: Differenzierung oder Kostenführerschaft?	Differenzierungsstrategien
Wie kann das Angebot Differenzierungsvorteile erzeugen? Welchen Einfluss hat unser Produkt/Service auf die Wettbewerbsfähigkeit der Kunden?	Kostenführerschaftsstrategien
Kann ein Kostenvorteil durch die Redimensionierung der Wertschöpfungsaktivitäten erzeugt werden?	Nischenstrategien
Kann die Konzentration auf eine Nische Wettbewerbsvorteile erzeugen?	Angriffsstrategien
Stimmt die Geschäftsbereichsstrategie mit den Vorgaben der Gesamtunternehmensleitung überein?	Verteidigungsstrategien

Kunde bereit, einen Aufpreis (Price Premium) zu bezahlen, so spricht man von einer Differenzierungsstrategie.

Die Wettbewerbsvorteile bei einer Strategie der Kostenführerschaft beruhen meist auf der Fähigkeit, große Stückzahlen zu produzieren. Eine Differenzierung erzielt ein Geschäftsbereich, wenn sich das angebotene Produkt durch besondere Merkmale wie Design, Image, Qualität oder Funktionalität vom Wettbewerb abhebt. Ist diese Basisstrategie einmal festgelegt, werden Verkaufsargumente entwickelt (Unique Selling Propositions), die den Mehrwert des differenzierten Produktes erklären sollen. Neben der generellen Entscheidung zwischen Kostenführerschaft oder Differenzierung kann sich ein Unternehmen auch entschließen, den Markt noch enger zu definieren und sich auf einzelne Segmente zu spezialisieren. Diese Strategie wird Fokusstrategie oder Nischenstrategie genannt. Die Kunst ist dabei, eine homogene Kundengruppe zu finden, die groß genug ist, um für sie ein spezifisches Angebot zu erstellen. Gelingt dies, so ist es, zumindest zu Beginn, nicht notwendig, sich zwischen den Basisstrategien Kostenführerschaft oder Differenzierung zu entscheiden, da es keine direkten Konkurrenten gibt – höchstens Substitutsprodukte. Mit der Zeit werden aber andere Firmen versuchen, diese Monopolsituation zu durchbrechen und ebenfalls spezifische Angebote für dieses Subsegment erstellen. Durch diese Konfrontation mit direkten Wettbewerbern muss sich die Firma wieder klar positionieren und sich für eine Basisstrategie entscheiden.

Entwicklung von funktionalen Strategien: Auf der funktionalen Ebene werden in inhaltlicher Übereinstimmung mit der Geschäftsbereichsstrategie die Richtlinien für Marketing, Finanzen, Personalwesen, Beschaffung, Produktion, Logistik, Verkauf, Informationstechnologie und weiteres festgelegt. Funktionale Strategien zielen hauptsächlich darauf ab, die Produktivität der verfügbaren Ressourcen zu erhöhen. Der Fokus wird von der Effektivität (die richtigen Dinge tun) auf die Effizienz (die Dinge richtig tun) verschoben. Funktionale Strategien sind deshalb konkrete Umsetzungspläne der Geschäftsbereichsstrategien.

Strategieumsetzung: Ist eine Vision vorhanden und eine Strategie zur Zielerreichung entwickelt worden, geht es an die aktive Umsetzung. Untersuchungen haben gezeigt, dass etwa 80 Prozent der strategischen Initiativen nicht oder nur in einem sehr bescheidenen Maße realisiert werden. Die Resistenz gegen Veränderung kann viele Ursachen haben: Oft wird der

Abbildung 9: Übersicht der Fragen und Instrumente zur Entwicklung von funktionalen Strategien

Fragen an das Management	Managementinstrumente
Wie sollen die einzelnen Funktionsbereiche organisiert werden? – Marketing – Finanzen – Personalwesen – Beschaffung – Produktion – Logistik – Verkauf – Informationstechnologie	Das Buch geht auf Marketing-, Verkauf- und auf Personalstrategien näher ein. Das Ziel des Kapitels ist nicht, die wichtigsten Managementinstrumente vorzustellen, sondern die Verbindung zu den anderen Prozessschritten zu zeigen.

Handlungsbedarf nicht gesehen (»wir waren doch immer erfolgreich«), die Vision wird nicht von allen geteilt, die Strategie ist zu komplex und wird nicht verstanden, oder die Veränderung wird nicht durch eine veränderte Zielvereinbarung mit entsprechenden Anreizsystemen unterstützt. Eine effiziente Umsetzung fängt konsequenterweise nicht erst nach der Strategiefindung, sondern schon bei der Definition der strategischen Themen an. Eine aktive Kommunikation und Einbindung der wichtigsten Entscheidungsträger ist auch bei einem schnellen Turnaround-Prozess entscheidend.

Abbildung 10: Übersicht der Fragen und Instrumente
zur Strategieumsetzung

Fragen an das Management	Managementinstrumente
Welche Erträge, Kosten und Investitionen sind, abgeleitet aus der Vision und den langfristigen Zielen, über die nächsten drei Jahre geplant?	Management by Objectives (MBO) Business Process Redesign
Welche Veränderungen sind in den organisatorischen Bereichen geplant (Strukturen, Systeme)?	Analyse der Wandlungsbarrieren und Wandlungstreiber
Welches sind die wichtigsten Aktivitäten, die zur Zielerreichung geplant sind?	Turnaround-Management Privatisierung Analyse der Wandlungsebenen

2. Strategische Leistungsmessung

Was Sie bei der strategischen Leistungsmessung machen müssen: In dieser Stufe geht es darum, ein Führungscockpit zu entwickeln. Definieren Sie Steuergrößen, mit denen Sie Ihre Unternehmensentwicklung messen. Diese limitierte Anzahl von Kennzahlen beschreibt sowohl interne als auch externe Aspekte und ist nicht nur finanzieller Natur. Somit ist eine regelmäßige und konsequente Früherkennung von Kursabweichungen sowie eine Durchführungs- und Wirksamkeitskontrolle von strategischen Initiativen möglich. Diese Prozessstufe ist der Katalysator des Strategieprozesses. Wie am Beispiel des Arztbesuches im vorangegangen Kapitel erläutert, wird in vielen Fällen zu Beginn des Strategieprozesses die Leistungsmessung genutzt, um die Qualität der Strategie-Implementierung zu bewerten und andererseits wichtige strategische Themen zu identifizieren. Der Strategieprozess ist aber iterativ und kann grundsätzlich in jeder Stufe beginnen: Viele Unternehmer haben eine klare Vorstellung davon, wie sich die Firma in 5 bis 10 Jahren positionieren soll (das heißt sie haben eine Vision) und machen als zweiten Schritt eine explizite Situationsanalyse (Märkte, Firma).

Zurück zur strategischen Leistungsmessung: Der Erfolg des Unternehmens wird anhand von meist finanziellen Kennzahlen gemessen und den Eigentümern und Interessengruppen kommuniziert. Die Controller als Chefs des internen Rechnungswesens sind verantwortlich für die Aufbereitung dieser finanziellen Daten. »To control« bedeutet »steuern« oder »regeln«. Das Bild des Controllers als Steuermann oder Lotse, der dem Kapitän hilft, das Schiff sicher in den Hafen zu bringen, wird oft benutzt, um die Funktion des internen Rechnungswesens zu erklären. Leider wird diese Funktion häufig falsch interpretiert: Der Controller wird nur als reiner Überwacher eingesetzt, der reaktiv die Erreichung der vorgegebenen

Ziele überprüft. Der Controller sollte hingegen nicht selbst kontrollieren, sondern dafür sorgen, dass jeder sich selbst bezüglich der Erreichung der von der Geschäftsleitung gesetzten Ziele kontrollieren kann.

Die Controller sollten somit fähig sein, einen Soll-Ist-Vergleich zu erstellen, der dem Management dazu dient, bei Abweichungen Korrekturmaßnahmen einzuleiten. Da dieser Soll-Ist-Vergleich meist in Zahlen formuliert ist, liegt es auf der Hand, dass zunächst die Chefs des Rechnungswesens die Funktion des Controllings übernehmen. Bei der Beschaffung, Interpretation und Verteilung der Leistungsdaten sind aber noch andere Stabsabteilungen beteiligt: So trägt die zentrale Unternehmensplanung, die interne Revisionsstelle und die eventuell vorhandene Stelle für Managementinformationssysteme dazu bei, dass die Entscheider ein umfangreiches Cockpit zur Verfügung haben.

Ähnlich wie die Instrumente in einem Flugzeugcockpit sind auch die Unternehmenskennzahlen nicht nur dazu da, um festzustellen, dass die Unternehmung eine Bruchlandung gemacht hat. Wie schon erwähnt, müssen Kursabweichungen frühzeitig signalisiert und diskutiert werden. Auch deshalb beginnt unser strategischer Prozess mit dem ersten Schritt strategische Leistungsmessung (häufig Leistungskontrolle genannt). Die Aufbereitung der Erfolgszahlen ist oft der Ausgangspunkt

Abbildung 11: Leistungskontrolle als erster Prozessschritt

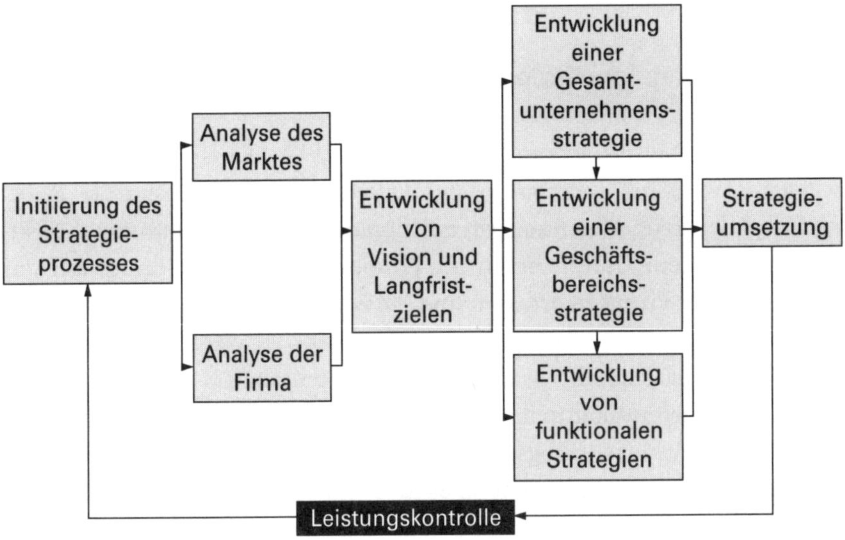

und die Initialzündung von strategischen Prozessen. Kann mit Zahlen bewiesen werden, dass sich die Firma auf dem falschen Kurs befindet, werden sich die Manager eher dazu bereit erklären, ihre Vorgehensweise fundamental zu überdenken. Manager glauben eher Zahlen als vager Intuition. Deshalb wird als Vorbereitung auf Strategie-Workshops oft verlangt, dass die Situation des Geschäftsbereiches in Form von Zahlen kurz dargestellt wird. Der Trend in der Praxis der Leistungsmessung geht dahin, verstärkt qualitative Indikatoren zu berücksichtigen, die frühzeitig Informationen über Veränderungen im Marktumfeld liefern. Die strategische Leitungsmessung ist daher weniger ein nachgelagerter Prozess, sondern ein Motor, der die Generierung von strategischen Initiativen stark beeinflusst.

Welche Aufgaben muss die strategische Leistungsmessung erfüllen?

Die strategische Leistungsmessung hat generell drei verschiedene Aufgaben: die Früherkennung von Zielabweichungen und Veränderungen des Marktumfeldes, die Kontrolle der Durchführung von Strategieprojekten und die Kontrolle der Wirksamkeit dieser Projekte.

Früherkennung: Identifizieren Sie Steuergrößen

Die strategische Früherkennung (Ansoff 1981; Krystek und Müller-Stewens 1990) hat innerhalb eines Unternehmens eine zentrale Rolle. Aufgabe der Früherkennung ist es, Signale aus dem relevanten Marktumfeld und dem Unternehmen im Hinblick auf ihre Wirkung auf das Zielsystem der Firma zu erfassen und die Manager dazu zu bewegen, über die wichtigsten Veränderungen nachzudenken. Es werden Steuergrößen identifiziert, welche die wahrscheinliche Rentabilität prognostizieren. Diese Frühwarnindikatoren geben dem Management Hinweise auf den potenziellen Zielerreichungsgrad. Teil der Früherkennung ist auch, ein wirksames Krisenmanagement zu entwickeln und ex ante eine Reaktionsbereitschaft aufzubauen, die vor Überraschungen schützt.

Durchführungskontrolle: Definieren und kontrollieren Sie, wie Aktivitäten ausgeführt werden sollen

Eine zweite Aufgabe der Leistungsmessung besteht darin, die Art und Weise der Durchführung von Aktivitäten – unabhängig von deren Output – zu messen. Es wird kontrolliert, ob Vorgänge nach den vorgegebenen Standardroutinen abgewickelt werden oder ob es Abweichungen gibt. Verkäufer könnten als Vorgabe haben, vier Tage in der Woche bei Kunden zu verbringen und nach jedem Besuch einen Bericht zu verfassen. Die Standards der ISO 9000 für Qualitätsmanagement sind ein Beispiel dafür, wie Firmen ihre Routinen überprüfen und zertifizieren lassen. Eine verstärkte Durchführungskontrolle ist dann sinnvoll, wenn es schwierig ist, den Output einer Aktivität zu messen, aber der Zusammenhang zwischen dieser Aktivität (Besuchsberichte schreiben) und ihrer Auswirkung auf den Output (Verkaufsvolumen) klar ist.

Wirksamkeitskontrolle: Vergleichen Sie die tatsächlich erreichten Resultate mit den Vorgaben aus Vision, Langfristzielen und Budget

Die Wirksamkeitskontrolle vergleicht die tatsächlich erreichten Ziele mit den Vorgaben des Managements. Wie bei der Früherkennung und der Durchführungskontrolle durchläuft der Kontrollprozess vier Schritte: 1. Identifikation von Messgrößen; 2. Definition und Kommunikation/Vereinbarung von Soll-Standards; 3. Messung der Leistung; 4. korrektive Maßnahmen bei Nichterreichung der Ziele. Die Wirksamkeitskontrolle wird vor allem eingesetzt, wenn der Zusammenhang zwischen Aktivität und Output nicht klar ist, oder verschiedene Wege zu ähnlichen Ergebnissen führen.

In welchen Bereichen sollte die Leistung gemessen werden?

Angesichts der hohen Wettbewerbsdynamik können es sich Unternehmen nicht leisten, rein finanzielle Kennzahlen wie Return on Investment (ROI) oder Cash Flow als Erfolgsgrößen zu betrachten. Diese Kennzahlen können nur ex post Auskunft über vergangene Erfolge geben und sagen wenig über die gegenwärtige Situation oder die Aussichten für die Zukunft aus. Um die meist vergangenheitsorientierten, quantitativen und unternehmenszentrierten Ansätze zu ergänzen, wurden so genannte Scorecard-Ansätze (Kaplan und Norton 1997) entwickelt. Diese berücksichtigen auch qualitative Kennzahlen und haben neben der finanziellen Perspektive zusätzlich eine Kundenperspektive, eine organisatorische Perspektive und eine zukunftsorientierte Innovationsperspektive. Zusammen ergeben sie ein abgerundetes Bild über die Leistungsfähigkeit eines Unternehmens oder von Unternehmensteilen, ähnlich wie eine Resultatkarte (Scorecard) beim Golf. Die Scorecard ist deshalb ein Management-, Kommunikations- und Reporting-Instrument, das eine durchgängige strategieorientierte Steuerung der gesamten Organisation vom Topmanagement bis zu den dezentralen Einheiten erlaubt.

Eine Balanced Scorecard übersetzt Strategien in konkrete Aktionen und setzt Schwerpunkte. In der Unternehmenspraxis liegt die Schwierigkeit meist nicht darin, eine strategische Ausrichtung zu definieren, sondern diese umzusetzen. Die Balanced Scorecard muss demzufolge nicht als reines Strategiegenerierungs-, sondern vor allem als Strategieumsetzungsinstrument verstanden werden. Die Balanced Scorecard erreicht ihre größte Wirkung,

Abbildung 12: Aufbau einer Balanced Scorecard

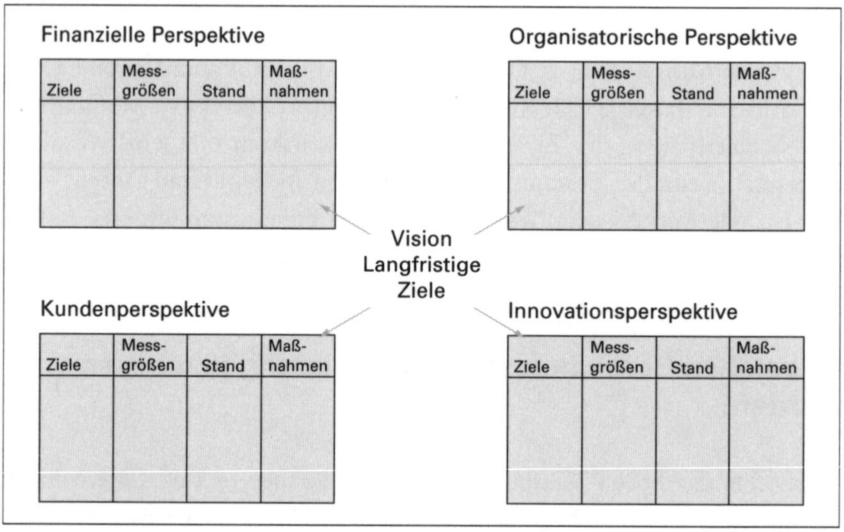

wenn sie als Motor eines nicht endenden Strategieprozesses verstanden wird. Eine Gefahr bei der Einführung von Balanced-Scorecard-Systemen besteht aber darin, zu viele Kennzahlen zu definieren. Eine gut geführte Unternehmung erkennt man daran, dass jeder Mitarbeiter spontan erklären kann, wie er/sie den persönlichen Erfolg in der Firma misst. Werden zu viele Kennzahlen definiert, die dann auch noch schwer zu messen sind, wird genau das Gegenteil von dem erreicht, was Zielsysteme nämlich bringen sollten: Klarheit über die Wichtigkeit und gewünschte Qualität von Aufgaben.

Kennzahlensysteme: Bauen Sie Ihr Führungscockpit auf

Kennzahlensysteme (Meyer 1994) werden in der Unternehmenspraxis seit langer Zeit verwendet. Ihr Ziel sollte sein, selektiv Kennzahlen in ihr persönliches Cockpit aufzunehmen. Die Gefahr besteht darin, sich nur auf monetäre und vergangenheitsbezogene Größen zu konzentrieren. Die Liste von Kennzahlen in Abbildung 13 ist deshalb nicht als Einladung zu verstehen, alle zu überprüfen. Je nach Funktion und Hierarchieebene sind andere Kennzahlen wichtig. So sind im Topmanagement Shareholder-Value-Indikatoren wie der Economic Value Added (= Nettogewinn minus Kapitalkosten) oder die Kapitalrendite maßgebend für die Leistungsmessung. Auf der divisionalen Ebene werden Kapitalumschlag oder Deckungsbeitragssätze wichtiger. Der Grad der Ausnutzung von Produktionskapazitäten oder der Lagerumschlag ist dann wiederum eine Stufe weiter unten in der Hierarchie angesiedelt: auf der funktionalen Ebene. Skandia AFS als eine der ersten Firmen, die mit dem Balanced-Scorecard-Ansatz zu arbeiten begann, ließ es den einzelnen Departments offen, ihre eigenen Kennzahlen zu definieren. Damit wurde bewusst in Kauf genommen, dass ein Vergleich zwischen einzelnen Bereichen schwieriger wird. Auf der anderen Seite erfordern unterschiedliche Situationen verschiedene Messgrößen.

Finanzielle Perspektive: So messen die meisten Eigentümer den Erfolg

Traditionelle Ansätze zur Leistungsmessung betrachten Zahlen aus der Ergebnisrechnung (Rechnungswesen) und der Finanzrechnung (Finanzwesen). Die Ergebnisrechnung kann wiederum unterteilt werden in die kalkulatorische Ergebnisrechnung (Kostenartenrechnung, Kostenstellenrechnung, Kostenträgerrechnung, kurzfristige Erfolgsrechnung und die Kostenträgerstückrechnung) und die bilanzielle Ergebnisrechnung (Kontenführung, Bilanz, Gewinn-und-Verlustrechnung). Die Finanzrechnung beschäftigt sich hauptsächlich mit der Liquiditätsrechnung (Cash-Flow-Rechnung, Investitions- und Desinvestitionsrechnung, Finanzierungs- und Definanzierungsrechnung). Die finanzielle Perspektive misst hauptsächlich, inwiefern das Unternehmen für die Eigentümer Wert generiert hat. Natürlich sind andere Interessengruppen wie der Staat oder die Lieferanten ebenfalls stark an der finanziellen Leistung des Unternehmens interessiert. Grundsätzlich können drei verschiedene Ziele innerhalb der finanziellen Perspektive unterschieden werden: die Rentabilität, die Liquidität und die finanzielle Stabilität des Unternehmens. Für jede Zielkategorie müssen Messgrößen entwickelt werden. Die Finanzkraft durch intern aufgebrachtes Kapital als strategische Zielgröße wird beispielsweise durch den Cash Flow gemessen.

Kundenperspektive: Richten Sie Ihre Messgrößen an den Kundenbedürfnissen aus

Die Kundenperspektive misst, inwiefern die Firma die Kundenerwartungen erfüllt oder gar übertroffen hat. Generell formulierte Leitsätze wie: »Unser Ziel ist es, die Wünsche unserer Kunden stets zu erfüllen« müssen in konkrete Ziele umgesetzt werden. Die Definition von konkreten Zielen und Messgrößen scheint schwieriger zu sein als bei der finanziellen Perspektive, da auch qualitative Aspekte gemessen werden sollen. Bei der Kundenperspektive wird demnach die Strategie in kunden- und marktbezogene Ziele und Messgrößen übersetzt. Es müssen daher mehrere Zielsysteme für unterschiedliche Kundengruppen mit verschiedenen Erwartungen entwickelt werden. Eine grafische Darstellung der Zahlen erleichtert häufig das Verständnis der Manager für den Markterfolg eines Produktes. Beispiele für Zielgrößen der Kundenperspektive sind der Marktanteil, die Kundentreue, die Kundenzufriedenheit, die Kundenrentabilität oder die Kundenakquisitionsrate. Die Kundenzufriedenheit kann durch Messgrößen wie die Anzahl von Kundenreklamationen, die Rate der Folgeaufträge oder die Anzahl der

Abbildung 13: Auswahl von Kennzahlen der finanziellen Perspektive

Vermögensaufbau: $\dfrac{\text{Anlagevermögen}}{\text{Umlaufvermögen}} \times 100 = x\%$

Anlageintensität: $\dfrac{\text{Anlagevermögen}}{\text{Umlaufvermögen}} \times 100 = x\%$

Umlaufquote: $\dfrac{\text{Umlaufvermögen}}{\text{Gesamtvermögen}} \times 100 = x\%$

Liquidität 1. Grades: $\dfrac{\text{Flüssige Mittel}}{\text{kurzfristiges Fremdkapital}} \times 100 = x\%$

Eigenkapitalquote: $\dfrac{\text{Eigenkapital}}{\text{Gesamtkapital}} \times 100 = x\%$

Liquidität 2. Grades: $\dfrac{\text{Forderungen} + \text{Flüssige Mittel}}{\text{Kurzfristiges Fremdkapital}} \times 100 = x\%$

Fremdkapitalquote: $\dfrac{\text{Fremdkapital}}{\text{Gesamtkapital}} \times 100 = x\%$

Liquidität 2. Grades: $\dfrac{\text{Umlaufvermögen}}{\text{Kurz– u. mittelfristiges Fremdkapital}} \times 100 = x\%$

Finanzierung: $\dfrac{\text{Eigenkapital}}{\text{Fremdkapital}} \times 100 = x\%$

Net Working Capital: $\dfrac{\text{Umlaufvermögen}}{\text{Kurzfristiges Fremdkapital}} \times 100 = x\%$

Verschuldungsgrad: $\dfrac{\text{Fremdkapital}}{\text{Eigenkapital}} \times 100 = x\%$

Net Working Capital: Umlaufvermögen – kurzfristiges Fremdkapital

Anlagedeckung: $\dfrac{\text{Eigenkapital}}{\text{Anlagevermögen}} \times 100 = x\%$ (Deckungsgrad I)

Eigenkapitalrendite: $\dfrac{\text{Gewinn}}{\text{Eigenkapital}} \times 100 = x\%$

Anlagedeckung: $\dfrac{\text{EK} + \text{Langfristiges FK}}{\text{Anlagevermögen}} \times 100 = x\%$ (Deckungsgrad II)

Gesamtkapitalrendite: $\dfrac{\text{Gewinn} + \text{Fremdkapitalzinsen}}{\text{Gesamtkapital}} \times 100 = x\%$

$$\text{ROI:} \qquad \frac{\text{Gewinn}}{\text{Umsatzerlöse}} \times \frac{\text{Umsatzerlöse}}{\text{Gesamtkapital}}$$

$$\text{ROI:} \qquad \text{Umsatzrendite} \times \text{Umschlagshäufigkeit des GK}$$

$$\text{ROI:} \qquad \frac{\text{Gewinn}}{\text{Gesamtkapital}}$$

Bilanzgewinn bzw. Verlust
– Gewinnvortrag aus dem Vorjahr
+ Verlustvortrag aus dem Vorjahr
+ Erhöhung von Rücklagen zulasten des Ergebnisses
– Auflösung von Rücklagen zugunsten des Ergebnisses
+ Abschreibungen auf Anlagevermögen
= Cash Flow I
+ Zuführung zu langfristigen Rückstellungen
– Auflösung von langfristigen Rückstellungen
= Cash Flow II
± außerordentliche betriebs- und periodenfremde Aufwendungen und Erträge
= Cash Flow III
– Dividendensumme
= Cash Flow IV

$$\text{Umschlagshäufigkeit des GK:} \quad \frac{\text{Umsatzerlöse}}{\text{Gesamtkapital}} = \text{Faktor}$$

$$\text{Wirtschaftlichkeit:} \quad \frac{\text{Ertrag (bzw. Leistung)}}{\text{Aufwand (beziehungsweise Kosten)}} \times 100 = x\%$$

Referenzkunden erfasst werden. Eine Kundenumfrage oder Mystery Shopping kann dabei ein detaillierteres Bild über deren Zufriedenheit liefern. IBM und andere große Investitionsgüterhersteller führen schon seit Jahrzehnten umfangreiche Kundenzufriedenheitsstudien (Customer Satisfaction Survey) durch, sodass die Unternehmen auch einen Entwicklungstrend bezüglich der Kundenorientierung absehen können. Ein anderer Ansatz zur Kontrolle der Kundenperspektive ist die Analyse von verlorenen Angeboten (Lost Pitches). Stellen Sie sich gemeinsam mit Ihrem Vertrieb die Frage: »Warum haben wir bei bestimmten Kunden gegenüber dem Wettbewerb verloren?« Sie werden in drei Richtungen wichtige Ergebnisse erzielen:

• Unternehmensanalyse: Wo liegen unsere Schwächen?
• Konkurrenzanalyse: Welche Wettbewerbsvorteile hat die Konkurrenz?
• Kundenanalyse: Was will unser Kunde?

Abbildung 14: Auswahl von Kennzahlen der Kundenperspektive

Break-Even-Point:	$\dfrac{\text{Summe Fixkosten}}{\text{Deckungsquote je Stück}}$ (wertmäßig)
Break-Even-Point:	$\dfrac{\text{Summe Fixkosten}}{\text{Deckungsbeitrag je Stück}}$ (mengemäßig)
Relativer Marktanteil:	$\dfrac{\text{Eigener Marktanteil}}{\text{Marktanteil des größten Konkurrenten}} \times 100 = x\%$
Absoluter Marktanteil:	$\dfrac{\text{Eigener Marktanteil}}{\text{Marktvolumen}} \times 100 = x\%$
Marktwachstum:	$\dfrac{\text{Zusätzliches Marktvolumen}}{\text{Marktvolumen Vorperiode}} \times 100 = x\%$
Umsatzstruktur:	$\dfrac{\text{Bestehende Umsatzerlöse}}{\text{Summe Umsatzerlöse}} \times 100 = x\%$
Umschlagshäufigkeit der Forderungen:	$\dfrac{\text{Umsatzerlöse}}{\text{Forderungsbestand}}$

Organisatorische Perspektive: Gestalten Sie die Ablaufprozesse so, dass die Kundenbedürfnisse optimal befriedigt werden können

Durch die internen Prozesse werden Produkte und Dienstleistungen erstellt. Dort wird der eigentliche Wert für den Kunden geschaffen. Die Wertschöpfungsprozesse werden möglichst genau untersucht, um Prozessparameter zu identifizieren, die einen entscheidenden Einfluss auf die Herstellung der Produkte oder die Bereitstellung der Dienstleistungen haben. Dabei bilden die Kundenwünsche die Basis. Die Formulierung der Ziele, Messgrößen und Maßnahmen erfolgt nach der Aufstellung der Finanz- und Kundenperspektive, um sicherzustellen, dass die Geschäftsprozesse auf die Erreichung der strategischen Ziele der Kunden- und Finanzperspektive ausgerichtet werden.

Ein typischer Prozessparameter der organisatorischen Perspektive ist die Flexibilität der Organisation. Aber wie misst man den Grad der Flexibilität? Und wie definiert man den idealen Standard für Flexibilität? Die Auswahl der Messgrößen und der zu erreichenden Standards ist von Abteilung zu Abteilung verschieden. Natürlich ist es erstrebenswert, einen Vergleich zwischen Abteilungen vornehmen zu können. Aber dies funktioniert nur dann, wenn die Abteilungen ähnliche Aufgaben haben. Wie bereits erwähnt überlässt es der schwedische Finanz- und Versicherungskonzern Skandia in seinem spezifischen Scorecard-Ansatz weitgehend den einzelnen Bereichen, ihre Messgrößen und Standards selbst zu definieren. Bei Skandia bedeutet für eine Abteilung Flexibilität, dass jeder Mitarbeiter die vollwertige Ferienvertretung eines Kollegen aus dem gleichen Bereich übernehmen kann. In einer anderen Abteilung wird die Flexibilität darin gemessen, ob ein Mitarbeiter bereichsübergreifend eingesetzt werden kann. Haben Sie den Mut, Ihre Vision der idealen Abteilung in einigen wenigen Zielen und Messgrößen festzuhalten!

In den achtziger und neunziger Jahren hat sich neben Total Quality Management die Six-Sigma-Methode als richtungsweisend und hilfreich durchgesetzt. Motorola und General Electric waren Vorreiter dieses Verfahrens, welches sowohl im industriellen Produktionsprozess als auch im Dienstleistungssektor eine Null-Fehler-Qualität anstrebt. Somit kann die Fehlerquote als eine zentrale Kennziffer für Unternehmen genutzt werden.

Innovationsperspektive: Messen Sie, ob die Firma fit für die Zukunft ist

Die genannten drei Perspektiven beschreiben die vergangene oder bestenfalls die gegenwärtige Leistungsfähigkeit des Unternehmens. Die vierte Perspektive versucht nun zu messen, ob die Firma fit für die Zukunft ist. Mit der Betrachtung aus dieser Perspektive sollen Ziele und Messgrößen entwickelt werden, welche Innovationskraft, Lernfähigkeit und Wachstumsmöglichkeiten des Unternehmens quantifizieren. Diese zukunftsbezogenen Faktoren hängen stark von der Lernfähigkeit der Mitarbeiter ab. Deshalb wird diese Perspektive auch oft die Mitarbeiterperspektive genannt. Die Mitarbeiterzufriedenheit, -produktivität und -bindung sind drei der wichtigsten Zielgrößen. Ähnlich wie bei der Kundenperspektive kann auch hier eine jährliche Befragung der Mitarbeiter Aufschluss über deren Zufriedenheit geben. Die Mitarbeiterbindung wird häufig über die Fluktuationsrate gemessen und ist ein Indikator dafür, ob die Firma

Abbildung 15: Auswahl von Kennzahlen der organisatorischen Perspektive

Beschäftigungsgrad:	$\dfrac{\text{Ist–Beschäftigung}}{\text{Planbeschäftigung}} \times 100 = x\%$
Beschäftigungsstruktur:	$\dfrac{\text{z.B. Anteil der Werker}}{\text{Summe aller Beschäftigten}} \times 100 = x\%$
Personalaufwandsquote:	$\dfrac{\text{Personalaufwand}}{\text{Gesamtleistung}}$
Personalaufwandsstruktur:	$\dfrac{\text{Personalaufwand für ...}}{\text{Summe Personalaufwand}} \times 100 = x\%$
Krankenquote:	$\dfrac{\text{Anzahl der Kranken}}{\text{Summe aller Beschäftigten}} \times 100 = x\%$
Abwesenheitsstruktur 1:	$\dfrac{\text{Abwesende nach Ursachen}}{\text{Summe aller Beschäftigten}} \times 100 = x\%$
Lohnquote:	$\dfrac{\text{Personalkosten}}{\text{Umsatz}}$
Abwesenheitsstruktur 2:	$\dfrac{\text{Abwesenheitsstunden}}{\text{Summe aller Arbeitsstunden}} \times 100 = x\%$
Weiterbildungskosten je Mitarbeiter:	$\dfrac{\text{Weiterbildungskosten}}{\text{Summe aller Beschäftigen}}$
Leistung je Arbeitnehmer:	$\dfrac{\text{Umsatzerlöse}}{\text{Durchschnittlich Beschäftigte in der Periode}}$
Weiterbildungskosten je Mitarbeiter:	$\dfrac{\text{Weiterbildungskosten}}{\text{Summe aller Beschäftigen}}$
Fluktuationsziffer:	$\dfrac{\text{Personalabgang}}{\text{Durchschnittlich Beschäftigte}} \times 100 = x\%$
Fehlzeitenquote:	$\dfrac{\text{Fehlzeiten}}{\text{Sollarbeitszeit}} \times 100 = x\%$
Gesamtleistung je Beschäftigtem:	$\dfrac{\text{Gesamtleistung}}{\text{Durchschnittlich Beschäftigte in der Periode}} \times 100 = x\%$
Durchschnittlicher Personalaufwand:	$\dfrac{\text{Gesamter Personalaufwand}}{\text{Durchschnittlich Beschäftigte in der Periode}} \times 100 = x\%$

Wissen und Schlüsselqualifikationen über längere Zeit hinweg halten kann.

Aber hier sollte beachtet werden, dass nicht generell gilt: je weniger Fluktuation desto besser. Die großen Unternehmensberatungen wie McKinsey, BCG oder Bain haben eine bewusst hohe Fluktuationsquote. Ihre Personalpolitik besteht darin, Mitarbeiter nach etwa zwei Jahren zu bewerten und entweder in eine höhere Stufe zu befördern oder zu entlassen (up or out). Trotz des Verlustes von Know-how erachten die Beratungsfirmen es für wichtiger, nur die besten Mitarbeiter zu behalten und diese durch einen starken Konkurrenzdruck zu außerordentlichen Leistungen anzuspornen. Ähnlich forderte Jack Welch von General Electric seine Manager auf, jedes Jahr etwa 10 Prozent der Mitarbeiter zu entlassen. Dahinter steht die Überzeugung, dass die Leistungsfähigkeit der Mitarbeiter einer Standardverteilung folgt: wenige Spitzenleute gefolgt von einer großen Masse von guten Mitarbeitern und wenigen klar leistungsschwachen Kollegen.

3M ist das zu Recht häufig zitierte Paradebeispiel für Innovationskraft und Managementideen, die bahnbrechende Produkte hervorbringen. »Innovationen: Treibstoff für den Motor des Unternehmens« lautet deshalb einer der 3M-Werbeslogans. Mitte der sechziger Jahre formulierte der damalige CEO Wiliam L. McKnight ein Innovationsziel, das seitdem eine zentrale Steuerungsgröße für den Konzern ist: 25 Prozent des Umsatzes muss mit Produkten erzielt werden, die innerhalb der letzten fünf Jahre im Markt eingeführt wurden. Seit 1992 liegt das Ziel sogar bei 30 Prozent. Für das Unternehmen wird somit ein dauerhafter Innovationsdruck aufgebaut, der sich in klar nachvollziehbaren Vorgaben und Ergebnissen niederschlägt.

Welche Grundsätze müssen bei der Leistungsmessung berücksichtigt werden?

Wie bei den meisten Managementinstrumenten gilt bei der Leistungsmessung, den gesunden Menschenverstand walten zu lassen. Es kann nicht darum gehen, so viel und so oft wie möglich eine Leistungskontrolle mit möglichst komplexen Kennzahlen durchzuführen. Zeigen Sie Ihren

Return on Innovation Investment =

$$\frac{\text{Profit generiert durch neue Produkte}}{\text{Innovationskosten (= Forschung, Entwicklung, Produktionskostenveränderung, Produkteinführungskosten)}}$$

Innovationsrate 1 =

$$\frac{\text{Umsatz mit Produkten, die nicht länger als 3 Jahre auf dem Markt sind}}{\text{Gesamtumsatz}}$$

Innovationsrate 2 =

$$\frac{\text{Anzahl Produkte, die nicht länger als 3 Jahre auf dem Markt sind}}{\text{Gesamtzahl aller Produkte}}$$

Innovations-Erfolgsrate = Anzahl Produkte, die erfolgreich im Markt eingeführt werden konnten und länger als Zeitraum X am Markt bestehen

Mitarbeitern, wie Sie Erfolg definieren. Messen Sie diesen in sinnvollen Abständen durch eine begrenzte Anzahl von Kennzahlen und nehmen Sie sich genügend Zeit, um die Zahlen zu interpretieren und Maßnahmen einzuleiten.

Wiederholen Sie die Leistungsmessung periodisch

Viele Manager sind überzeugt, dass nur das, was gemessen wird, auch gemacht wird. Deshalb gehört das Festlegen und Messen von Erfolgskennzahlen zum Führungsalltag. So wie ein Pilot regelmäßig auf seine Instrumente schaut oder ein Arzt in geregelten Abständen Körpertemperatur oder Blutwerte beim Patienten überprüft, so sollte auch für Manager zur Gewohnheit werden, den Zustand der Firma regelmäßig zu kontrollieren. Dabei müssen nicht nur vergangenheitsbezogene Messgrößen finanzieller Art berücksichtigt werden, sondern auch Indikatoren, die frühzeitig Veränderungen in der Umwelt oder der Firma anzeigen. Scheuen Sie sich nicht, qualitativen Messgrößen ebenso viel Gewicht zu geben wie quantitativen Indikatoren.

Konzentrieren Sie sich auf eine begrenzte Anzahl von Kennzahlen

An die wichtigsten Kenngrößen des Erfolgs sollte sich jeder Mitarbeiter spontan erinnern können. Denn diese Faktoren sollen ihr Handeln nachhaltig beeinflussen. Wird die Anzahl der Messgrößen zweistellig, so verlieren sie an Bedeutung. Versuchen Sie sich deshalb auf einige wenige Kennzahlen zu beschränken. Messen Sie die 20 Prozent der Faktoren, die 80 Prozent der Leistung ausmachen. Scheuen Sie dabei nicht vor Schwierigkeiten bei der Definition und Überwachung von Messgrößen zurück. Wenn die Zusammenarbeit zwischen zwei Geschäftsbereichen ein zentraler Aspekt für den Erfolg des Unternehmens darstellt, so müssen Sie einen Weg finden, die Qualität dieser Zusammenarbeit zu messen.

Nehmen Sie sich genügend Zeit, die Zahlen zu interpretieren

Oft ist es erstaunlich, mit welcher Geschwindigkeit erfahrene Manager Bilanzen, Erfolgsrechnungen und Kennzahlensysteme »lesen« können. Schon nach einem flüchtigen Blick wissen sie oft, ob die Firma auf einem gesunden Fundament steht und wo es Bereiche gibt, die eventuell Probleme bereiten könnten. Die meisten Manager haben aber wenig Erfahrung im Umgang mit Leistungsdaten und brauchen mehr Zeit, um deren Aussagekraft zu verstehen. Zudem stehen hinter den Interpretationen Theorien über Kausalzusammenhänge von Ereignissen in dem Unternehmen. Das Erläutern und Diskutieren dieser Theorien im Managementteam trägt einiges dazu bei, die Qualität der Leistungsdiagnose zu erhöhen.

Die Leistungsmessung muss an die langfristigen Ziele und Implementierungsprojekte anknüpfen

Bei den Budgetrunden im Herbst ist es klar, dass die Vorgaben sowohl vertikal in der Hierarchie als auch horizontal mit anderen Bereichen abgestimmt werden müssen. Das gleiche Prinzip gilt für nicht-finanzielle Ziele und Messgrößen. Zudem ist es von entscheidender Bedeutung, dass die Jahresziele einen direkten Zusammenhang mit der Vision und den langfristigen Zielen zeigen. Wenn sich eine Firma vornimmt, in fünf Jahren mit

34 Prozent Marktanteil Marktführer in Spanien zu sein, so sollten in drei Jahren etwa 25 Prozent erreicht werden. Für das Budget des nächsten Jahres heißt das, dass von den heutigen 8 Prozent ein Anstieg auf 15 Prozent erreicht werden muss. Dieses konsequente zeitliche Herunterbrechen von Zielen wird häufig nicht vorgenommen, was dann zur Folge hat, dass so genannte »Hockey-Stick-Prognosen« abgegeben werden: »Es ändert sich nichts bis zum vierten Jahr, und dann wird alles grundlegend anders«. Nur wenn die kurzfristigen Ziele auf die langfristigen Ziele und Visionen hinführen, kann man deren Erreichbarkeit wirklich abschätzen. Wird eine Veränderung des Marktanteils erst in vier Jahren erwartet, so verliert sich oft im Dunst der Unsicherheit, »warum dies so sein wird«. Ist man aber gezwungen, schon nächstes Jahr eine positive Veränderung herbeizuführen, so werden die Implementierungsprojekte der Strategie ganz andere Prioritäten bekommen.

Der Beitrag der strategischen Leistungsmessung im Rahmen des strategischen Prozesses: *Wenn Sie die Aufgaben in dieser Phase durchgeführt haben, wissen Sie genau, wo Ihr Unternehmen steht. Einen wichtigen Stressfaktor, nämlich nicht über den Gesundheitszustand des Unternehmens Bescheid zu wissen, haben Sie eliminiert. Sie haben jetzt die Basis geschaffen, in der nächsten Phase die wichtigsten strategischen Themen auf den Tisch zu bringen. Sie sind darüber hinaus fähig, diese Themen nach Dringlichkeit und Einfluss auf den Unternehmenserfolg zu gewichten und – wenn das notwendig sein sollte – Sofortmaßnahmen einzuleiten.*

3. Initiierung des Strategieprozesses

Was Sie bei der Initiierung des Strategieprozesses machen müssen: Initiieren heißt, die Teilnehmer in einem Strategieprozess auszuwählen und mental so einzustimmen, dass sie als Führungsteam systematisch, kreativ und trotzdem diszipliniert die zu bearbeitenden Themen mit einer gemeinsamen Sprache und dem gleichen Strategieverständnis angehen. Zu diesem Zweck werden das Leitbild der Firma sowie die Basiselemente der strategischen Positionierung durchgesprochen. Ohne Zeitdruck sollte der Strategieprozess einmal durchlaufen und sollten Handlungsfelder offen gelegt werden. Die Herausforderung liegt darin, sich vom operativen Druck und vom Alltagsgeschäft zu lösen und zukunftsrelevante Fragen aufzugreifen. Der Strategie-Workshop nimmt im Rahmen des Strategieprozesses eine zentrale Rolle ein. Neben unzähligen informellen Gelegenheiten der Strategiefindung ist der formelle Strategie-Workshop oft von hoher Komplexität, Unsicherheit, politischen Prozessen und persönlichen Eitelkeiten geprägt. Dies gilt es durch professionelles Vorbereiten, Moderieren und Nachbereiten zu verhindern.

Die meisten vielbeschäftigten Manager springen nicht gerade vor Freude in die Luft, wenn sie den Einladungsbrief zum jährlichen Strategie-Workshop bekommen. Oft empfinden sie diese Workshops als Zeitverschwendung oder als rein formalen Prozess, der wenig mit dem »wirklichen« Geschäft zu tun hat. Wird der Workshop vom Stammhaus organisiert, hoffen sie, diese – von ihnen so empfundene – Art der Kontrolle ungeschoren zu überstehen. Zu diesem Zweck werden Präsentationen vorbereitet und unzählige Male durchgegangen. In einigen Fällen werden sogar zwei verschiedene Business-Pläne entwickelt: Der eine soll das Stammhaus beruhigen, und der andere wird wirklich zur Planung verwendet.

Abbildung 17: Initiierung des Strategieprozesses als zweiter Prozessschritt

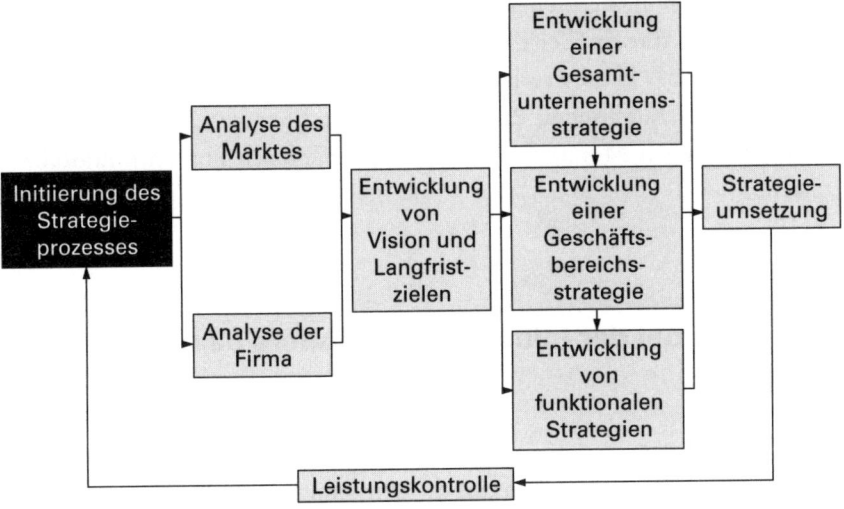

Werden Mitarbeiter der mittleren und unteren Unternehmenshierarchie nach Firmenstrategie, Vision oder Mission gefragt, erhält man in der Regel nur sehr vage Aussagen: »Strategien werden ›da oben‹ entwickelt«, »die Unternehmensstrategie hat sowieso keinen Einfluss auf meinen Arbeitsbereich« oder »das ist doch nur Propaganda und hat mit dem Tagesgeschäft wenig zu tun«. In vielen Firmen ist es sogar notwendig, das Topmanagement von der Notwendigkeit strategischen Denkens zu überzeugen. Strategisches Management kann sehr negative Auswirkungen auf die Motivation der Mitarbeiter und des Topmanagementteams haben, wenn der Prozess – von Machtkämpfen geprägt – in endlose Meetings ausartet, in denen keine handfesten Entschlüsse gefasst werden (Charan 2001).

Leider muss häufig festgestellt werden, dass der Output eines Strategieprozesses wenig zur Wettbewerbsfähigkeit des Unternehmens beiträgt. Dazu kommt, dass die Leistung der Manager anhand von kurz- bis mittelfristigen Resultaten bewertet wird. Oft zeigt eine erfolgreiche Strategie ihre Wirkung aber erst nach drei oder vier Jahren. Dann sind die Positionen im Unternehmen aber schon wieder umbesetzt, und die Ergebnisse strategischer Entscheidungen der Vergangenheit werden von anderen verantwortet.

Ein weiterer Grund für die mangelnde Bereitschaft, Zeit in strategische Gespräche zu investieren, besteht in der Unberechenbarkeit des Umfeldes. Dauert ein strategischer Prozess drei bis vier Monate, so kann sich das Umfeld in diesem Zeitraum schon so stark verändert haben, dass es eine Revision des Planes verlangt. Achten Sie also darauf, dass die Initialzündung des strategischen Prozesses genügend Schwung erzeugt, um die Firma in wenigen Monaten durch die verschiedenen Phasen hindurchzuführen.

Was muss bei der Initiierung besonders beachtet werden?

Wie bei den meisten operativen Projekten wird auch bei strategischen Projekten meist zu wenig Zeit auf die Vorbereitung und Initiierung dieser Phase verwendet. Analysieren Sie vergangene strategische Prozesse und versuchen Sie, den Prozess so aufzusetzen, dass er die größte Erfolgsaussicht hat. Was beschleunigt strategisches Denken in Ihrer Firma? Welche Methoden werden akzeptiert? Wie wird mit Konflikten und politischen Machtkämpfen umgegangen? Wie viel Zeit sind die Manager bereit, für Strategiearbeit zu opfern?

Strategiemodelle müssen an das Unternehmen angepasst werden

»Was passiert, wenn ein Akademiker, der denkt, bevor er handelt (falls er je handelt), auf einen Manager trifft, der handelt, bevor er denkt (falls er je denkt)?« Besteht Ihr Managementteam mehr aus draufgängerischen Machern oder aus akademischen Analytikern? Während der Initiierung eines strategischen Prozesses sollte abgeschätzt werden, wie stark das strategische Denken entwickelt und formalisiert ist, um dann die entsprechenden Methoden auszuwählen. Jede Firma, ja sogar jede Branche geht verschieden an das Thema Strategie heran. In der noch jungen Medienbranche wird mehr auf der Basis von Intuition entschieden und mit neuen Ideen experimentiert. Stabilere und ältere Branchen wie die Automobilbranche haben dagegen einen eher analytisch-akademischen Ansatz.

Die Fähigkeit, strategisch zu denken, ist bis zu einem gewissen Grad erlernbar. Der konsequente Einsatz von strategischen Instrumenten hilft auch untalentierten Managern, eine langfristige Denkweise zu entwickeln – so wie die meisten von uns mit ein bisschen Übung einigermaßen Geige spielen lernen können. Ein Virtuose des strategischen Managements zu werden und das untrügliche »Bauchgefühl« für alle Entscheidungssituationen zu haben, ist aber nur den wenigsten Managern über eine längere Zeit hinweg gegönnt. Und gerade dann, wenn sie in den einschlägigen Zeitschriften zum erfolgreichsten Topmanager des Jahres gewählt wurden, täuscht sie ihre Intuition, sie geraten in Ungnade und werden wie Fußballtrainer entlassen (selbstverständlich mit einer guten Abfindung). Intuition alleine kann nur in den seltensten Fällen eine Firma langfristig auf dem Erfolgspfad halten. Wird die Intuition jedoch durch Analysemodelle diszipliniert, gewinnt sie an Qualität und wird kommunikationsfähig.

Die Auswahl der Strategieinstrumente ist somit situations- und aufgabenabhängig und stellt eine der wichtigsten Fähigkeiten guter Strategen dar. Abbildung 18 zeigt, welche der zahlreich vorhandenen strategischen Planungsmethoden in den 113 börsennotierten Firmen in Großbritannien wirklich benutzt werden. Die Studie belegt, dass die am häufigsten eingesetzten Strategieinstrumente die am einfachsten strukturierten sind. So sind die Sensitivitätsanalyse des Budgets und die quantitative Mittelfristplanung das Strategiewerkzeug Nummer eins, gefolgt von der Analyse der kritischen Erfolgsfaktoren, der finanziellen Analyse der Wettbewerber und der SWOT-Analyse.

Um die grundlegende Logik dieser Instrumente zu beherrschen, brauchen Sie weder einen Master in Business Administration noch ein abgeschlossenes Betriebswirtschaftsstudium. Die Einfachheit der Instrumente zeigt das Bedürfnis der Führungskräfte, die Komplexität der Umwelt zu reduzieren und am Schluss eines strategischen Prozesses einfache, klare Aussagen auf dem Tisch zu haben. Die Studie belegt außerdem, dass die befragten Firmen mehrheitlich von einem positiven Effekt des strategischen Managements auf die Rentabilität der Firma überzeugt sind.

Die Einfachheit der angewandten Strategiemodelle lässt ebenfalls vermuten, dass diese alleine keinen Wettbewerbsvorteil bringen. Generell kann aber die Fähigkeit, strategische Prozesse zu gestalten, durchaus einen Wettbewerbsvorteil darstellen. Dieser liegt jedoch weniger in den

Abbildung 18: Strategische Planungsinstrumente
(Glaister und Falshaw 1999)

	Durchschnitt*
1. Quantitative Sensitivitätsanalyse	3.99
2. Analyse der kritischen Erfolgsfaktoren	3.86
3. Finanzielle Analyse der Wettbewerber	3.70
4. SWOT-Analyse	3.61
5. Analyse der Kernkompetenzen	2.90
6. Strategische Planungssoftware	2.84
7. Analyse der Unternehmenskultur	2.79
8. Ökonomische Prognosemodelle	2.72
9. Stakeholder-Analyse	2.45
10. Analyse der Wertschöpfungskette	2.29
11. Portfolio-Analyse	2.05
12. Szenariotechnik	2.05
13. Cognitive Mapping	1.83
14. Porter's 5-Kräfte-Industrieanalysemodell	1.69
15. PEST-Analyse	1.64
16. Erfahrungskurven-Analyse	1.55
17. Delphi-Methode	1.37
18. PIMS-Analyse	1.34
19. SSM (Soft Systems Methodology)	1.20

*Skala von 1 = nicht verwendet bis zu 5 = regelmäßig verwendet

reinen Kenntnissen über Strategiemodelle, sondern entwickelt sich durch die Auswahl, Kombination und Integration dieser Modelle und Strategiewerkzeuge in das soziale Gefüge des Unternehmens.

Begriffe müssen klar definiert werden

Wenn ein Managementteam sich Gedanken zur Unternehmensstrategie macht, ist es notwendig, sich über die grundsätzlichen Konzepte zu unterhalten, um diesen eine gemeinsame Bedeutung zuzuordnen. Machen Sie folgendes Experiment: Nehmen Sie den Jahresbericht Ihrer Firma genauer unter die Lupe und identifizieren Sie die am häufigsten genannten Wörter wie beispielsweise »Vision«, »CRM«, »strategische Allianz«, »Nischenstrategie« oder »Innovation«. Die Liste dieser Konzepte legen Sie dann in der nächsten Sitzung Ihrem Managementteam vor und fordern jeden

Einzelnen auf, für sich die Bedeutung der Konzepte aufzuschreiben, um diese dann anschließend im Team zu diskutieren.

Dieses Experiment führt immer wieder zu Überraschungen: Was ist der Unterschied zwischen einer Mission und einer Vision? Wenn die Mission das Tätigkeitsfeld der Firma beschreibt, sind wir nun Maschinenbauer, Anlagenbauer oder eine Technologiefirma? Was sind Kernkompetenzen? Wie unterscheiden sich Kernkompetenzen von peripheren Kompetenzen? Was ist die Basis für unsere Kundensegmentierung? Was sind strategische Kunden? Ein gemeinsames Verständnis über die wichtigsten strategischen Konzepte ist oft das Resultat einer ersten Strategiesitzung und bildet die Basis für einen erfolgreichen Strategieprozess. Entwickeln Sie Ihr eigenes Glossar für Managementbegriffe.

Prioritäten müssen gesetzt werden

Was ist eigentlich der Unterschied zwischen Effizienz und Effektivität? Hilft strategisches Management, effizienter oder effektiver zu werden? Effizienz bedeutet, die Dinge richtig zu tun. Effektivität hingegen heißt, die richtigen Dinge zu tun. Die Hauptaufgabe eines Strategen ist nicht, operative Effizienz zu erreichen. Was nützt es einer Firma, wenn sie sehr effizient die falschen Projekte angeht? Eine zentrale Fähigkeit des Strategen ist es, das Wichtige vom Unwichtigen zu unterscheiden – also Prioritäten setzen zu können, um die Effektivität zu steigern. Bei der Umsetzung von strategischen Initiativen ist wiederum Effizienz gefragt. In der Initialphase des strategischen Prozesses ist es wichtig, sich ein Portfolio an strategischen Themen – nach Prioritäten geordnet – zu erstellen, und diese dann gezielt anzugehen. Somit wird eine Überlastung der Firma mit Strategieprojekten verhindert.

Operative Effizienz alleine reicht daher nicht aus, um hohe Rentabilität zu erreichen. Die Suche nach Produktqualität, Produktivität und Schnelligkeit bei der Ausführung haben dazu geführt, dass eine Vielzahl von Managementinstrumenten entwickelt wurde, wie beispielsweise Total Quality Management, Reengineering, Outsourcing oder Benchmarking. Dieser typisch japanische Ansatz, Aktivitäten der Wettbewerber durch Benchmarking zu kopieren und effizienter auszuführen, kann die Profitmargen aber nur mäßig erhöhen. Deshalb ist der Kern einer jeden Strategie, harte Entscheidungen zu treffen, die dazu führen, dass Aktivitäten auf eine einzigartige Weise ausgeführt werden (Porter 1996). Die Inkompatibilität von einzelnen Aktivitäten, also Trade-offs, schützen dabei die einzigartige strategische Position. Etwas zu tun heißt gleichzeitig, etwas anderes zu lassen. Strategisches Management bedeutet aber nicht nur die Entwicklung einzigartiger Aktivitäten, sondern auch noch deren Vernetzung (Fit) untereinander.

Die Rahmenbedingungen müssen abgesteckt werden

Einen strategischen Prozess initiieren heißt auch, die »Leitplanken« vorzugeben, in denen analysiert, diagnostiziert und entschieden wird. Wie in operativen Projekten werden auch hier prozessuale Komponenten festgelegt: Rollen und Verantwortlichkeiten, Kommunikationsregeln, Timing, Einbindung der Mitarbeiter, Reporting oder Investitionen von Ressourcen. Zusätzlich müssen inhaltliche Grenzen gesetzt werden, sofern nicht bewusst radikale Innovationen Ziel des Strategieprozesses sind. Das Leitbild der Firma bietet meistens einen ersten Ansatzpunkt zur Orientierung. Hier wird das generelle Tätigkeitsgebiet des Unternehmens festgehalten und die Firmenkultur beschrieben. Handelt es sich bei der Strategieentwicklung um einen einzelnen Geschäftsbereich, können gewisse Rahmenbedingungen auch von der Unternehmenszentrale schon explizit vorgegeben sein.

Die Rahmenbedingungen sollten die Qualität strategischer Entscheidungen erhöhen (Eisenhardt 1999): Bilden Sie eine Art »kollektiver Intuition« durch formelle Sitzungen mit Anwesenheitspflicht. Haben Sie den Mut, durch kurze, aber intensive Konfliktphasen einen voreiligen Konsens zu vermeiden und dadurch strategische Ideen zu verbessern. Halten Sie einen dynamischen Entscheidungsrhythmus aufrecht und vermeiden Sie zu lange Analysephasen. Entschärfen Sie politische Machtkämpfe durch die Formulierung gemeinsamer Ziele, die Zuordnung klarer Verantwortungsbereiche und eine Portion Humor.

Unterscheiden Sie Strategie und operatives Management

Die Definition des Marktsegmentes und der eigenen Rolle in diesem Segment ist eine der wichtigsten strategischen Entscheidungen. Eine grobe

Beschreibung des Tätigkeitgebietes wird oft im Mission Statement (Leitbild) des Unternehmens abgebildet. Was ist der Grund für die Existenz der Firma? Xerox beispielsweise definierte sich selbst als »The Document Company« – der Partner für die einfache und schnelle Handhabung von Dokumenten aller Art (Papier, elektronische Formate). Hardware, Software und Dienstleistungen im Bereich Dokumentenmanagement werden für multinationale Firmen, kleine Unternehmen und Heimbüros sowohl offline als auch online angeboten. Da Märkte sich verändern, müssen auch Leitbilder angepasst werden. Xerox nennt sich jetzt »the world's leading« enterprise for business process and document management«. Die Firma bietet also nicht nur Dokumenten-Management (Hardware und Software) an, sondern auch noch die Optimierung von Unternehmensprozessen.

- Strategische Entscheidungen basieren auf einer Analyse der drei wichtigsten Wettbewerbsebenen. Die Ressourcen (Ebene 1) werden so in den Leistungserstellungsprozess (Ebene 2) eingebunden, dass wettbewerbsfähige Produkte und Dienstleistungen (Ebene 3) am Markt verkauft werden können. Strategische Entscheidungen verursachen somit oft eine Welle von Entscheidungen von geringerer Reichweite. Entscheidet Xerox, sich nur noch auf Großfirmen zu konzentrieren, hat dies einen starken Einfluss auf die funktionalen Ebenen (zum Beispiel Marketing, Verkauf, Logistik, und vieles mehr).
- Strategische Entscheidungen sind dadurch gekennzeichnet, dass sie zumeist eine starke Auswirkung auf die finanziellen, personellen und immateriellen Ressourcen eines Unternehmens haben. Die Geschwindigkeit von Wachstumsstrategien hängt beispielsweise oft von der Verfügbarkeit kritischer Ressourcen ab.
- Strategische Entscheidungen beeinflussen auch immer die langfristige Firmenentwicklung, weil sie nicht leicht rückgängig gemacht werden können. Die Entscheidungsfindung ist nie völlig frei von Unsicherheit, weshalb strategische Entscheidungen immer mit einem gewissen Risiko behaftet sind. Zusätzlich zur aktuellen Marktsituation und den eigenen Ressourcen und Leistungserstellungsprozessen werden diese Entscheidungen auch von den Erwartungen verschiedener Interessengruppen beeinflusst. Beispiele solcher Interessengruppen (Stakeholders) sind der Staat, Gewerkschaften oder Investoren.

Welche Bausteine des strategischen Managements sollten Sie zu Beginn diskutieren?

Im Sinne der begrifflichen Klarheit sollte innerhalb des Managementteams zuerst diskutiert werden, welches die wichtigsten Bausteine des strategischen Managements sind. Diese Diskussion, die im Rahmen des Initial-Workshops geführt wird, schafft eine gemeinsame Sprache und ein weitestgehend einheitliches Strategieverständnis.

Die Entwicklung von Komponenten des strategischen Managements (Abbildung 19) kann helfen, die Komplexität zu reduzieren und das Prozessmodell, wie es in diesem Buch beschrieben ist, herzuleiten. Trotz der Gefahr, sich zu wiederholen, werden nochmals die einzelnen Komponenten in Kurzform beschrieben. Verstehen Sie diese Darstellung deshalb wie einen Souffleur, der Sie bei den wichtigsten Textpassagen und Definitionen unterstützt.

Die Formulierung des Leitbildes: eine der wichtigsten Managementaufgaben

Das Leitbild wird oft mit dem englischen Begriff »Mission« gleichgesetzt und beschreibt das grobe Tätigkeitsgebiet des Unternehmens und seines Wertesystems: Warum wurde die Firma gegründet? Für welche Produkte und Dienstleistungen steht die Firma jetzt? Was ist der Beitrag des Unternehmens für die Gesellschaft und die Lebensqualität der Menschen? Wie werden die Mitarbeiter produktiv eingesetzt und in ihrer Entwicklung gefördert? Welches sind die Spielregeln, die das Leben im Unternehmen regeln – was ist der Verhaltenskodex? Welches sind die Grundwerte der Firma? Ein Leitbild beantwortet diese Fragen und formuliert deshalb die generelle Positionierung der Firma in der Unternehmenswelt. Es beschreibt die »Identität« des Unternehmens und bildet somit die Grundlage für strategische Entscheidungen.

Mission Statements entwickeln leider häufig eine größere PR-Wirkung nach außen, als dass sie Einfluss auf das tägliche Handeln innerhalb der Firma nehmen. Wird das Leitbild jedoch in Zusammenarbeit mit Mitarbeitern aus verschiedenen funktionellen und hierarchischen Ebenen entwickelt, kann es die folgenden positiven Effekte auf das Unternehmen ausüben:

Abbildung 19: Komponenten des strategischen Managements

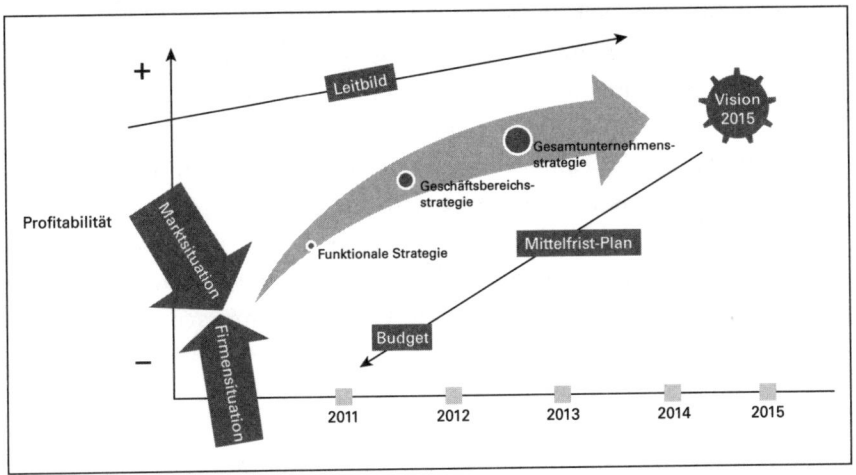

1. Die generelle Richtung des Unternehmens wird in den folgenden Gebieten aufgezeigt:
   a. Kundengruppen,
   b. Produkte und Dienstleistungen,
   c. geografische Märkte,
   d. Technologieorientierung,
   e. Einstellung zu Wachstum, Rentabilität und soziales Engagement,
   f. Firmenphilosophie (Wertesystem),
   g. Kernkompetenzen und daraus resultierende Wettbewerbsvorteile,
   h. Stakeholder-Interessen,
   i. Einstellung gegenüber den eigenen Mitarbeitern.
2. Ein Leitbild dient als Kontrollmechanismus für die langfristige Entwicklung des Unternehmens. Speziell bei Portfolioentscheidungen der Geschäftsbereiche kann ein Blick auf die eigentliche Existenzberechtigung der Firma übereifrige Expandierungsversuche eindämmen.
3. Das Leitbild unterstützt Manager bei alltäglichen Entscheidungen, da es wie Leitplanken auf einer Straße eine Orientierungshilfe bietet.
4. Idealtypisch motiviert das Leitbild die Mitarbeiter, indem die individuelle Identität mit der Firmenidentität verknüpft wird. Leitbilder sollten Emotionen wecken. Die Newport News Shipbuilding

and Drydock Company hat ihr Leitbild wie folgt beschrieben: »Wir werden hier gute Schiffe bauen. Mit Gewinn, wenn wir können. Mit Verlust, wenn wir müssen. Aber immer gute Schiffe.« Selbstverständlich schlagen Controller bei diesen Worten die Hände über dem Kopf zusammen. Doch hier geht es nicht um betriebswirtschaftliche Weihen und Gewinnmaximierung, sondern um das Gewinnen von Menschen für eine gemeinsame Idee: für das Ideal des »guten Schiffes«, für das man mit viel Einsatz und einem hohen Qualitätsverständnis arbeitet. Gleichzeitig wird nicht nur motiviert, sondern auch eine Strategie vorgegeben, da eine klare Qualitätsführerschaft festgesetzt wird.

Strategisches Management beantwortet drei Fragen: Was? Für wen? Wie?

Eine strategische Position kann zusammengefasst als die Antwort auf drei Fragen definiert werden (Markides 2000): »Welches sind meine Zielkundengruppen und welche Bedürfnisse haben sie?«, »Welche Produkte und Dienstleistungen können angeboten werden, um diese Bedürfnisse zu befriedigen?«, »Wie kann dieses Produktangebot erstellt werden?«. Strategisches Denken heißt, durch die Kombination innovativer Antworten auf diese Fragen eine einzigartige strategische Position zu finden. Dieser Prozess muss periodisch wiederholt werden, da erfolgreiche Strategien meist nur eine kurze Lebenszeit haben. Die Antworten stellen somit die einfachste Form eines Businessplanes dar.

Das Resultat des Businessplans kann dann die marginale Verbesserung des existierenden Modells sein oder eine fundamental neue Art und Weise, den Markt zu bedienen. Unternehmen müssen fähig sein, beides zu tun: sowohl ihre existierende Position marginal zu verbessern als auch die Position grundlegend zu überdenken. Das Ziel einer auf Profit ausgerichteten Firma sollte letztlich sein, besser zu sein als die Wettbewerber. Ein Unternehmen ist besser, wenn es einen erhöhten Kundennutzen generiert durch die kostengünstigere Erstellung eines Produktes oder durch die Differenzierung des Angebotes mittels Qualitätsmerkmalen wie Design, Image oder Kundenservice.

Die IST-Analyse: SWOT

Die Darstellung der aktuellen Situation wird oft in Form einer SWOT-Analyse vorgenommen. »S« steht dabei für »Strengths« (Stärken), »W« für »Weaknesses« (Schwächen), »O« für »Opportunities« (Chancen) und »T« für »Threats« (Gefahren). Die SWOT-Analyse ist nicht viel mehr als eine einfache Auflistung der vier Kategorien und das Erkennen der Wechselwirkung von Stärken und Schwächen der Firma und den Chancen und Gefahren des Marktumfeldes. Stärken und Schwächen werden beurteilt, indem eigene Ressourcen und Fähigkeiten mit denjenigen der (potenziellen) Wettbewerber verglichen werden. Die Chancen und Gefahren sind ein Kondensat aus der Analyse des Marktes.

Der häufigste Fehler bei der Anwendung dieser Methode ist die Vermischung von »SW« und »OT«. Analysiert man Chancen und Gefahren des Marktumfeldes, sollte man nicht über das Unternehmen sprechen, sondern versuchen – unabhängig von der eigenen Situation – die generellen Trends des spezifischen Marktsegmentes zu identifizieren. Gelingt dies nicht, liegt man Trugschlüssen auf: »Weil wir einen starken Markennamen haben (= Stärke), ist dies eine Chance im Markt.« Aber vielleicht befindet sich die Firma in einem gesättigten Markt, und die Kunden lassen sich nicht mehr durch einen starken Markennamen zum Kauf bewegen, sondern sie wählen das Produkt mit dem niedrigsten Preis.

Solche Fehleinschätzungen kann man verhindern, indem man die Analyse der Stärken und Schwächen und die Analyse der Chancen und Gefahren auf zwei unterschiedliche Managementteams verteilt. Stärken und Schwächen werden aufgrund einer Benchmark-Analyse mit einer Peer-Group ermittelt. Dies erfordert vorab eine klare Definition des Marktseg-

Abbildung 20: SWOT-Analyse

	Chancen	Gefahren
Stärken	Wie können wir Marktchancen aufbauend auf unseren Stand nutzen?	Wie stellen wir sicher, dass wir rechtzeitig auf Gefahren reagieren?
Schwächen	Lohnt es sich, in sich öffnende Marktchancen trotz eines derzeitigen Wettbewerbsnachteils zu investieren?	An welchen Schwächen müssen wir arbeiten, um auf Gefahren besser vorbereitet zu sein?

mentes. Eine SWOT-Analyse kann also nicht für mehrere unterschiedliche Segmente gleichzeitig erstellt werden. Das Endresultat dieser Analyse kann dann so aussehen, wie in Abbildung 20 dargestellt. Bei dieser Matrix werden besonders die beiden Felder besprochen, in denen eine Stärke auf eine Chance oder eine Schwäche auf eine Gefahr trifft.

Vision

Die Vision ist ein abstraktes Ziel, das einen Zustand beschreibt, der wünschenswert ist. Sie ist der Ausgangspunkt für Wandelprozesse, weil sie die Lücke zwischen dem heutigen Zustand und dem zukünftigen Idealzustand aufzeigt. In vielen Firmen wird die Vision nur aus Prestigezwecken entwickelt oder weil das Topmanagement das Gefühl hat, sie gehöre doch irgendwie dazu. Als Führungsinstrument hat die Vision oft nur eine geringe Bedeutung – oder wie viele Mitarbeiter kennen die Unternehmensvision ihrer Firma?

Die Kommunikation und die »Übersetzung« der Vision in langfristige Ziele auf allen Stufen der Unternehmenshierarchie garantieren eine einheitliche Ausrichtung der Firma. Wenn beispielsweise »professionelles Projektmanagement« Teil der Vision ist, dann muss diese relativ abstrakte Worthülse für die einzelnen Geschäftsbereiche und Funktionen übersetzt werden. Was heißt »professionell« für eine Ingenieurabteilung oder eine Forschungsabteilung? Aufbauend auf diesen Überlegungen werden dann langfristige Ziele und Mittelfristpläne generiert. Nachdem die Strategie zur Zielerreichung entwickelt wurde, bilden diese Mittelfristpläne die Grundlage für die Jahresplanung (oder Budgetierung).

Strategie: Der Weg zum Ziel

Die einfache Definition einer Strategie ist die Beschreibung eines Weges zur Erreichung des langfristigen Zieles. In einem Unternehmen mit mehreren Geschäftsbereichen, wie in Abbildung 21 dargestellt, werden Strategien auf drei verschiedenen Ebenen entwickelt:

1. *Gesamtunternehmensstrategie:* Die zentrale Frage auf Gesamtunternehmensebene ist: »Welche Marktsegmente soll die Firma mit welchen

Mitteln langfristig bearbeiten?« Kernaufgaben einer Unternehmenszentrale sind die Ressourcenzuteilung, Kontrolle und Steuerung der Geschäftseinheiten, die Koordination der Aktivitäten zwischen den Geschäftseinheiten und die Kommunikation mit Interessengruppen.

2. *Geschäftsbereichsstrategie:* Auf Geschäftsbereichsebene stellt sich die Frage, wie ein Marktsegment erfolgreich bearbeitet werden kann: »Wie kann sich der Geschäftsbereich im Vergleich zu den Wettbewerbern abheben und einzigartige und werterzeugende Leistungen (Produkte oder Dienstleistungen) anbieten?« Der Geschäftsbereich ist damit die dem Wettbewerb direkt exponierte Unternehmenseinheit, welche ein oder mehrere Subsegmente bearbeitet. Das zentrale Ziel einer Geschäftsbereichsstrategie muss sein, möglichst lange anhaltende Wettbewerbsvorteile zu entwickeln.

3. *Funktionale Strategien:* Auf der funktionalen Ebene werden in Abstimmung mit der Geschäftsbereichsstrategie die Richtlinien für Marketing, Finanzen, Personalwesen, Beschaffung, Produktion, Logistik, Verkauf und Informationstechnologie festgelegt.

Implementierung

Ist eine Vision vorhanden und wurde eine Strategie zur Zielerreichung entwickelt, so geht es an die aktive Umsetzung. Untersuchungen haben gezeigt, dass etwa 80 Prozent der strategischen Initiativen nicht oder nur in einem

Abbildung 21: Ebenen der Strategieentwicklung

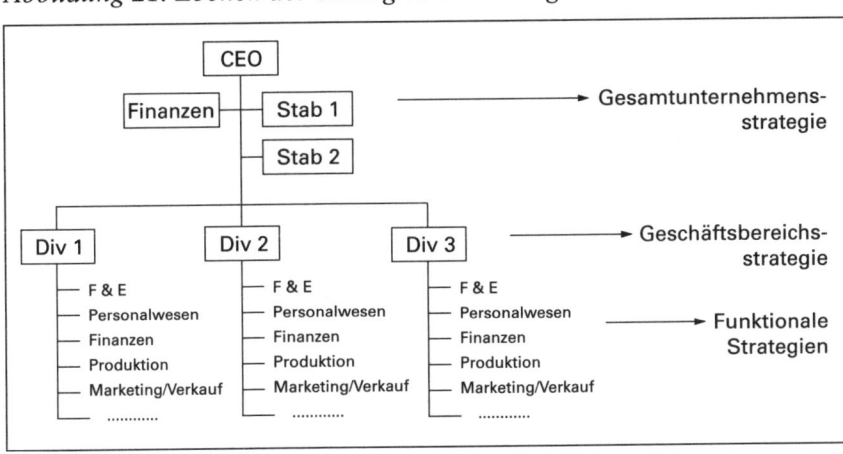

sehr bescheidenen Maße realisiert werden. Diese Resistenz gegen Veränderung kann viele Ursachen haben: Oft wird der Handlungsbedarf nicht gesehen (»Wir waren doch immer erfolgreich«), die Vision wird nicht von allen geteilt, die Strategie ist zu komplex und wird nicht verstanden, oder die Initiative wird nicht durch eine veränderte Zielvereinbarung mit entsprechenden Anreizsystemen unterstützt. Eine effektive Umsetzung fängt konsequenterweise nicht erst nach der Strategiefindung, sondern schon bei der Definition der strategischen Themen an. Eine aktive Kommunikation der Vision und Strategie sowie die Involvierung der wichtigsten Entscheidungsträger sind auch bei einem schnellen Turnaround-Prozess entscheidend.

Wie organisieren Sie einen Strategie-Workshop?

Stellen Sie sich vor, Sie müssten nun einen Einladungsbrief für den ersten Strategie-Workshop schreiben. Welche Aspekte müssten Sie bei der Abfassung dieses Briefes beachten?

Die Teilnehmer

Die Wahl der Teilnehmer für einen Strategie-Workshop kann mit der Einladungsliste für eine Hochzeit verglichen werden: Man möchte durch die Nichteinladung keine politischen Fehler begehen und trotzdem die Teilnehmerzahl möglichst übersichtlich halten. Beim Strategieprozess kommt noch dazu, dass neben politischen Aspekten die Expertise eine wichtige Rolle spielt. Ebenfalls überlegen sollte man sich, ob externe Partner (wie beispielsweise Kunden) für Teilbereiche eingeladen werden. Wird die Zahl der Gruppenmitglieder zweistellig, so muss dies bei der Organisation durch die Möglichkeit, kleinere Arbeitsgruppen zu bilden, berücksichtigt werden.

Veranstaltungsort

Grundsätzlich sollten Sie versuchen, den Workshop an einem Ort außerhalb des Firmengeländes abzuhalten. Der praktische Vorteil ist, dass es weniger Störungen und Ablenkungen gibt. Zusätzlich wirkt ein Wechsel des gewohnten Arbeitsumfeldes auflockernd und inspirierend auf die Teilnehmer. Natürlich sollte ein Workshop zum Thema »Kostenreduktion im operativen Geschäft« nicht in einem 5-Sterne-Hotel abgehalten werden. Es gibt genügend gut ausgerüstete und kostengünstige Seminarhotels. Wenn möglich sollten die Teilnehmer in diesem Hotel übernachten. Diese Investition lohnt sich, denn dadurch wird der Gruppenzusammenhalt gefördert und eine flexible Handhabung des zeitlichen Ablaufes ermöglicht.

Vorbereitungsarbeiten

Im Einladungsbrief sollte kurz erklärt werden, welche Themen zur Diskussion stehen und wie sich die einzelnen Teilnehmer darauf vorbereiten sollten. Vorbereitungsarbeiten können in Form von Kennzahlensystemen oder anderen quantitativen Analysen geleistet werden. Zudem ist es sinnvoll, dass jeder Teilnehmer die im Brief erwähnten Themen mit seinem Managementteam bespricht, weil er dann die Abteilung besser vertreten kann. Leider muss festgestellt werden, dass in der Praxis die jährlichen Strategiemeetings häufig immer wieder bei null anfangen und nicht aufeinander aufbauen. Vor- und Nachbearbeitung der Workshops helfen, eine gewisse Kontinuität zu erzeugen. Es ist empfehlenswert, vorbereitende Lektüre in drei Kategorien zu unterteilen: 1. »Information«; 2. »Diskussion« und 3. »Entscheidung«. Nur wer alle Unterlagen im Ordner »Entscheidung« gelesen hat, sollte abstimmungsberechtigt sein.

Timing

Der jährliche, formelle Planungsprozess beginnt in vielen Firmen im März (oder zwei Monate nach dem Bilanzjahr) mit der Entwicklung der Gesamtunternehmensstrategie. In dieser Phase werden generelle Entscheidungen darüber gefällt, in welche Geschäftsbereiche zukünftig investiert werden soll und wie Synergien zwischen den Geschäftsbereichen erzielt werden können. Gegen Juni finden dann die Strategie-Meetings der Geschäftsbereiche statt, welche als Output ihre langfristigen Business-Pläne präsentieren. Diese werden dann in 3-Jahres- oder Mittelfristpläne

Abbildung 22: Der formelle, jährliche Strategieprozess

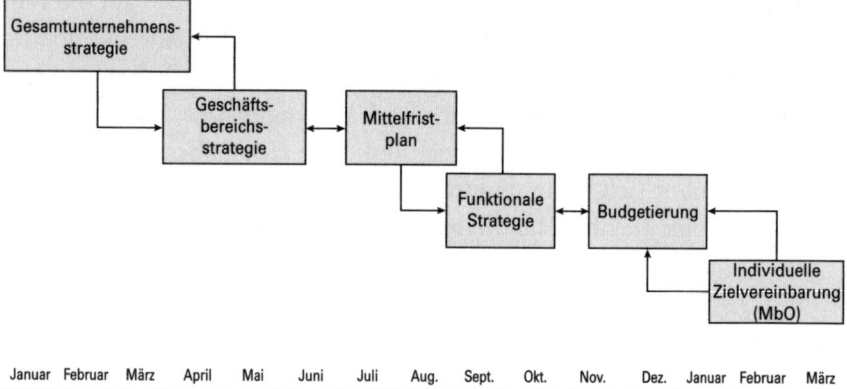

| Januar | Februar | März | April | Mai | Juni | Juli | Aug. | Sept. | Okt. | Nov. | Dez. | Januar | Februar | März |

übersetzt. Gegen Ende des Jahres bilden diese Mittelfristpläne dann die Grundlage für die Jahreszielsetzungen (Budgetierung), die wiederum die individuellen Zielvereinbarungsgespräche (MbO) im Januar/Februar nach sich ziehen. Dieser formelle Prozess kann und muss natürlich durch Ad-hoc- und informelle Prozesse ergänzt werden, falls außerordentliche Ereignisse es erfordern.

Ablauf

Oft dauern Strategie-Workshops etwa zwei bis drei Tage. Sie können beispielsweise am Donnerstagnachmittag gegen 16:00 Uhr mit einem Begrüßungskaffee beginnen. Dadurch wird vermieden, dass Personen, die zu spät kommen, den Anschluss an die Diskussion verpassen. Um einen Abstand vom operativen Alltag zu gewährleisten, können Sie auch mit der eigentlichen Arbeit am Freitag beginnen und den Rest des Tages mit einer Wanderung, Curling oder einer anderen Aktivität verbringen. Wird direkt in das Thema eingestiegen, kann die erste Stunde dazu verwendet werden, die Ziele des Workshops zu erklären und die generellen Strategiebegriffe zu definieren. Danach kann die in Abbildung 23 beschriebene Gruppenarbeit zur Vision der Firma einen ähnlichen Effekt erzeugen wie eine Outdoor-Veranstaltung.

Dies ist nur ein Beispiel von vielen Möglichkeiten, einen Workshop zu beginnen. Wichtig ist, dass zu Beginn des Prozesses ein Klima des gegen-

Abbildung 23: Gruppenarbeit zur Strategiebildung

- Zur Gruppenarbeit werden fünf Teams gebildet. Jedem Team wird eine andere Funktion zugeordnet: Team 1 simuliert einen Lieferanten, Team 2 repräsentiert die Konkurrenten, Team 3 sind Journalisten, Team 4 ist das eigene Topmanagementteam, Team 5 stellt eine Gruppe von Kunden dar.
- Die Gruppen erhalten den Auftrag, einen kurzen Artikel für die interne Zeitschrift zu verfassen. Die Ausgabe hat das Datum »Juli 2010«. Der Titel des Artikels lautet: »Wow – ich hätte nie gedacht, dass unsere Firma das erreichen kann.«
- Die Gruppen haben bis zum Abendessen und danach die ganze Nacht Zeit, den Artikel zu verfassen. Zu beachten gilt, dass die Gruppen in der Gegenwartsform über die Zukunft schreiben. »Wir befinden uns im Jahre 2010 und die Welt sieht wie folgt aus.«
- Am nächsten Morgen lesen die einzelnen Gruppen ihre Artikel vor, ohne dass diese direkt kommentiert werden. Dadurch bekommt das Team ein gutes Gefühl dafür, wie die Zukunft aussehen sollte.
- Basierend auf diesen Kurztexten wird schließlich eine Liste mit strategischen Themen entwickelt. Nach der Auswahl der Themen kann dann entlang des Strategieprozesses weiter vorgegangen werden (Marktanalyse, Firmenanalyse, etc.).

seitigen Verständnisses, Vertrauens und der Kreativität geschaffen wird. Die Erfahrung zeigt, dass die meisten Managementteams mindestens einen halben Tag benötigen, um sich mental vom operativen Geschäft zu lösen.

Moderation

Die Rolle des Moderators sollte einer oder mehreren Personen klar zugeordnet sein. Sie haben die Aufgabe, den Ablauf des Workshops zu steuern. Dies beinhaltet sowohl die Festlegung des generellen Zeitplans als auch die Strukturierung der Gesprächsführung. Die Moderation sollte möglichst frei von inhaltlichen Interessen sein. Es ist jedoch wichtig, dass der Moderator von den Teilnehmern respektiert wird – im Idealfall wegen seiner Methodenkompetenz. Moderatoren können externe Berater, interne Stabsstellenmitarbeiter oder abwechselnd Mitglieder des Topmanagementteams selbst sein, sofern die Rolle nicht zur Beeinflussung inhaltlicher Aspekte missbraucht wird.

Resultate

Um sicherzustellen, dass ein Strategie-Workshop auf dem anderen aufbaut, werden die wichtigsten Resultate meist schriftlich festgehalten. Wenn sich ein Managementteam regelmäßig in kurzen Abständen trifft, kann dieser Report sehr kurz ausfallen oder gar weggelassen werden, besonders wenn keine Entscheidungen getroffen worden sind, sondern lediglich Sachverhalte diskutiert wurden. Wenn die Zeit während des Workshops zu kurz war, um Entscheidungen zu treffen und Aktionspläne auszuarbeiten, sollten zumindest Projektgruppen gebildet werden, die wichtige Themen weiterverfolgen und die Resultate in einem nächsten Meeting präsentieren. Am Ende des Workshops sollten die Teilnehmer das Gefühl haben, dass etwas Konkretes geleistet wurde. Als Abschluss des Workshops kann die Abfrage eines kurzen Statements der Teilnehmer über die Resultate und Art der Durchführung wichtige Erkenntnisse für den nächsten Workshop bringen.

Wie setzen Sie Prioritäten?

Die meisten Strategieinstrumente können auf verschiedenen Ebenen angewendet werden: auf der Gesamtunternehmensebene, auf Geschäftsbereichs-, Team- oder sogar auf der individuellen Ebene. Dies gilt auch für das Setzen von Prioritäten. Erfolgreiche Manager heben sich meist ab von anderen durch die Fähigkeit, das Wichtige vom Unwichtigen zu unterscheiden – also Prioritäten zu setzen. Ähnliches gilt für erfolgreiche Unternehmen.

Erstellen Sie eine Themenliste

Der erste Schritt bei einer Fülle von Aufgaben und Projekten ist es, eine Themenliste zu erstellen. Die Themen sollten in Frageform formuliert werden, da sie den Ausgangspunkt eines Problemlösungsprozesses darstellen. Die darauf folgende Analysephase hat zum Ziel, die Qualität der Antwort auf die Frage zu verbessern. Findet diese Themensammlung in einer Gruppe statt, empfiehlt es sich, die Themen auf einem Flipchart zu notie-

Abbildung 24: Bewertung strategischer Themen

Dringlichkeit	Strategisches Thema	Einfluss auf Unternehmenserfolg
■■■	1. Wie kann unser Kundenservice verbessert werden?	xxxxxxx
■	2. Wie gehen wir mit neuen Medien wie dem Internet um?	xxx
■■■■■■■■■ ■■■■■■	3. Welche Größe sollte die Unternehmenszentrale haben?	x
■■■■	4. Ist der japanische Markt attraktiv – und wenn ja, wie sollte die Markteintrittsstrategie aussehen?	xxxxxxxxx xxxxxx
■■	5. Wie können wir unsere Wachstumsraten verdoppeln?	xxxxxxxxx xxxxxx
■■■■■■■■■ ■■■■■■■■	6. Wie reagieren wir auf die Fusion zwischen unseren beiden größten Wettbewerbern?	xxxxxxxxx xxx

ren und dann jedem Teilnehmer drei rote und drei grüne Klebepunkte zu geben (vgl. Abb. 23). Die roten Punkte werden den Themen zugeordnet, die den höchsten Einfluss auf den Unternehmenserfolg versprechen, und die grünen signalisieren die Dringlichkeit der Themen. Um sich nicht von den Meinungen anderer beeinflussen zu lassen, sollten die Teilnehmer ihre Wahl auf einem Blatt Papier notieren, bevor sie diese Klebepunkte am Flipchart für jeden ersichtlich anheften. An dieser Stelle ein genereller Hinweis: Obwohl die Beschreibung der Vorgehensweise mit roten und grünen Klebepunkten Sie vielleicht etwas gelangweilt haben mag, ist es uns ein Anliegen, dass Sie auch diese kleinen Details exakt planen. Stellen Sie sich vor, Sie hätten 15 Themen und müssten in einer Art Brainstorming ohne methodische Hilfen Prioritäten erstellen!

Dringlichkeit versus Wichtigkeit

Ein Thema ist dringlich, wenn es einen akuten Handlungsbedarf darstellt. Die Wahrnehmung der Dringlichkeit ist von Person zu Person verschieden.

Im Geschäftsalltag sind oft Meetings, E-Mails, Telefonanrufe, Kundenbesuche oder die Fertigstellung von Berichten dringend. Die Erledigung dieser Tätigkeiten macht meistens Spaß – ist aber oft unwichtig. Fragen Sie sich bewusst, was Ihnen schlimmstenfalls passieren kann, wenn Sie eine Aufgabe nicht erledigen. Aus wie vielen Besprechungen sind Sie schon mit dem Gefühl herausgekommen, Ihre Zeit verschwendet zu haben? Wichtige Themen haben einen großen Einfluss auf den Erfolg des Unternehmens. Zum Erfolg beitragen heißt, langfristig den Profit der Firma steigern und den Grundsätzen des Leitbildes bezüglich der Aufgaben und Werte näher zu kommen. Oft haben wichtige Themen lange Feedback-Schlaufen und sind mit unternehmenspolitischen Prozessen verbunden.

Erstellen Sie ein Projekt-Portfolio

Anhand der Punkte können nun die einzelnen Themen im Projekt-Portfolio positioniert werden. Aufgaben, die sich im ersten Quadranten befinden, haben eine niedrige Dringlichkeit und einen geringen Einfluss auf den Unternehmenserfolg. Kommen solche Themen in einer Strategiesitzung auf, sollte das Topmanagement den Mut haben, diese von der Projektliste zu streichen. Ist nicht klar abzuschätzen, ob das Thema schnell an Dringlichkeit gewinnt, kann entschieden werden, dass es in eine Art Frühwarnsystem aufgenommen wird, also periodisch auf Veränderungen der Wichtigkeit hin überprüft wird.

Ist der Handlungsbedarf hoch – wie bei unserem Thema 3 (Größe der Unternehmenszentrale) –, aber der Einfluss auf den Gesamtunterneh-

Abbildung 25: Portfolio strategischer Themen

1. Sie versuchen ein gemeinsames Grundverständnis für die Strategie in der ganzen Organisation zu bilden.
2. Sie bemühen sich darum, ein Feedback bezüglich der Wirkung der Strategie zu erhalten.
3. Sie bewegen die Mitarbeiter dazu, dass sie die Strategie unterstützen.
4. Sie unterstützen die Mitarbeiter bei der Entwicklung von Leistungsindikatoren, die den Implementierungsgrad aufzeigen können.

menserfolg gering, so kann dieses Projekt an eine Einzelperson delegiert werden. Es hat wenig Sinn, dass sich das gesamte Managementteam mit diesem Thema beschäftigt. Im dritten Quadranten ist ein Thema aufgelistet, das ein Krisenmanagement erfordert – also höchste Aufmerksamkeit des Topmanagements. Strategieprojekte, aufgeführt im Quadranten 4, können solche Krisensituationen verhindern, indem an Themen gearbeitet wird, bevor sie akut werden. In unserem Beispiel hätte sich das Topmanagement schon früher mit einem Merger-Szenario auseinandersetzen können, um eventuell vorbeugende Maßnahmen zu treffen oder zumindest einen Kontingenzplan (»Was würde ich machen, wenn ...«-Schubladenplan) zu entwerfen.

Vorsicht mit der Veränderung von Prioritäten

Prioritäten zu verändern bedeutet, den eigenen Arbeitsplan umzustellen. Dies kann wiederum dazu führen, dass Kollegen oder Kunden Auswirkungen in ihrer eigenen Planung zu spüren bekommen. Wenn Sie also einen guten Grund haben, Ihre Prioritäten zu verändern, so achten Sie darauf, dass Sie sofort Transparenz bezüglich der Konsequenzen dieser Veränderungen schaffen. Von Umstellungen gefährdet sind besonders langfristige Projekte – und zu denen gehören Strategieprojekte, da ein unmittelbares Feedback der Umstellung ausbleibt. Es liegt in der menschlichen Natur, zuerst die Dinge anzugehen, welche kurze Feedback-Schlaufen haben. Setzen Sie sich deshalb Zwischenziele, die Sie erreichen möchten, und machen Sie sich klar, was es für die Realisierung Ihrer langfristigen Ziele bedeutet, wenn operative Projekte an Priorität gewinnen.

Schaffen Sie Platz für Strategieprojekte

Versuchen Sie einmal, eine Woche lang jeden Abend schriftlich festzuhalten, was Sie den ganzen Tag über geleistet haben. Sie werden feststellen, dass Sie mit ungefähr 20 Prozent des täglichen Zeiteinsatzes etwa 80 Prozent der Wirkung erzielen. Zeit hat verschiedene Qualitäten. 15 Minuten im Whirlpool vergehen schneller als 15 Minuten beim Zahnarzt. In der ersten Stunde nach dem Mittagessen sind Sie höchstwahrscheinlich weniger produktiv als gegen vier Uhr nachmittags. In einem Zeitblock von zwei Stunden ohne Störungen schaffen Sie wesentlich mehr als in zwei Stunden, die aus kurzen, mit Störungen durchsetzten Zeitschnipseln bestehen. Sie vergeuden Ihre Zeit, wenn Sie Falsches oder Unnötiges tun. Sie verschwenden aber auch Zeit, wenn Sie das Richtige falsch tun. Auch wenn oft behauptet wird, Zeitmangel sei ein großes Problem: Wir sind der Meinung, dass Zeitmangel kein Problem, sondern ein Symptom ist – ein Symptom für unklare Ziele, falsch gesetzte Prioritäten und schlechte Planung.

Wie kann die Wirkung des Strategieprozesses verstärkt werden?

Strategisches Management ist keine exakte Wissenschaft, auch wenn uns so manche wissenschaftliche (meist angelsächsische) Zeitschrift mit ihrem Fokus auf quantitativen Analysen vom Gegenteil überzeugen will. Strategisches Management ist zu einem sehr großen Teil die Kunst, die richtigen Entscheidungen zu treffen und umzusetzen. Diese Fähigkeit kann nicht vollständig über theoretische Konzepte in Büchern vermittelt werden. Um ein Virtuose des strategischen Denkens zu werden, braucht es mehr als das reine Erlernen der technischen Instrumente dieses Gebietes. Über praktische Erfahrung oder indirekt über die Diskussion von Fallstudien wird das strategische Denkvermögen in der Praxis und in Business Schools langsam und oft unbewusst entwickelt.

Strukturieren Sie Ihre Gedanken mit einfachen Strategiewerkzeugen

Fragt man Manager, warum sie gewisse Entscheidungen getroffen haben, antworten sie oft mit dem Satz: »Ich hatte so ein Gefühl im Bauch«. Dieses »feeling« oder auch Intuition genannt, hilft Managern, die komplexe Realität auf ein paar Entscheidungsregeln zu reduzieren. Strategische Entscheidungen werden oft nicht durch reines logisches Denken getroffen. Die Entscheidungsregeln oder Denkmodelle des Managers bleiben bei intuitiven Entscheidungen verborgen. Trotzdem besteht in vielen Situationen die Notwendigkeit, die Logik dieser impliziten Entscheidungen zu erklären.

Nur selten ist die Unternehmensspitze mit einer charismatischen Führungspersönlichkeit besetzt, der man blind folgt. Investoren, Mitarbeiter und andere Interessengruppen verlangen, dass die strategischen Überlegungen explizit gemacht und kommuniziert werden. Dieser Prozess fördert nicht nur die Umsetzung einer Entscheidung, sondern auch deren Qualität, da die persönliche oder kollektive Intuition getestet wird. Die Lehre daraus: Versuchen Sie nicht, mit möglichst komplexen Instrumenten zu beeindrucken, sondern konzentrieren Sie sich auf die Steuerung des Prozesses mit möglichst einfachen Instrumenten.

Wenn der Planungsprozess zur Routine wird, sollten die Planungsinstrumente variiert werden

Strategisch denken heißt, Herausforderungen frühzeitig zu identifizieren, Muster in der Industrielandschaft zu erkennen, kreative Lösungen zu erarbeiten, Entscheidungen unter Unsicherheit zu treffen und diese umzusetzen. Wird diese Tätigkeit Routine, läuft das Unternehmen einerseits Gefahr, wichtige Trends und Fragestellungen nicht vollständig zu erfassen. Ein anderer negativer Effekt einer stark formalisierten Planung mit ständig gleichbleibenden Instrumenten ist die Vorhersagbarkeit der eigenen strategischen Schritte. Oft sehen wir in Unternehmen, dass so genannte »rollende« Budgets erstellt werden: Die Excel-Tabelle des letzten Jahres wird mit einem Faktor von beispielsweise 1,05 multipliziert. Auch wenn diese Vorgehensweise in stabilen Branchen ihren Sinn haben kann, ist es nicht die beste Grundlage, die Firma fit für die Zukunft zu machen.

Entwicklung einer Kommunikationsstrategie von Beginn an

Hat eine Firma eine gewisse Größe erreicht, ist es nicht mehr möglich, alle Mitarbeiter direkt in den Strategieprozess zu involvieren. Der Strategieprozess erfährt dann oft eine zu strikte Trennung zwischen Strategieformulierung und -implementierung. Mitarbeiter werden meist spät und ungenau über die Resultate des Strategieprozesses informiert. Die typischen

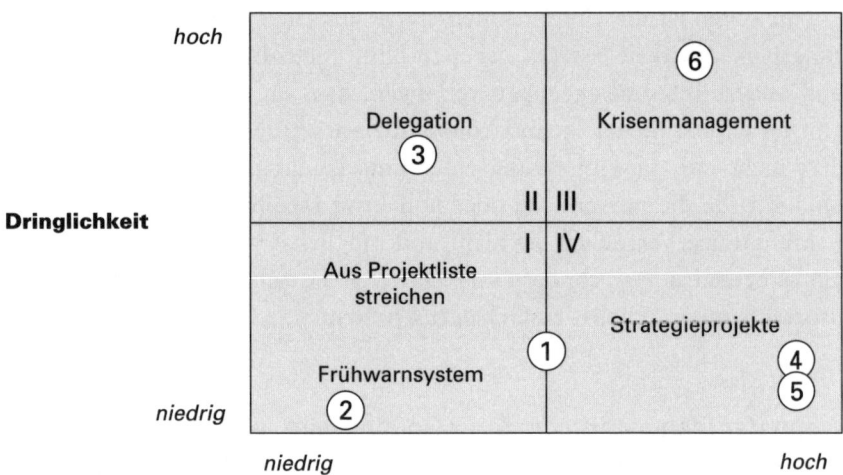

Fragestellungen lauten oft: »Wie bekommen wir jetzt den ›buy-in‹ von den Mitarbeitern?«, »Und wie sagen wir es jetzt den Mitarbeitern?«.

Erfolgreiche Unternehmen überlegen sich frühzeitig, wie sie die Mitarbeiter dazu bewegen, sich mit der neuen Strategie zu befassen. Sie verfolgen dabei vier Ziele.

Ein wichtiger Teil der Kommunikationsstrategie ist dabei, die unterschiedlichen Gruppen richtig anzusprechen. Welches sind die Hauptzielgruppen, Nebenempfänger und Meinungsbilder? Auf welchem Wissensstand befinden sie sich? Was bewegt ihre Gemüter im Moment? Wie können sie motiviert werden, die Strategieprojekte zu unterstützen? Die Berater-(Un-)Tugend, strategische Analysen und Entscheidungen mit PowerPoint-Folien stichwortartig zu unterstützen, führt of dazu, dass die Kommunikation zwar erleichtert wird, aber wichtige Zusammenhänge verloren gehen. 3M plädiert deshalb für die Präsentation von Business-Plänen in Prosaform (Shaw, Brown und Bromiley 1998). Sie behaupten, dass neue Ideen meistens als Liste von Stichpunkten kommuniziert werden, wodurch sie an Klarheit und Aussagekraft verlieren. Werden Business-Pläne jedoch als kurze Beschreibungen präsentiert, sind oft die Logik der Argumente und die Basisannahmen, auf denen sie beruhen, besser durchdacht. Zudem sind solche »Geschichten« einfacher im Gedächtnis zu behalten.

Der Beitrag der Initiierung des Strategieprozesses im Rahmen des strategischen Prozesses: Nun haben Sie eine strategische Agenda vorliegen. Themen mit hohem Einfluss auf die zukünftige Rentabilität sind Projektgruppen zur weiteren Bearbeitung zugeordnet. Diese Teams haben ein solides Grundverständnis für den strategischen Prozess und dessen Basiselemente gewonnen und ihnen liegt eine generelle Vorgabe der Unternehmensentwicklung durch das Firmenleitbild vor. Alle Beteiligten wissen jetzt, was laut strategischer Agenda thematisiert werden soll und haben diese Themen in Frageform vorliegen.

4. Marktanalyse

Was Sie bei der Marktanalyse machen müssen: Die Marktanalyse durchläuft generell fünf Stufen. Zuerst wird das zu analysierende Marktsegment bestimmt. Danach werden segmentübergreifende generelle Marktentwicklungen aus dem politischen, ökonomischen, sozialen und technologischen Umfeld identifiziert. Der dritte Schritt beschreibt die Industriestruktur mit den Wettbewerbern, Kunden, Lieferanten und potenziellen Substituts- oder Komplementärprodukten. Anschließend wird versucht, zukünftige Entwicklungen zu prognostizieren. Diese ersten vier Stufen haben auch bei einer starken Fokussierung auf nur ein strategisches Thema und ein spezifisches Marktsegment mit ziemlicher Sicherheit eine hohe Dichte von Daten generiert. Nun gilt es als letzten Schritt, diese Daten auf ein paar wenige handlungsrelevante Faktoren zu reduzieren.

Nachdem die strategischen Themen identifiziert und klassifiziert worden sind, werden sie bearbeitet. Oft machen Managementteams den Fehler, sich bei der Marktanalyse nicht auf eine genaue strategische Fragestellung zu konzentrieren (zum Beispiel: »Sollen wir in einen neuen Markt eindringen?« »Sollen wir eine Ländergesellschaft verkaufen?« »Wie sollen wir den Wettbewerb gestalten?«). Die Marktanalyse verkommt in vielen Firmen zur Alibiübung nach dem Motto: »Machen wir kurz eine SWOT-Analyse«. Wenn das Resultat einer Marktanalyse einige hundert Power-Point-Folien sind, so haben Sie entweder keine klare strategische Fragestellung als Ausgangspunkt formuliert oder Ihr Ziel ist es in Wirklichkeit, einen generellen Überblick über den Markt zu bekommen. Also gilt: Die Markanalyse nimmt am besten Ihren Ausgangspunkt in einer konkreten strategischen Fragestellung.

Stellen Sie sich einmal vor, Sie sollen den GM-Vorstand beraten, der zu entscheiden hat, ob GM Opel, die Deutsche Ländergesellschaft, be-

Abbildung 27: Analyse des Marktes als dritter Prozessschritt

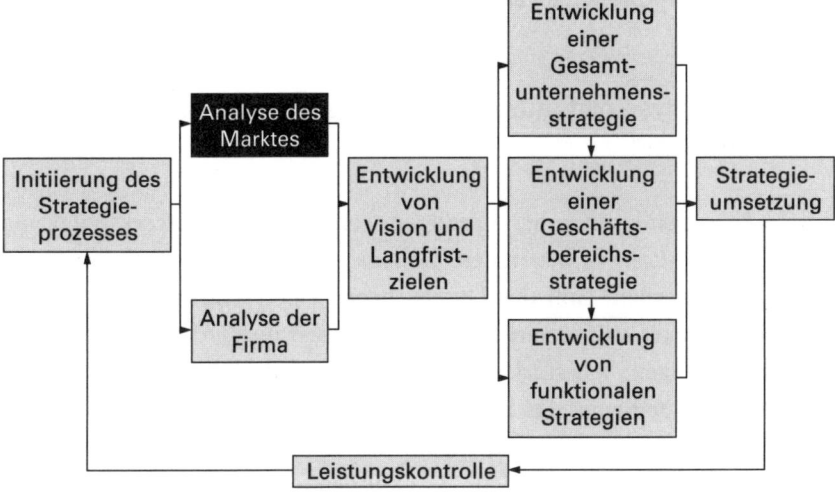

halten, liquidieren, teilweise oder ganz verkaufen soll. Opel, die europäische Tochtergesellschaft vom GM, hat nach fast einem Jahrzehnt Wettbewerbskampf eine grundsätzlich gesunde Geschäftsposition in Europa aufgebaut. Opel braucht aber eine gewaltige Kapitalspritze und gewaltige Managementanstrengungen, um weiterhin im strengen Wettbewerb zu bestehen. Leider ist die General Motors Company (GM) – immer noch die weltweit zweitgrößte Automobil-Unternehmung – durch Hilfe der US-Regierung nur knapp einem Konkurs entkommen. Trotzdem hat GM noch einen langen Weg bis zu einer vollwertigen finanziellen Erholung vor sich. Deshalb hat GM dann auch potenzielle Investoren angesprochen, wie zum Beispiel Fiat in Italien, BAIC in China und Magna in Belgien. Damit GM und potenzielle Investoren eine gute strategische Entscheidung zum Fall Opel fällen können, benötigen sie die Marktanalyse!

Welchen Nutzen stiftet eine gründliche Marktanalyse?

Managementteams müssen ihre relevanten Märkte identifizieren und die in ihnen wirkenden Marktkräfte verstehen, um Möglichkeiten zur Gewinnmaximierung zu entdecken und zu nutzen. Durch eine ständige

Überwachung der Wettbewerber und eine klare Positionierung im Markt sollen Wettbewerbsvorteile erzielt werden.

Die Marktanalyse hilft, attraktive Unternehmensmärkte zu identifizieren

Welche Kriterien können herangezogen werden, um die Attraktivität von relevanten Märkten zu beurteilen? Soll das Unternehmen in einem neuen Markt tätig werden? Soll das Unternehmen einen Markt verlassen? Die Analyse der Attraktivität eines Segments erfolgt durch die Beantwortung von einigen Fragen: Wie stark ist die Kaufkraft in diesem Segment? Welche Wettbewerber bedienen das Segment? Welche zukünftigen Wettbewerber könnten in unser Segment eindringen? Warum sollen Kunden unsere und nicht Substitutsprodukte kaufen? Wie können wir sicherstellen, dass Kunden uns in diesem Segment treu bleiben und nicht in andere Segmente des gleichen Marktes abwandern? Durch die Beantwortung dieser Fragen lassen sich strukturell attraktive Märkte von weniger attraktiven Märkten unterscheiden. Märkte sind immer dann attraktiv, wenn Kunden und Zulieferer wenig Verhandlungsmacht besitzen, andere Konkurrenten nicht in Ihren Markt eindringen können, und es wenig Alternativen zu Ihrem Produkt gibt.

Das Verständnis für die Industriestruktur und deren Entwicklung wird erhöht

Durch eine bewusste Analyse des Marktes werden grobe Muster und aktuelle Trends in der Industriestruktur offen gelegt. Die Kunst ist es, die Komplexität der Umwelt zu reduzieren und dabei für das Unternehmen wichtige und anhaltende Entwicklungen von kurzfristigen Schwankungen zu unterscheiden. Einem Brancheninsider fällt dies oft schwerer als Externen, welche die Industrie mit einem gewissen Abstand beobachten und die Industriegesetze (siehe »dominant logic« in Prahalad und Bettis 1986) hinterfragen. Ins Deutsche übersetzt, beschreibt die »dominant logic« die durch langjährige Erfahrung entwickelten Denkmuster oder Industrieregeln, nach denen das Topmanagement Entscheidungen fällt. Oft sind diese eingefahrenen Denkmuster der Hauptgrund für Fehlschläge in strategischen Entscheidungen. Neue Geschäftsfelder werden auf der Grundlage von Erfahrungen in existierenden Marktsegmenten analysiert, und dies erzeugt oft Fehleinschätzungen. Auch wenn die Firma nur ein bescheidener Teil einer Industrie ist, können frühe Einsichten über die Industrieentwicklung dennoch zu substanziellen Wettbewerbsvorteilen führen. Verstärken Sie deshalb in Ihrem Unternehmen das Bewusstsein, dass die Industrie nicht eine vorgegebene Wirklichkeit darstellt, sondern formbar ist. Beobachten Sie zu diesem Zweck, wie sich Verträge und Geschäftsbeziehungen in Ihrer Industrie und über Industriegrenzen hinweg entwickeln und wie Sie sie gestalten können.

Die Möglichkeiten zur Veränderung und Ausnutzung von Marktkräften werden identifiziert

Im Idealfall kann eine gut durchgeführte Industrieanalyse sogar dazu führen, dass die Marktstruktur pro-aktiv und in ihren Grundgesetzen verändert werden kann, sodass die Rentabilität sowohl des Marktsegments als auch der Firma erhöht wird. Versuchen Sie, die eingespielten Industrieregeln zu Ihren Gunsten zu verändern, bevor es Ihre Wettbewerber tun, oder nutzen Sie die gegebenen Marktstrukturen besser aus. Die meisten Firmen konzentrieren sich darauf, den Spielregeln der Industrie durch Projekte wie TQM oder Kostenoptimierung zu folgen, anstatt die Spielregeln zu verändern. Positive Beispiele von Firmen, die erfolgreich eine Industrieregel revolutioniert haben, gibt es genug (siehe Dell, Charles Schwab, IKEA, Southwestern Airlines, Google und andere). Viele Topmanager haben jedoch Angst, die Industriestrukturen fundamental neu zu definieren. Sie verwalten lieber den Status quo, anstatt als Unternehmer zu versuchen, neue Wege zu gehen.

Wie werden relevante Märkte abgegrenzt?

Der Marktattraktivitätstest besteht aus zwei Schritten: Marktidentifizierung und Marktbeurteilung. Leider gilt: Wer bei der Marktdefinition fehl geht, kann in der Marktanalyse nicht richtig liegen. Marktdefinitionen sind imaginäre Linien, mit denen wir versuchen, die Realität zu strukturieren und Marktaktivitäten voneinander abzugrenzen. Ein Markt existiert, wenn ein Unternehmer einen profitablen Weg findet, Bedürfnisse durch das Angebot von Produkten und Dienstleistungen oder allenfalls Handelsaktivitäten zu befriedigen. Es gibt deshalb auch keine objektiv richtige Marktsegmentierung. Im Gegenteil: Die Segmentierung des Marktes ist ein kreativer Akt und folgt unterschiedlichen Logiken. Jack Welch, der ehemalige CEO von General Electric segmentierte seine Märkte anders als Mario Monti, der EU-Kommissar für Antitrust-Fragen. Welch sah Märkte als eine Kombination von Kundengruppen, Verwendungszwecken von Produkten und Technologien. Für Monti hingegen waren Preisfragen wichtiger als Kundenbedürfnisse: In Antitrust-Märkten schafft es ein profitorientiertes Unternehmen, durch die Ausschaltung von Konkurrenten die Preise für bestimmte Produkte langfristig über ihr »natürliches« Niveau zu heben.

Identifizieren Sie Kriterien zur Marktsegmentierung

Manager orientieren sich an einer Reihe von Kriterien, um den relevanten Markt für ihr Unternehmen kreativ zu definieren. Marktdefinitionen können sich auf Nachfragekriterien (zum Beispiel Klienten, Marktorte, Kundenbedürfnisse) und Angebotskriterien (zum Beispiel Technologien, Netzwerke, Distributionskanäle) stützen. Der Gebrauch beider Kriterien verhindert, dass der Markt zu eng und zu breit definiert wird. Wenn Manager Unternehmensmärkte zu breit definieren, werden oft Profitmöglichkeiten in Subsegmenten des Marktes nicht konsequent ausgeschöpft. Definieren Sie den Markt zu eng, werden Wettbewerber mögliche Skaleneffekte übersehen. Die Segmentierungsanalyse beantwortet die Frage, ob sich Marktsegmente nach Regionen, Bedürfnissen, demografischen Kriterien und Produktvariationen unterscheiden. Das Ziel einer klaren Abgrenzung unterschiedlicher Marktsegmente ist, das Marktverhalten des Unternehmens in verschiedenen Marktsegmenten zu differenzieren. Damit werden Kaufkraft- und Bedürfnisunterschiede effektiv ausgenutzt.

Der erste Schritt bei der Segmentierung ist die Entwicklung von Kriterien, mit denen sich der Gesamtmarkt unterteilen lässt (siehe Abbildung

28). Den Automobilmarkt kann man beispielsweise nach Kundenbedürfnissen segmentieren (Luxusautos, Vans, Sportautos und so weiter) und zusätzlich in Regionen einteilen (USA, Europa, Asien). Es ist wichtig, dass die Anzahl der Segmentierungskriterien keine Verwirrung stiftet. Kombinieren Sie deshalb Kriterien, die miteinander verwandt sind. So lassen sich beispielsweise Preisgestaltung, Service und Ausstattung im Restaurantmarkt durch die Typen Café, Gaststätte und Feinschmeckerlokal zusammenfassen.

Die Identifizierung von Märkten über Angebots- und Nachfragekriterien führt oft zu unterschiedlichen Definitionen des relevanten Unternehmensmarktes. Die Kombination von Angebots- und Nachfragekriterien hilft Managern aber auch, kreativ ihre relevanten Märkte zu entdecken und breit zu definieren. Die Marktsegmentierung unterstützt Sie dabei, Ihre Marktidentifizierung, basierend auf Regionen, Bedürfnissen und Produktvariationen, weiter zu verfeinern.

Nachfragekriterien sind oft nur der Ausgangspunkt für die Identifizierung von Unternehmensmärkten. Sie setzen aber ein existierendes Produkt voraus. Angebotskriterien hingegen haben den Vorteil, dass sie helfen, gleichzeitig relevante Wettbewerber zu identifizieren, die einen Markt streitig machen werden. Außerdem sind Nachfragekriterien oft mit großer Unsicherheit verbunden, wenn Technologien noch in der Entwicklung ste-

Abbildung 28: Segmentierungskriterien (nach: Grant 2002)

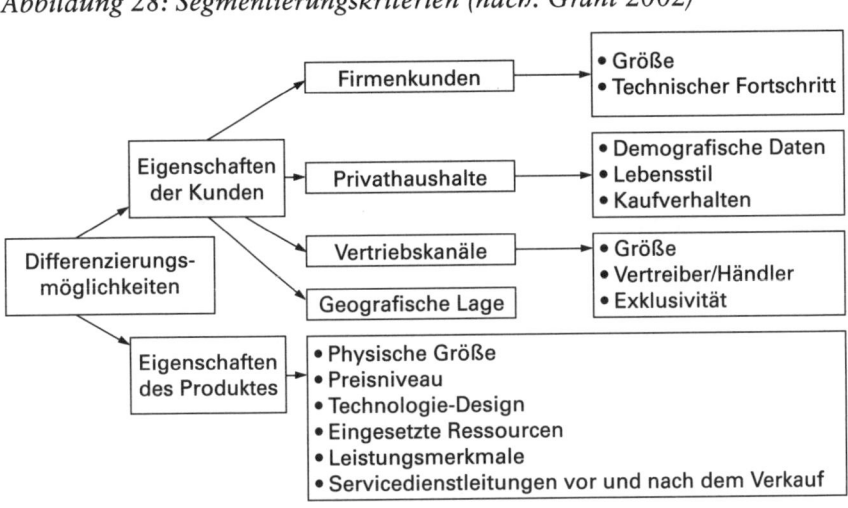

cken. Angebotskriterien lenken zudem die Aufmerksamkeit des Managers auf Möglichkeiten, mehrere Produkte auf einer Technologie zu basieren (zum Beispiel kann eine Bank mehrere Produkte durch ihren elektronischen Vertriebskanal verkaufen) und Produktmenüs über einen Vertriebskanal zu vertreiben (zum Beispiel bieten Telekommunikationsgesellschaften Datentransfer, Telefon und Mobilservice zusammen an).

Milieustudien sind ein weiterer Ansatz zur Definition und Eingrenzung von Märkten. In Europa haben sich die Sinus-Milieus etabliert, welche Zielgruppen nach den Kriterien soziale Lage und Grundorientierung unterscheiden. Unter Grundorientierung wird das Werteverständnis in einem Spannungsbogen von »traditionell« bis »postmodern« beschrieben. Da es heute nur noch bedingt möglich ist, Menschen anhand von soziodemografischen Daten wie Alter, Geschlecht und Wohnort zu differenzieren, werden Lebenssituationen und Einstellungen analysiert, um weitgehend homogene Marktsegmente zu beschreiben. Die Sinus-Milieus unterscheiden zehn verschiedene Milieus von den »Traditionsverwurzelten« über die »Bürgerlichen« bis hin zu den »Experimentalisten«. Die einzelnen Sinus-Milieus werden detailliert im Hinblick auf ihr Kundenpotenzial (Wie hoch ist der Anteil des Milieus an der Wohnbevölkerung?), ihre soziale Lage (Alter, Bildung, Beruf, Einkommen), ihre Arbeits- und Freizeitwelt sowie ihr Konsumverhalten beschrieben. Somit können insbesondere Konsumartikelproduzenten genau die Angebote und Kommunikationsstrategien entwickeln, die für das jeweilige Milieu optimal sind.

Konstruieren Sie eine Segmentierungsmatrix

Nach der Auswahl der Segmentierungskriterien konstruieren Sie eine Segmentierungsmatrix, die mindestens zwei Kriterien miteinander in Beziehung setzt (Abbildung 29).

Die vier Segmente unterscheiden sich durch den Preis (preiswerte – mittelteure – teure Fahrräder), die gewählten Distributionskanäle (Kaufhäuser und Discount-Ketten – spezielle Fahrradgeschäfte – Spielzeuggeschäfte), die Zielkundengruppe (breite Masse – Enthusiasten – Kinder) und die Marketingstrategie (Private Label – Herstellernamen). Untersuchen wir die Erfolgsfaktoren in den einzelnen Segmenten, so stellen wir fest, dass diese sich grundsätzlich unter mehreren Aspekten unterscheiden.

Abbildung 29: Segmentierungskriterien (nach: Grant 2002)

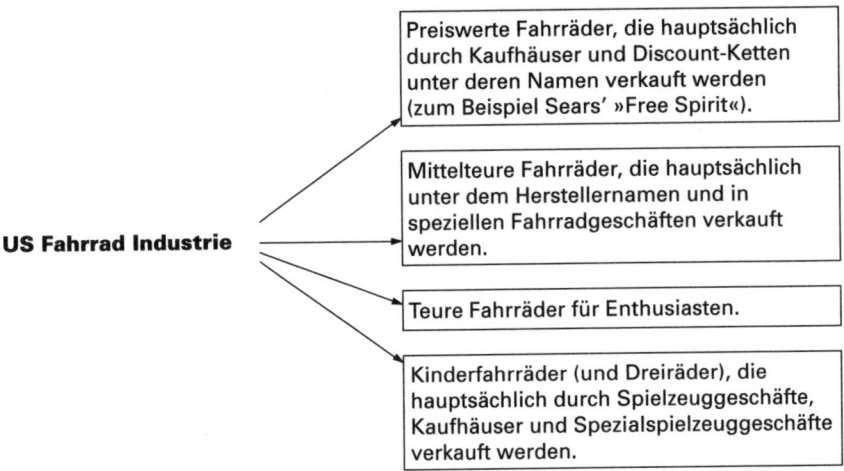

Will sich ein Anbieter im Segment der preisgünstigen Fahrräder behaupten, so sind Faktoren wie ein effizienter globaler Einkauf, eine Fertigung in Billiglohnländern und langfristige Lieferverträge mit großen Kaufhausketten besonders wichtig. Deshalb dominieren auch Hersteller aus Taiwan und China diesen Markt. Das Segment der mittelpreisigen Fahrräder hat bereits andere Erfolgsfaktoren. Kostenmanagement ist sicherlich auch in diesem Segment wichtig, jedoch werden Marketingstrategien, die einen Ruf für gute Qualität aufbauen können, wichtiger.

Testen Sie die Segmentsgrenzen

Segmentsgrenzen können entweder breit oder eng gezogen werden. Die Entscheidung wird sich an der Ähnlichkeit der Erfolgsfaktoren orientieren. Eine breite Marktsegmentierung ist erstrebenswert, wenn dadurch Kostenvorteile erzielt werden können, weil sich die Erfolgsfaktoren der unterschiedlichen Segmente kaum unterscheiden. Eine zu breite Segmentierung beinhaltet aber auch Risiken. Zum Beispiel kann die gemeinsame Bearbeitung von Mittelpreisfahrrädern und Luxusfahrrädern durch Skaleneffekte Kosten reduzieren. Gleichzeitig kann aber die gemeinsame Marktbearbeitung die gute Reputation eines Markennamens im Luxussegment verderben. Mercedes hat aus diesem Grund bei der Einführung des Kleinwagens

Smart vermieden, dass im Markt eine Verbindung zur Nobelmarke deutlich wird. Kommunikation und Distribution wurden streng voneinander abgegrenzt. Eine andere Strategie hat Volkswagen mit der Nobelkarosse Phaeton gewählt. Bewusst wird das Fahrzeug als Flaggschiff für eine Marke aufgebaut, die einst die »Wagen für das Volk« hergestellt hat. Da sich nicht die Frage stellt, ob der Durchschnittsverbraucher das Geld für ein Luxusauto hat, musste es VW gelingen, die Oberklasse von der neuen Noblesse der einstigen Käferschmiede zu überzeugen. Für den Fahrer eines Golfs oder eines Lupos sind die Imageeffekte auf jeden Fall positiv. Bei dieser Zielgruppe steigert der Phaeton die gesamte Markenreputation.

Bestimmen Sie die Unternehmensentwicklung durch die Marktidentifikation

Kreative Marktdefinitionen sind ein Instrument zur Entwicklung neuer Unternehmensmärkte. Apple genießt große Markterfolge mit seiner Digital Music Initiative, bestehend aus Software (iTunes), Hardware (iPods und Shuffles) und Inhalt (iTunes Music Store), gerade jetzt, wo traditionelle Tonträgerfirmen den Markt durch illegale Raubkopien am Boden sehen. Die Entdeckung von vernachlässigten Marktsegmenten führt oft zur Entwicklung von Produkten, die alte Kundenbedürfnisse neu ansprechen und entwickeln. Durch kreatives Nachdenken über die Fragen »Was ist unser relevanter Markt?« oder »Welcher Markt wird relevant für uns werden?«, entdecken Unternehmen neue Möglichkeiten zur Marktentwicklung.

Die Marktidentifizierung ist eine der wichtigsten Aufgaben des strategischen Managers, deren weitreichende Konsequenzen kaum zu überschätzen sind. Die Identifizierung des relevanten Unternehmensmarktes bestimmt die Unternehmensidentität. Nicht umsonst sprechen Manager von »ihrem Markt«, wenn sie von »ihrem Geschäft« sprechen. Zudem beeinflusst die Marktauswahl des Unternehmens die notwendigen Fähigkeiten und Ressourcen, um erfolgreich in diesem Markt tätig zu werden. Zum Beispiel sind die Fähigkeiten, Produkte auf bestimmte Marktsegmente zuzuschneiden und Markennamen zu etablieren, wichtig in Märkten mit Differenzierungs- und Preisdiskriminierungsmöglichkeiten (zum Beispiel im Automobilmarkt). In anderen Märkten, in denen Produkte stark standardisiert sind (zum Beispiel im Zementmarkt), treten Fähigkeiten in den Vordergrund, die dem Unternehmen helfen, Kosten durch Prozessoptimierung und billigen Einkauf zu reduzieren. Diskutieren Sie deshalb mit Ihrem Managementteam die folgenden Fragen:

- Gibt es Lücken in unserer Produktpalette, die dazu führen, dass substanzielle Kundenbedürfnisse nicht befriedigt werden können?
- Ist unser Distributionssystem breit genug, um sicherzustellen, dass eine hohe Verfügbarkeit unserer Produkte für die Kunden gewährleistet ist?
- Gibt es neue Anwendungen für unser Produkt?
- Können wir neue Märkte durch bessere Produkte bedienen?
- Können wir neue Markt-/Produkt-Kombinationen finden?

Die Entwicklung des britischen Marktes für Kartoffelchips zeigt, dass sich kreatives Nachdenken über unternehmensrelevante Märkte lohnt. Vor 50 Jahren wurden Kartoffelchips ausschließlich von Bier trinkenden Männern beim Dartspielen in den Pubs verzehrt. Die Firma Smith Inc., zu dieser Zeit das dominierende Unternehmen in diesem Markt, belieferte die Pubs durch ein ausgeklügeltes Distributionsnetz mit kleinen Packungen – gerade groß genug, um den Durst auf ein neues Bier anzuregen. In den sechziger Jahren definierte Golden Wonder Inc. den Markt neu: Kartoffelchips waren nun ein Produkt, das Familien vor den neu aufgekommenen Fernsehgeräten verzehrten und das die Mütter im Supermarkt in großen Packungen kauften.

Wenn Unternehmen ihren Markt neu definieren, finden sie neue Antworten auf altbekannte Fragen: Welchen Kundennutzen sollen unsere Produkte stiften? Wie viel soll das Produkt kosten? Welche Werbestrategie sollen wir verfolgen? Welche Distributionskanäle sollen genutzt werden? So hat zum Beispiel die Revolutionierung des britischen Kartoffelchips-Marktes durch Golden Wonder Inc. als ein Markt der fernsehlustigen und geselligen Familien (anstatt Bier trinkender Männer) zu neuen Distributionskanälen (Supermärkte anstatt Kneipen), neuen Verpackungen (Familientüte) und neuen Werbeformen (Fernsehen anstatt Direktwerbung) geführt.

Passen Sie Ihre Organisationsstruktur der Marktsegmentierung an

Ein weiterer Grund, warum die Definition des Marktes die höchste Aufmerksamkeit des Managements erfordert, hängt mit der Organisation der Firma zusammen. Die Einteilung des Unternehmens in verschiedene Divisionen ermöglicht dem Topmanagement, Entscheidungsbefugnisse zu dezentralisieren. Dadurch werden die Qualität und die Geschwindigkeit von Entscheidungen verbessert. Ebenfalls erhöht werden dadurch die Erfolgsaussichten der Implementierung von strategischen Initiativen. Die Marktsegmentierung bestimmt zu einem sehr großen Teil, ob ein neuer Geschäftsbereich oder eine neue Division ins Organigramm aufgenommen wird oder nicht. Nur wenn die Grenzen von Geschäftsbereichen mit den »natürlichen« Marktgrenzen abgestimmt sind, ist es möglich, dezentrale Entscheidungen zu fällen. Nur dann können realistische Geschäftsbereichsziele so formuliert werden, dass die Geschäftsbereichsleiter deren Erreichung beeinflussen können.

Wenn beispielsweise der Markt für Eiscreme länderspezifisch ist (das heißt, ein Marktereignis in einem Land keinen Einfluss auf ein anderes Land hat), und die Firma ohne weitere Unterteilung eine einzige Division für Schokolade in Europa hat, so wurde nicht weit genug dezentralisiert. Hat die Firma jedoch zwei unabhängige Divisionen für Schokolade in einem Ländermarkt, können sich Kompetenzprobleme ergeben, und es wird schwierig, klare Ziele für Geschäftsbereiche zu formulieren. Die Definition von strategischen Geschäftseinheiten (SGE) ist die organisatorische Antwort des Unternehmens auf die Strukturen des Marktes. Eine strategische Geschäftseinheit ist ein Produkt-/Markt-Segment mit klar identifizierbaren Kunden und Konkurrenten, die vergleichbare Preis-, Mengen- und Qualitätsmerkmale haben. Es ist von entscheidender Bedeutung, dass eine SGE ihre Ressourcen und ihre Geschäftspolitik (Strategie) selbstständig kontrollieren kann und für ihre Gewinne und Verluste vollständig selbst verantwortlich ist.

Welchen Einfluss üben segmentübergreifende Faktoren aus?

Das Marktumfeld und dessen Wandel beeinflussten die Geschäftstätigkeit des Unternehmens hinsichtlich der Rentabilität und Entscheidungsgrundlagen der Unternehmensführung. Das Kernproblem in dieser Phase des strategischen Prozesses besteht darin, die enorme externe Komplexität und Unsicherheit zu reduzieren. Bei der Analyse von segmentübergreifenden Faktoren ist die Gefahr besonders groß, sich zu verlieren und nur eine große Menge heißer Luft zu produzieren. Überlegen Sie sich gut, ob eine Trendanalyse oder eine andere Marktinformation wirklich die Qualität Ihrer strategischen Entscheidung substanziell verbessern kann.

Analysieren Sie Ihre Interessengruppen (Stakeholder)

Oft beachtet ein Unternehmen einzig und allein die Eigentümer als Interessengruppe. Was dies für Folgen haben kann, hat beispielsweise die geplante Versenkung der Bohrinsel Brent Spa durch Shell gezeigt: Umweltgruppen wie Greenpeace wurden über Nacht zur wichtigsten Interessengruppe. Um solchen Überraschungen (Shell wurde von der Bedeutung der Interessengruppe Greenpeace überrascht) vorzubeugen, sollten alle Gruppen, die ein Interesse an der Firma haben könnten, aufgelistet werden und nach Einflusskraft und -art beziehungsweise Stärke der Interessen sortiert werden. Als Ausgangslage kann die Liste in Abbildung 30 helfen.

Diese Liste wird dann in eine Stakeholder-Matrix transformiert, die eine Klassifizierung von Stakeholder-Gruppen erlaubt:

- A-Stakeholder haben sowohl starkes Interesse als auch großen Einfluss auf das Unternehmensgeschehen. Sie müssen deshalb unbedingt früh in den Entscheidungsprozess eingebunden und voll informiert werden.

Abbildung 30: Stakeholder-Klassifizierung

Stakeholder	Definition	Art/Stärke der Interessen	Einfluss auf die Firma	Kommunikationsstrategie

- B1-Stakeholder haben ein starkes Interesse, aber keinen großen Einfluss auf das Unternehmen. Unterstützt die Haltung des Stakeholders die Unternehmensstrategie positiv, sollten mögliche Potenziale gesucht werden, wie diese Stakeholder-Gruppe an Einfluss gewinnen kann.
- B2-Stakeholder haben ein schwaches Interesse, üben aber einen großen Einfluss auf das Unternehmen aus. Die Informationspolitik ist grundsätzlich reaktiv. Durch selektive Information kann das Unternehmen versuchen, positives Interesse zu wecken und negativem Interesse vorzubeugen.
- C-Stakeholder haben ein schwaches Interesse und geringen Einfluss auf das Unternehmen. Ihnen gegenüber bleibt das Unternehmen passiv in seiner Informationspolitik und arbeitet keine empfängerspezifischen Informationen aus. Diese Gruppe wird deshalb nicht aktiv in die Informationspolitik mit einbezogen, aber im Hinblick auf Veränderungen der Interessens- oder Einflusslage überwacht.

Erstellen Sie eine PEST-Analyse

Ein einfaches Mittel der Umweltanalyse ist die PEST-Analyse, welche die Veränderung der Umwelt im Hinblick auf die folgenden Faktoren analysiert:

Abbildung 31: Stakeholder-Mix

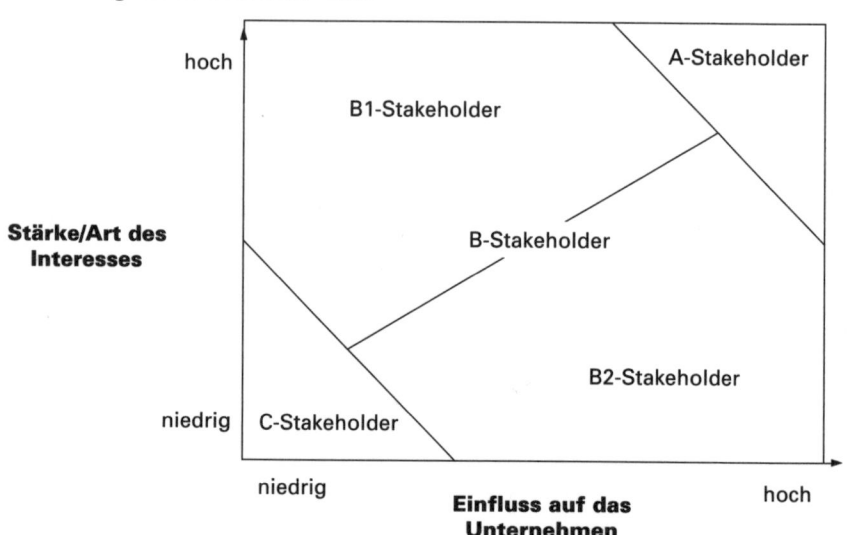

Politische Faktoren – zum Beispiel: Außenhandelsabkommen, Arbeitsrecht, Regierungsstabilität, Monopolgesetze, Umweltschutzrechte oder Steuergesetze. Folgende Fragen können sich stellen: Wird sich die Steuergesetzgebung verändern? Wie wirkt sich ein Handelskrieg zwischen den USA und der EU auf das Unternehmen aus?

Ökonomische Faktoren – zum Beispiel: Inflation, Arbeitslosenrate, verfügbares Einkommen, Energievorrat und Kosten, Wirtschaftszyklen, BIP-Trends, Zinsraten oder der Geldvorrat. Folgende Fragen können sich stellen: Wird das Einkommen relevanter Kundenschichten wachsen? Wie wirkt sich ein konjunktureller Abschwung auf das Kaufverhalten unserer Konsumenten und unsere Kapazitätsauslastung aus?

Soziale Faktoren – zum Beispiel: Bevölkerungszusammensetzung, Einkommensverteilung, soziale Mobilität, Lebensstil, Arbeits- und Freizeiteinteilung, Konsumverhalten oder Bildungsniveau. Folgende Fragen können sich stellen: Wie wird sich eine Veränderung der Alterspyramide auf unsere Geschäftstätigkeit auswirken? Wird eine neue Sozialversicherungsordnung oder Gewerkschaftsstrategie unsere Standortentscheidung bestätigen, oder sollen wir unsere Geschäftstätigkeit ins Ausland verlegen?

Technologische Faktoren – zum Beispiel: Geschwindigkeit des Technologietransfers, Innovationsrate, Patente, Modernisierungsgrad, staatliche Beiträge für Forschung beziehungsweise Forschungsorientierung von Firmen und Staaten. Folgende Fragen können sich stellen: Wird die Verfügbarkeit von neuen Technologien unsere Kostenstruktur verändern? Wann werden neue Technologien zur Marktreife gelangen? Werden andere Unternehmen wichtige Technologien eher erkennen und beherrschen als wir?

Die Umweltfaktoren der PEST-Analyse müssen nach ihrer Erfassung einer Bewertung zugeführt werden, die wichtige Trends von unwichtigen Entwicklungen unterscheidet. Drei Kernfragen sind von strategischen Analysten zu stellen und zu beantworten. Je mehr diese Fragen auf Zustimmung stoßen und je schneller der Effekt eines Trends ergebniswirksam wird, desto höhere Aufmerksamkeit sollte die strategische Unternehmensführung einer Umweltentwicklung schenken. Für jeden Teilbereich der PEST-Analyse fragen Sie:

- Werden Trends das Kaufverhalten von Kunden und damit die Nachfrage nach unseren Produkten beeinflussen? Wenn ja, wann wird der Effekt eintreten?
- Werden Trends das Marktverhalten von Lieferanten und damit die Kosten und Qualität unseres Produktionsprogrammes und unserer Dienstleistungen beeinflussen? Wenn ja, wann wird der Effekt eintreten?
- Werden Trends das Marktverhalten unserer Wettbewerber beeinflussen, werden Wettbewerber von gegenwärtigen Trends bevorteilt oder benachteiligt? Wann wird eine Verschiebung von Wettbewerbskräften eintreten?

Nehmen Sie aktiven Einfluss auf Ihre Umwelt

Wenn Sie mit Managern über die Ergebnisse der PEST-Analyse diskutieren, wird häufig die Unmöglichkeit der Beeinflussung von Rahmenbedingungen beklagt. »Was kann man schon gegen die Steuerlast unternehmen?«, »Das Bildungssystem werden wir auch nicht verändern!« oder: »Jetzt sagen Sie mir mal, was ich gegen die desolate konjunkturelle Entwicklung unternehmen soll?« spricht der frustrierte Unternehmer und ergibt sich seinem Schicksal. Selbstverständlich glauben wir nicht, dass der einzelne Unternehmer maßgeblich am Rad der Weltgeschichte drehen und die Weltkonjunktur beeinflussen kann. Allerdings können durch intelligente Lobbyarbeit im Verbund mit anderen Unternehmen strategische Effekte erzielt werden, die den Unternehmenserfolg nachhaltig beeinflussen. So ist es in den USA einer »Daylight Savings Coalition« (eine Gruppe von Fast-Food-Ketten, Herstellern von Grillzubehör, Süßigkeiten und Sportartikeln sowie Nachbarschaftsläden) gelungen, im wahrsten Sinne des Wortes an der Uhr zu drehen. Mit vereinten Kräften überzeugten sie den Senat, dass es für den amerikanischen Bürger und die amerikanische Wirtschaft sinnvoller sei, die Sommerzeit nicht am Ende, sondern am Anfang des Aprils zu begrüßen. Somit wurde es später dunkel, und die Kunden begannen früher mit dem Sommerkonsum. Frühzeitiges Barbecue, die ersten Runden Tennis am Abend und das Shopping auf dem Weg von der Arbeit bei Tageslicht sorgten für signifikante Umsatzsteigerungen.

Wie kann die Industriestruktur beschrieben werden?

Eine systematische Industrieanalyse erklärt die Rentabilitätsunterschiede der unternehmensrelevanten Segmente, indem sie ökonomische Kräfte genauer untersucht. Der Industrieanalyse liegen folgende grundsätzliche Einsichten zugrunde: Generelle Umweltfaktoren wirken vor allem auf die Nachfrage- und Angebotsstruktur der Industrie. Das Zusammenspiel zwischen Angebot und Nachfrage bestimmt das Profitpotenzial der Industrie. Kein Unternehmen schafft Mehrwert ohne Beziehungen zu Lieferanten und Kunden, die alle an der Wertschöpfung teilhaben wollen. Der Anteil einzelner Firmen an der Wertschöpfung der Industrie bestimmt sich durch die Verhandlungsmacht der Industrieteilnehmer. Die Rivalität zwischen Wettbewerbern in den einzelnen Wertschöpfungsstufen der Industrie (Lieferanten, Produzenten und Kunden) bestimmt die Verhandlungsmacht der Industrieteilnehmer. Die Industriestruktur lässt sich durch sechs Hauptfaktoren beschreiben:

1. Rivalität zwischen Industrieteilnehmern,
2. Bedrohung durch Markteintritt von neuen Firmen,
3. Bedrohung durch Substitutsprodukte,
4. Verhandlungsmacht von Käufern,
5. Verhandlungsmacht von Lieferanten,
6. Marktmacht von Komplementäranbietern.

Das tiefe Verständnis dieser Kräfte erlaubt Ihnen, das Profitpotenzial Ihres Marktsegmentes zu beurteilen. Auf der Basis dieser Analyse können Sie dann gezielte strategische Maßnahmen einleiten, die gegebene Marktkräfte neutralisieren, ausnutzen oder zu verändern suchen.

Schätzen Sie die Rivalität zwischen Firmen im gleichen Segment ab

Rivalität bedeutet den Wettbewerb zwischen Industrieteilnehmern um Marktanteile. Generell gilt: Je höher die Rivalität zwischen den Marktteilnehmern, desto niedriger ist die Gewinnträchtigkeit dieser Industrie. Der folgende Fall illustriert diesen Zusammenhang.

Die Nachfrage nach einem Industrieprodukt besteht aus zehn Einheiten, die von zehn Kunden nachgefragt werden. Wenn ein Anbieter die ganze Nachfrage bedient – also ein Monopol vorliegt, wird dieser das Angebot so gestalten, dass ein möglichst großer Anteil der Wertschöpfung vom Unternehmen bezogen wird: In der Regel wird der Anbieter das Angebot verknappen, um dadurch höhere Gewinnspannen mit jedem einzelnen Kunden zu erzielen. Wenn dagegen mehrere Lieferanten die Nachfrage bedienen, treten die Lieferanten in Konkurrenz und kämpfen um Nachfrageanteile. Nun wird es keinem Lieferanten möglich sein, das Angebot zu verknappen, um sich höhere Marktanteile zu sichern. Denn bei einer Angebotsverknappung würden die Kunden einfach zum nächstbesten Lieferanten wechseln, sofern keine allzu hohen Kosten durch den Wechsel entstehen.

Der Wettbewerb zwischen Unternehmen einer Industrie kann über verschiedene Dimensionen ausgetragen werden, wobei Preiswettbewerb und Differenzierungswettbewerb die zwei häufigsten Formen des Wettbewerbes sind. Preiswettbewerb vermindert erzielbare Unternehmensgewinne durch Reduzierung des verlangten Preises bei gleichbleibender Qualität. Differenzierungswettbewerb zielt auf erhöhte Wertschätzung durch die Kunden, die zu höheren Kosten und Preisen führen kann. Generell werden Sie den Differenzierungswettbewerb einem Preiswettbewerb vorziehen, wenn Kunden dazu bewegt werden können, die höhere Wertschätzung mit höheren Preisen zu bezahlen. Die folgenden Faktoren erhöhen die Rivalität zwischen Firmen im Markt:

Anzahl der Unternehmen im Markt: Je geringer die Anzahl der Anbieter dieser Industrieprodukte, desto einfacher ist die Koordination zwischen ihnen. So können zum Beispiel Preisabsprachen vereinbart und überwacht, Duplikationen von Forschungs- und Entwicklungsausgaben vermieden und Marktgebiete abgegrenzt werden. Je stärker die Anbieteranzahl in der Industrie wächst, umso schwieriger wird die Koordination zwischen den Anbietern werden. So ist zum Beispiel die Versuchung für einzelne Anbieter groß, Preisabsprachen zu unterlaufen und durch Preissenkungen Marktanteilsgewinne auf Kosten anderer Anbieter zu verbuchen.

Konzentration der Unternehmungen im Markt: In Industrien, in denen sich die Marktanteile der Anbieter kaum unterscheiden, ist die Rivalität zwischen den Unternehmen in der Regel schärfer. Zwei oft verwendete Kennzahlen der Industriekonzentration sind die C4-Kennzahl und der

Herfindahl-Index. Die C4-Kennzahl beschreibt den Umsatzanteil der vier größten Firmen in einem bestimmten Industriesegment. Beim Herfindahl-Index wird die Verteilungsbalance der Umsatzanteile der größten Anbieter mit berücksichtigt. Stellen Sie sich vor, dass die Marktanteile von großen Anbietern wie folgt verteilt sind: A (= 50 %), B (= 25 %), C (= 25 %). Der Herfindahl-Index wird dann wie folgt berechnet:

$$HI = 10000 * ((0,5)2 \text{ plus } (0,25)2 \text{ plus } (0,25)2) = 3750$$

Wenn die Marktanteile anders verteilt sind, verändert sich der Herfindahl-Index, zum Beispiel A (= 33,3 %), B (= 33,3 %), C (= 33,3 %):

$$HI = 10000 * ((0,33)2 \text{ plus } (0,33)2 \text{ plus } (0,33)2) = 3267$$

Der Herfindahl-Index beschreibt also die Balance der Marktanteile. Generell zeigt ein höherer Index eine höhere Konzentration an, die auf eine niedrigere Rivalität hindeutet, was wiederum die Rentabilität des Segmentes potenziell erhöht.

Unterschiede in der Kostenstruktur der Unternehmen: In Märkten, in denen der Anteil der fixen Produktionskosten hoch ist, erhöht sich die Wahrscheinlichkeit starker Rivalität. Wenn Produktionskapazitäten nicht voll ausgelastet sind, werden Unternehmen beispielsweise versuchen, wenigstens einen geringen Deckungsbeitrag zu ihren Fixkosten zu bekommen – selbst wenn das bedeutet, dass Verkaufspreise unter voller Kostendeckung (Fixkostendeckungsbeitrag und variable Kosten) reduziert werden müssen. Dies ist allerdings nur kurzfristig möglich, weil langfristig ein Fixkostendeckungsbeitrag zusätzlich zu den variablen Kosten am Markt eingenommen werden muss. In Industrien mit großen Skaleneffekten (Fixkosten pro Stück werden über größere Verkaufsmengen reduziert) werden Unternehmen hart um Marktanteile kämpfen, weil vor allem große Marktanteile Kostenreduktionen ermöglichen.

Standardisierung von Produkten: Je ähnlicher die Produkte der Industrieanbieter sind, desto größer ist die Wahrscheinlichkeit von Preiswettbewerb. So sind beispielsweise Anbieter von Zucker oder anderen standardisierbaren Produkten oft von Preiskriegen geplagt. Wenn nur geringe Kosten beim Wechsel von einem Produkt zum anderen entstehen und sowohl Preise als auch Angebotskomponenten einfach zu beobachten sind, verschärft sich die Rivalität zwischen Unternehmen im gleichen Marktsegment.

Starke Marktaustrittsbarrieren: In Industrien mit starken Marktaustrittsbarrieren werden Unternehmen härter mit Wettbewerbern rivalisieren. Wenn die Geschäftstätigkeit in einem Marktsegment Investitionen voraussetzt, die außerhalb einer spezialisierten Industrieanwendung keinen Wert haben, so wird das die Motivation des Unternehmens steigern, hart zu konkurrieren. Denn nur so können die getätigten Investitionen amortisiert werden. Wer wird wohl härter um Marktanteile im Transitverkehr zwischen England und Frankreich kämpfen: Eurotunnel oder Euroferry? Die Firma in eine Situation zu bringen, in der es kein Zurück mehr gibt, kann aber unter Umständen eine Methode sein, die Aggressivität dieser Firma zu erhöhen. Stellen Sie sich vor, zwei feindliche Armeen kämpfen um eine Insel. Jede Armee kontrolliert eine der beiden einzigen Brücken. Entscheidet sich nun ein General, die Insel zu stürmen und lässt hinter seiner Armee die Brücke zerstören, werden seine Leute wahrscheinlich eine höhere Motivation im Kampf vorweisen als diejenigen, die sich Rückzug als strategische Option offen gelassen haben.

Beobachten Sie Firmen, die eventuell einen Markteintritt vorbereiten könnten

Eine hohe Gewinnträchtigkeit von Märkten bringt oft den Markteintritt neuer Wettbewerber mit sich. Dieser beeinflusst die Rentabilität der gegenwärtigen Marktteilnehmer in zweifacher Weise negativ: Erstens wird ein erfolgreicher Markteintritt die Marktanteile der gegenwärtigen Marktteilnehmer reduzieren. Bei schwachem Marktwachstum wird es dann immer schwieriger, Kostenreduktionen durch Skaleneffekte zu erzielen. Zweitens drückt die Erhöhung der Rivalität im Markt auf die erzielbaren Gewinnspannen. Die folgenden Kriterien erklären die Wahrscheinlichkeit eines Markteintritts neuer Wettbewerber.

Regierungsrestriktionen und legale Gesichtspunkte: Manche Märkte sind Restriktionen unterworfen, die dem Schutz von Konsumenten dienen sollen. So ist zum Beispiel der Markteintritt ins Taxigeschäft in den meisten Ländern an den Erwerb von Lizenzen gebunden, Apotheken und Ärzteanzahl sind auf die Bewohner einer Region normiert, und Medikamente sind durch Patente geschützt. In regulierten Märkten wird der Markteintritt neuer Wettbewerber erschwert.

Minimale Skaleneffizienz beziehungsweise Größe des Marktes: Die Gesamtnachfrage nach einem Industrieprodukt ermöglicht nur einer bestimmten Anzahl von Unternehmen, mit Skaleneffizienz zu operieren. Dies ist in der Regel der Fall, wenn eine Industrie hohe Fixkosten aufweist, wie zum Beispiel in der Flugzeugindustrie (Boeing und Airbus). Der Markteintritt in solchen Industrien ist erschwert durch enorme Fixkosten und Investitionen, welche durch eine hohe Stückzahl finanziert werden müssen.

Markentreue der Kunden: Gelingt es einem Unternehmen, einen Markennamen aufzubauen, mit dem sich gegenwärtige Kundenschichten identifizieren, so wird der Markteintritt in diesen Markt für neue Wettbewerber erschwert.

Lernkurveneffekte bezeichnen Kostenvorteile, die auf Lernprozessen in der Produktion beruhen: Beobachtungen haben gezeigt, dass Lernprozesse in der Produktion mit zunehmender Ausstoßmenge zu einer substanziellen Kostenreduktion führen. Wenn Lernkurveneffekte zur Kostenreduktion führen, dann wird der Markteintritt von Unternehmen, die nicht über diese Lernerfahrungen verfügen, erschwert.

Netzwerkexternalitäten: Netzwerkexternalitäten treten ein, wenn der Konsumentennutzen des Kunden von der gleichzeitigen Produktverwendung anderer Konsumenten abhängt. So wird zum Beispiel der Nutzen eines Textverarbeitungsprogrammes von der Anzahl anderer Nutzer mitbestimmt, mit denen Daten im gleichen Format ausgetauscht werden können. Je mehr Konsumenten das Softwarepaket kaufen, desto größer ist der Nutzen für den einzelnen Verwender. Wenn solche positiven Netzwerkexternalitäten bestehen, dann sind Markteintritte von neuen Wettbewerbern erschwert.

Reputation von Marktteilnehmern bezüglich Risikobereitschaft: Das Markteintrittskalkül potenzieller Marktteilnehmer orientiert sich an den Markteintrittskosten und dem erwarteten Profitpotenzial. Markteintrittskosten beinhalten zum Beispiel Investitionen in marktspezifische Produktionskapazitäten, den Erwerb von Rechten und Marketingkampagnen. Je größer der Anteil der Investitionen, die bei erfolglosem Markteintritt verloren gehen, desto risikoreicher muss ein geplanter Markteintritt erscheinen. Zudem werden gegenwärtige Industrieteilnehmer alles versuchen, um potenzielle Marktteilnehmer glaubhaft abzuschrecken. Ein besonders wirksames Mittel ist die Investition in Produktionskapazitäten (was dem Zerstören der Brücke im erwähnten Beispiel gleichkommt) und die Ankündigung eines Preiskrieges. Je aggressiver sich die Unternehmen in dieser Industrie in der Vergangenheit verhalten haben, desto kleiner wird die Gewinnerwartung der potenziellen Eindringlinge ausfallen und desto glaubwürdiger funktioniert die Abschreckung.

Bewerten Sie die Wirkung von Substitutsprodukten und Komplementärprodukten auf den Wettbewerb

Substitutsprodukte erfüllen ein bestimmtes Kundenbedürfnis auf eine grundlegend andere Art und Weise, als es herkömmliche Produkte tun. Welche Substitutsprodukte könnten die Fähren der skandinavischen »Stena Line« bedrängen? Flugzeuge, Tunnel oder Brücken nutzen den Kunden ebenfalls, auf die andere Seite des Meeres zu kommen. Wenn das Kundenbedürfnis darin besteht, eine andere Person zu sehen, könnte schon eine Videokonferenz ein Substitutsprodukt darstellen. Im Extremfall kann sogar billiger Alkohol als Substitutsprodukt betrachtet werden. Würde der Staat die Steuern für Alkohol auf dem Festland substanziell senken, würden wahrscheinlich einige Passagiere ausbleiben, denn für viele ist billiger Alkohol der einzige Grund, eine Fähre zu benutzen. Wie viele Personen verlassen in Skandinavien die Fähre nicht am Ankunftshafen und fahren leicht angetrunken gleich wieder zurück?

Der Preis, den Kunden für ein Produkt zu zahlen bereit sind, hängt von der Höhe und der Verfügbarkeit von Substitutsprodukten ab. Wenn, wie beispielsweise für Zigaretten, keine Substitutsprodukte verfügbar sind, dann sind Konsumenten nicht sonderlich preissensitiv. Deshalb kann der

Preis für Zigaretten angehoben werden, ohne dass die Gesamtnachfrage abnimmt. Wenn aber Substitute den gleichen oder ähnlichen Nutzen für die Konsumenten liefern, wie es beispielsweise bei Brillen und Kontaktlinsen der Fall ist, dann werden die Kunden auf Preiserhöhungen mit einem Wechsel zum Substitutsprodukt reagieren.

Die Kernfragen des Marktanalysten lauten deshalb: Sind Substitutsprodukte verfügbar? Wird unser Kunde auf Preiserhöhungen mit einem Wechsel zum Substitutsprodukt reagieren? Wie schnell wird er das tun? Die Verfügbarkeit von Substituten beschränkt somit den Handlungsspielraum des Unternehmens in der Preisgestaltung, da eine Preiserhöhung eine Nachfrageverminderung zur Folge hat. Im Gegensatz zu Substituten erhöht die Verfügbarkeit von Komplementärprodukten die Nachfrage nach den Produkten. So wird zum Beispiel die Nachfrage nach Software durch die Verfügbarkeit von adäquater Hardware erhöht, denn die Konsumenten brauchen beides, um Unternehmensabläufe effektiv mit Informationstechnologie zu gestalten. In anderen Worten: Wenn die Kundennutzung von der gleichzeitigen Verfügbarkeit eines Komplementärproduktes abhängt, wird sich die Nachfrage Ihrer Produkte durch einen Komplementäranbieter erhöhen. Wenn Ihre Produkte jedoch mit Substitutsprodukten verglichen werden können, droht eine Reduzierung der Nachfrage nach Ihren Produkten.

Bewerten Sie die Verhandlungsmacht von Lieferanten und Käufern

Weil die Verhandlungsmacht von Lieferanten und Käufern von Industrieprodukten wechselseitig abhängig ist (je größer die Verhandlungsmacht von Käufern, desto kleiner ist die der Verkäufer), beschränkt sich die folgende Darstellung auf die Determinanten der Verhandlungsmacht von Käufern, nämlich die Preissensitivität und die relative Verhandlungsmacht.

Preissensitivität von Käufern: Je größer der Kostenanteil eines Inputs in Relation zu den Kosten aller übrigen Inputs ist, desto größer ist die Preissensitivität von Käufern. So sind Getränkehersteller sehr preissensitiv bei Glasflaschen und Aluminiumdosen, die einen großen Kostenanteil am Verkaufswert abgefüllter Getränke ausmachen. Im Gegensatz dazu fallen die Kosten des Inhalts, zum Beispiel Wasser, kaum ins Gewicht. Die Verfügbarkeit von Substituten (zum Beispiel Zucker und Süßstoffe) erhöht die Preissensitivität der Käufer. Je schärfer der Wettbewerb zwischen Käufern ist, desto mehr werden sie auf die Einkaufspreise drücken. Je mehr Käufer von bestimmten Inputs abhängen, die einen hohen Einfluss auf die Qualität der Endprodukte haben, desto weniger werden sie niedrigere Einkaufspreise auf Kosten von Qualitätseinbußen in Kauf nehmen.

Relative Verhandlungsmacht: Die relative Konzentration von vor- und nachgelagerten Marktaktivitäten bestimmt die Abhängigkeitsverhältnisse und damit die Verhandlungsmacht in vertikalen Vertragsbeziehungen zwischen Käufern und Verkäufern. So ist die Verhandlungsmacht eines Chiplieferanten umso größer, je mehr Computerhersteller seine Chips benötigen. Allgemein hängt die Verhandlungsmacht der Käufer von der Frage ab: Können wir ohne bestimmte Lieferanten auskommen, trotzdem unsere Produkte im Markt anbieten, und deshalb Lieferantenverträge beenden, die uns nicht passen? Zu beachten sind die Größe und Konzentration von Verkäufern und Käufern. Je weniger Käufer den Lieferanten gegenüber stehen und je mehr einzelne Käufer den Lieferanten abnehmen, desto größer ist die Verhandlungsmacht der Käufer. Die Verfügbarkeit von Informationen spielt ebenfalls eine wichtige Rolle. Umso besser die Käufer die Preise, Angebotsleistungen und Kosten der Lieferanten verstehen, desto höher ist ihre Verhandlungsmacht. Um ihre Verhandlungsmacht zu erhöhen, können Käufer drohen, andere Lieferanten zu akquirieren oder selbst mit der Herstellung der benötigten Produkte zu beginnen.

Beobachten Sie Ihre Konkurrenten – »Competitor Intelligence«

Die Wettbewerberanalyse bezieht sich sowohl auf gegenwärtige als auch zukünftige Wettbewerber und bereitet strategische Antworten auf mögliche Herausforderungen vor. Die folgenden zentralen Fragen leiten den strategischen Manager in seiner Analyse: Wer sind meine Wettbewerber? Von welchen Annahmen über den Markt geht der Wettbewerber aus? Was sind seine Ziele? Wie wird er seine Ziele verfolgen? Wie bewerten wir das Bedrohungspotenzial? Wann und wie sollen wir reagieren?

Im Gegensatz zur Analyse der Rivalität, die sich auf die Struktur des Wettbewerbs konzentriert, hilft die Wettbewerberanalyse, einzelne Konkurrenten zu bestimmen und ihr Bedrohungspotenzial zu beurteilen. Angesichts des technologischen Wandels und dynamischer Märkte darf ein Unternehmen nicht annehmen, dass Marktgrenzen klar definiert sind und die Wettbewerber sich nur auf die Gewinnung von Marktanteilen beschränken. Wettbewerber aus anderen Sektoren können in den Markt eintreten; technologischer Wandel bringt häufig neue Substitutsprodukte hervor; *Wettbewerber versuchen, ihre Fähigkeiten auf neue Märkte anzuwenden; und neue Firmen können nicht bearbeitete Marktsegmente besetzen und von dort ihre Geschäftstätigkeit auf Ihren Unternehmensmarkt ausdehnen. Eine sorgfältige Analyse der direkten und potenziellen Wettbewerber ist deshalb eine Kernaufgabe des Strategen. Die folgenden Schritte werden bei einer Wettbewerberanalyse durchlaufen:*

1. *Festlegung der generellen Richtung der Analyse:* Viele Firmen scheuen keine Kosten und Mühe, Informationen über die Wettbewerber zu sammeln, wissen dann aber nicht genau, was sie mit diesen Daten anfangen können. Um diese Situation zu vermeiden, ist es wichtig, die Datensammlung zu planen: Welche strategischen Entscheidungen müssen in der Zukunft gefällt werden? Welche Informationen benötigen wir, um die Qualität dieser Entscheidungen zu erhöhen? Sind Daten nicht direkt an eine strategische Entscheidung geknüpft, handelt es sich um ein periodisches Screening von generell interessanten Informationsquellen (wie zum Beispiel einer Patentdatenbank).

2. *Datensammlung:* Der Datensammlung voraus geht die Identifikation der Informationsquellen: Internet, Zeitungsartikel, Datenbanken von Informationsprovidern, Industrieorganisationen, Investment-Banken, Kunden oder Lieferanten. Erfahrungsgemäß sind jedoch die eigenen Verkäufer die wichtigste Informationsquelle – falls man sie dazu motivieren kann, Informationen über den Markt systematisch zu sammeln. Den Vorstand, das Topmanagement oder andere zentrale Entscheider der Konkurrenz auf Konferenzen zu beobachten ist ebenfalls sehr nützlich. Diese und andere Quellen müssen jedoch nach Glaubwürdigkeit eingestuft werden. Dann werden Erhebungsmethoden entwickelt, die es erlauben, die nötigen Informationen zu generieren (zum Beispiel mittels Fragebögen oder Interviews). Der Begriff »Competitor Intelligence« kommt zwar ursprünglich aus Organisationen wie dem Amerikanischen CIA und wird deshalb oft mit Spionage gleichgesetzt. Fakt

ist jedoch, dass der größte Teil der interessanten Daten auf legalem und ethisch vertretbarem Weg beschafft werden kann.

3. *Analyse:* Die Datenmengen müssen sortiert und interpretiert werden. Die in diesem Kapitel beschriebenen Analyseinstrumente können dazu benutzt werden. Die Entwicklung von so genannten Konkurrentenprofilen hat sich besonders bewährt. Diese porträtieren die Konkurrenzfirma und gehen dabei besonders auf das Topmanagement ein. Durch das »CEO Profiling« werden die Lebensläufe der wichtigsten Entscheidungsträger der Konkurrenten beschrieben und analysiert. Basierend auf Kenntnissen der Ausbildung, wichtiger beruflicher und privater Erfahrungen und den strategischen Entscheidungen der Vergangenheit versucht man, Reaktionen des Topmanagements der Wettbewerber auf die eigenen Handlungen vorherzusagen.

4. *Informationsverteilung:* Bei der Verbreitung der Informationen können die unternehmensüblichen Wege genutzt werden: Präsentationen, Workshops, Intranet, Informations-Broker (befassen sich mit einem speziellen Gebiet oder Wettbewerber), Intelligence Report oder Verkaufsseminare. Wichtig ist, dass man darauf achtet, keine Informationsüberflutung zu verursachen. Es sollten auch gezielt Daten an die wichtigsten Informationsbeschaffer (beispielsweise die Verkäufer) zurückgespielt werden. Oft ist es so, dass diese nach zwei Monaten die Lust verlieren, Daten für die Stabsstelle »Competitive Intelligence« zu sammeln, weil sie nie Feedback oder Rücklauf erhalten.

5. *Anwendung der Daten:* Grundsätzlich geht es darum, die Qualität der strategischen Entscheidungen zu erhöhen und robuste Strategien zu entwickeln. Eine Strategie ist robust, wenn es für den Wettbewerber schwierig ist, den beabsichtigten Effekt zunichte zu machen. Daher ist die Vorhersage der nächsten Schritte, die der Wettbewerber eventuell machen könnte, ein wichtiges Resultat dieses Prozesses. Größere Unternehmen können es sich leisten, in so genannten »Corporate War Rooms« Daten zu sammeln und gewisse Marktsituationen durchzuspielen. Aber auch für kleinere Unternehmen kann es sich lohnen, einige Monate lang Marktstrategien basierend auf Wettbewerbsinformationen zu simulieren. Zum Beispiel: Gruppe »Blau« entwickelt eine Unternehmensstrategie, die von Gruppe »Rot« (die Konkurrenten) mit Gegenstrategien bekämpft wird, was wiederum eine Reaktion von »Blau« hervorruft.

Abbildung 32: Strategische Gruppenanalyse

1. Identifizieren Sie mindestens zwei Wettbewerbsmerkmale, die Firmen in der Industrie unterscheiden.
2. Zeichnen Sie die Firmen der Industrie in eine Matrix ein, deren Achsen wichtige Wettbewerbsmerkmale bezeichnen.
3. Stellen Sie die Firmen durch einen Kreis dar, dessen Radius den Marktanteil oder die Rentabilität verdeutlicht.
4. Firmen, die nahe beieinander liegen, bilden eine strategische Gruppe. Die Firmen in der strategischen Gruppe Ihrer Firma sind Ihre wichtigsten Wettbewerber.
5. Stellen Sie sich für jede Firma in anderen strategischen Gruppen vor, ob sie vielleicht in Ihre strategische Gruppe eindringen könnte.
6. Wenn eine strategische Gruppenlandkarte Lücken aufweist, überlegen Sie, ob Sie in dieses Marktsegment eindringen sollen, weil dort kaum Wettbewerb zu erwarten ist.

Strategische Gruppen (McGee und Thomas 1986) bezeichnen Firmen in einer Industrie, die mindestens zwei Strategieelemente (gleiche Produktangebote, regionale Marktbearbeitung, gleiche Kundengruppen, gleiche Technologien, ähnliche Preise) gemeinsam haben. Firmen in der gleichen strategischen Gruppe stehen in starker Konkurrenz zueinander. Dies ist besonders dann der Fall, wenn Mobilitätsbarrieren ein einfaches Wechseln zwischen strategischen Gruppen verhindern. Die strategische Gruppenanalyse kann deshalb als Instrument der Wettbewerberidentifizierung angesehen werden. Bei der Konstruktion einer strategischen Gruppenlandkarte gehen Sie wie folgt vor (siehe Abbildung 32).

Wie kann die zukünftige Entwicklung des Marktes beschrieben werden?

Bevor eine Analysemethode ausgewählt werden kann, muss das Management davon überzeugt werden, dass es sinnvoll ist, auch – oder gerade – in sehr unsicheren Zeiten eine Zukunftsanalyse durchzuführen. In sehr turbulenten Märkten redet man sich gerne damit heraus, dass stabile Trends fehlen, auf denen man aufbauen könnte. Andere Managementteams sehen die glorreiche Vergangenheit als Garant dafür, dass es auch in der Zukunft so weitergeht, und agieren nur, wenn eine Krise Anlass dazu gibt. Eine weitere Untugend ist es, sich nur auf einen bestimmten Bereich bei der Zukunftsanalyse zu beschränken (zum Beispiel auf die Technologieentwicklung) oder allein sich auf das Gespür eines intuitiven Topmanagers zu verlassen.

Unterscheiden Sie verschiedene Stufen der Unsicherheit

Strategische Entscheidungen sind mit immer höherer Unsicherheit verbunden. Unternehmen könnten prinzipiell abwarten, bis sich die Unsicherheitsfaktoren reduziert haben, oder sie können versuchen, die Marktbedingungen aktiv als »first mover« zu gestalten. Die Frage, welche der beiden Strategien besser ist, kann nicht allgemein gültig beantwortet werden. Da es aber schwierig ist, gleichzeitig »Anpasser« und »Revolutionär« zu sein, stellen die beiden Alternativen das Management vor ein Entscheidungsproblem. Ein Anzeichen dafür, dass das Unternehmen die Märkte aktiv gestalten sollte, ist die hohe Unsicherheit bezüglich beeinflussbarer Marktfaktoren. Logischerweise macht Anpassung mehr Sinn, wenn die wichtigsten Marktfaktoren stabil sind und nur in geringem Maße beeinflusst werden können. Die Entscheidung, ob die Firma sich der Umwelt anpassen oder sie aktiv gestalten soll, hängt daher vom Niveau der Unsicherheit ab.

Meist wird Unsicherheit als dichotome Größe betrachtet: Entweder etwas ist unsicher oder es ist sicher. Durch die Unterscheidung verschiedener Stufen von Unsicherheit können jedoch einerseits strategische Instrumente differenzierter eingesetzt und andererseits die Intensität und das Timing der aktiven Marktgestaltung besser eingeschätzt werden (Courtney 2001; Courtney und Kirkland 1997).

Stufe 1 – Klare Zukunftsperspektiven: In Märkten mit klaren Zukunftsaussichten überwiegen »Anpasser«, die versuchen, existierende Geschäftsmodelle zu optimieren. Nur in seltenen Fällen gelingt es Firmen (wie beispielsweise Federal Express), durch revolutionäre Strategien (24-Stunden-Zulieferung) die Marktstrukturen neu zu mischen. Mithilfe von einfachen Strategiewerkzeugen wie der Wettbewerbsanalyse, der Analyse der Industriestruktur oder Cash-Flow-Modellen können strategische Entscheidungen vorbereitet werden.

Stufe 2 – Alternative Szenarien: Steigt die Unsicherheit in einem Markt, so kann dies dazu führen, dass mehrere alternative Endzustände (Szenarien) möglich werden. Die »Revolutionäre« versuchen dann, die Industrieentwicklung so zu beeinflussen, dass sich das von ihnen gewünschte Szenario verwirklicht.

Stufe 3 – Eingeschränkte Unsicherheit: Diese Unsicherheitsstufe ist gekennzeichnet durch sich abzeichnende Trends, die aber nicht zu klar ersichtlichen Szenarien führen. Anstatt unterschiedlicher Szenarien werden Bandbreiten möglicher Entwicklungen aufgezeigt. Diese zu beeinflussen ist das Ziel aktiver Marktgestalter. Entscheidungsbäume oder die Verwendung von Szenario-Techniken verbessern die strategische Entscheidungsfindung auf dieser Stufe.

Stufe 4 – Völlige Unsicherheit: In der Praxis werden Situationen völliger Unsicherheit nur selten vorkommen. Meistens geben gewisse stabile Faktoren im Hinblick auf Technologieentwicklung oder demografische Entwicklungen eine generelle Richtung vor. »Revolutionäre« versuchen in solchen Situationen, das Chaos zu beenden und durch die Definition von Technologiestandards oder Unternehmenszusammenschlüssen neue Marktregeln zu etablieren. »Anpasser« versuchen bei erhöhter Unsicherheit, durch Früherkennung von Veränderungen, Experimentieren und der Bildung von flexiblen Organisationsstrukturen am Markt bestehen zu bleiben.

Beobachten Sie die Industrieevolution

Industrien entwickeln sich – ähnlich wie Produkte oder Firmen – über die Zeit hinweg. Diese Entwicklung kann in Phasen aufgeteilt und den einzelnen Abschnitten können Handlungsanweisungen zugeordnet werden.

Entstehungsphase: Das Marktvolumen ist noch klein und die Marktdurchdringung unvollständig. Die Unternehmen experimentieren mit verschiedenen Produkten und wissen noch nicht genau, welche Produkttypen sich durchsetzen werden. Diese Phase ist durch große Unsicherheit gekennzeichnet, die vor allem auf die technologischen Faktoren und Unkenntnis von Kundenbedürfnissen zurückzuführen ist. Wettbewerb zwischen Unternehmen in der Entstehungsphase bezieht sich hauptsächlich auf die Überzeugung und Gewinnung von Referenzkunden und auf die Durchsetzung von (Technologie-)Standards. Viele E-Commerce-Angebote befinden sich zu Beginn des 21. Jahrhunderts auf dieser Stufe.

Wachstumsphase: Haben sich die Kunden mit dem neuen Angebot angefreundet, steigt die Marktdurchdringung und damit der Umsatz. Überzeugende Produktdesigns haben sich herauskristallisiert, und das Marketing und der Verkauf zielen auf eine breitere Käuferschaft ab. In dieser Phase der Industrieentwicklung besteht der Wettbewerb hauptsächlich aus der Gewinnung von Marktanteilen. Hohe Marktanteile sind die Voraussetzung für Skaleneffekte in der Produktion, welche wiederum Kostensenkungen ermöglichen. Im Übergang zur Sättigungsphase versuchen etablierte Unternehmen verstärkt, Markteintrittsbarrieren aufzubauen, da die Gewinnmöglichkeiten und die positiven Cash-Flows des Segmentes zunehmen. Die Telekommunikationsindustrie ist heutzutage auf dieser Stufe – insbesondere das Segment der mobilen Kommunikation.

Sättigungsphase: Trotzdem ist es meist unvermeidlich, dass zusätzliche Unternehmen das Segment bearbeiten und damit die durchschnittliche Gewinnspanne der Unternehmen senken. Es wird zunehmend schwieriger, die Produkte und Dienstleistungen zu differenzieren. Der Wettbewerb wird dann verstärkt auf Basis von Kostenvorteilen geführt, oder Firmen versuchen, den Markt in Subsegmente aufzuteilen, von denen einige besser bedient werden. Immer weniger Neukunden kommen hinzu und Ersatzkäufe nehmen zu. Deshalb wird die dauerhafte Kundenbindung durch Kundenservice und Loyalitätsprogramme wichtiger. Die Basisstrategie von Geschäftsbereichen, die sich in gesättigten Märkten befinden, lautet: »milk« oder »cash out«. Betrachten Sie den Automobilmarkt, der sich in eine Vielzahl von Subsegmenten untergliedert, und in dem sämtliche Strategievarianten angewandt werden.

Niedergang: Der Markt wächst schon einige Zeit nicht mehr, und der Verdrängungskampf unter den Firmen hat dazu geführt, dass die meisten Unternehmen keine substanziellen Investitionen mehr getätigt haben. Dies führt zu einem Konzentrationsprozess, in dem nur wenige Unternehmen profitabel wirtschaften können. Sie nutzen bewusst ihre Marktmacht gegenüber Lieferanten aus und optimieren die Massenproduktion. Für die Unternehmen wird es wichtig, eine geordnete Rückzugsstrategie zu entwickeln. Aus einem Markt auszutreten kann unter Umständen durch langfristige Serviceverträge, die emotionale Bindung des Managementteams, marktspezifische Produktionsanlagen oder Inflexibilität von Sozialpartnern erschwert werden. Beispielsweise befindet sich heute der Markt für Braunkohle-Energie auf der Stufe des Niedergangs.

Erstellen Sie Szenario-Analysen und Kontingenzpläne bei erhöhter Unsicherheit

Die Szenario-Methode (Schoemaker 1995) wird meist angewandt, um das externe Umfeld zu analysieren und die Auswirkungen von Industrietrends abzuschätzen. Demzufolge hilft die Szenario-Analyse, strukturiert über mögliche Zukunftssituationen nachzudenken. Shell war eine der ersten Firmen, welche Szenario-Techniken mit Erfolg einsetzte. Die Ölfirma entwickelte nicht nur deutlich bessere Vorhersagen betreffend Ölpreis und Überkapazitäten in den nachgelagerten Wertschöpfungsstufen als die Konkurrenten, sondern schaffte es auch, dezentrale Lerneffekte bei den Linienmanagern zu erzielen. Ein wichtiger Vorteil der Szenario-Technik ist, dass eine Fülle von Daten auf eine übersichtliche Anzahl von Zukunftsbildern reduziert wird. Bei der Entwicklung von Szenarien konzentriert man sich auf Faktoren, die nicht hundertprozentig zu beeinflussen sind, wie beispielsweise Gesetzesänderungen, Devisenkurse, Technologieentwicklungen, allgemeines Konsumentenverhalten oder Preisniveaus von Inputmaterial. Diese Faktoren müssen dann so miteinander verknüpft werden, dass in sich konsistente und plausible Zukunftsbilder entstehen (am besten nicht mehr als fünf). Szenarien sind meist in einer lebhaften, narrativen Art und Weise oder in Ergänzung mit Bildern beschrieben. Dadurch unterscheiden sich Szenarien stark von anderen Planungsmethoden wie beispielsweise:

• Kontingenzplanung (die sich nur auf eine einzige Unsicherheitsvariable bezieht – »Was passiert, wenn unser Patentantrag abgelehnt wird?«)

- Sensitivitätsanalyse (die die meist quantitative Auswirkung der Veränderung von einer Variablen auf das ganze System misst, unter der Annahme, dass alle anderen Variablen nicht von außen verändert werden)
- Computer-basiertes Simulationsmodell (das sich auf Variablen beschränken muss, die nicht in ein formelles Modell eingebaut werden können).

Szenarien sind besonders hilfreich, wenn der Unsicherheitsgrad hoch ist und die Firma mit traditionellen Forecasting-Instrumenten keine sinnvollen Ergebnisse mehr erreicht, in der Vergangenheit schon einige kostspielige Überraschungen der Firma geschadet haben, der strategische Prozess zu bürokratisch und zur Routine geworden ist, und im Topmanagement sehr unterschiedliche Meinungen über die Zukunft existieren, die alle ihre Berechtigung haben.

Alles bleibt beim Alten: Entwickeln Sie eine Trendanalyse in stabilen Märkten

Die Trendanalyse ist oft ein gefährliches Instrument. Für viele Unternehmen besteht sie darin, in ihrer Excel-Datei das Budget des letzten Jahres mit einer Wachstumszahl zu multiplizieren. Dieser Multiplikator beruht auf der Annahme, dass sich der Erfolg der vergangenen Jahre auch in der Zukunft fortsetzt. Um sich auf eventuelle Abweichungen vorzubereiten, führt der Controller eine Sensitivitätsanalyse mit alternativen Wachstumsszenarien und Störfaktoren durch. Oft werden aber die Zahlen nicht besprochen und interpretiert – dies würde zu viel wertvolle Managementzeit in Anspruch nehmen. Das Resultat ist dann, dass das Budget oder der quantitative 3-Jahresplan mit illusorischem Wunschdenken und Inkonsistenzen gefüllt ist. Um diese Missstände zu vermeiden, sollten Sie die folgenden Aspekte berücksichtigen:

- Entwickeln Sie ein System von Frühindikatoren, die Ihnen anzeigen, ob gewisse neue Trends entstehen oder existierende Trends die Richtung wechseln.
- Überprüfen Sie Trends periodisch.
- Berücksichtigen Sie auch Trends, die schwer zu quantifizieren sind.
- Trends können verbal, in konzeptuellen Modellen oder in mathematischen Modellen dargestellt werden.

- Machen Sie Ihre Annahmen und die Gültigkeit der Trendmodelle deutlich.
- Nehmen Sie sich genügend Zeit, die Zahlen zu interpretieren.
- Diskutieren Sie unterschiedliche Aggregationsniveaus (zum Beispiel München – Deutschland – Zentraleuropa – Europa).

Bei übersichtlichen Fragestellungen: Entwickeln Sie spieltheoretische Ansätze

Spieltheoretische Ansätze funktionieren in übersichtlichen Situationen, in denen die Spieler (Marktteilnehmer) und ihre möglichen Entscheidungen mit Wahrscheinlichkeiten abgeschätzt werden können. Zum Beispiel finden Entscheidungsbäume Anwendung bei der Beurteilung von Markteintrittsoptionen. Wenn Sie sich überlegen, ob Sie in einen attraktiven Markt eintreten wollen, sollten Sie die möglichen Reaktionen der gegenwärtigen Industrieteilnehmer und die Folgen Ihres Eintritts abschätzen können. Ein Entscheidungsbaum wird wie folgt vorbereitet:

1. Listen Sie Ihre Handlungsalternativen auf.
2. Listen Sie die Handlungsalternativen Ihres Gegenübers auf. Falls Sie nicht in einem Umfeld mit nur einem Wettbewerber sind (wie Boeing versus Airbus), können Sie als Gegenüber eine strategische Gruppe annehmen.
3. Kombinieren Sie die Handlungsalternativen, schätzen Sie die Eintrittswahrscheinlichkeiten und bewerten Sie die Endzustände finanziell.

Entscheidungsbäume helfen Managern, die Folgen eines geplanten Markteintrittes abzuschätzen. Es werden dabei alle möglichen Entscheidungen eingezeichnet und mit zu erwartenden Reaktionen von Wettbewerbern verglichen. Zusätzlich werden Entscheidungskombinationen in ihrer finanziellen Auswirkung und Eintrittswahrscheinlichkeit bewertet.

Die Entscheidungen (1) und (4) liegen in Ihrer Hand; die Entscheidung (2) liegt im Ermessen des Wettbewerbers. Gehen Sie wie folgt vor:

1. Schätzen Sie die Eintrittswahrscheinlichkeit von (2) ab.
2. Kalkulieren Sie die finanziellen Folgen des Zusammentreffens Ihrer Entscheidungen und eventueller Wettbewerberreaktion und gewichten Sie diese prozentual (3) mit ihrer Eintrittswahrscheinlichkeit.

Abbildung 33: Entscheidungsraster

(1)	(2)	(3)	(4)	(5)	(6)
Wollen Sie in den Markt eintreten?	Wie wird Ihr Wettbewerber reagieren?	Wie wahrscheinlich ist diese Reaktion?	Wollen Sie im Markt bleiben?	Was ist das finanzielle Ergebnis?	Wie verändert sich Ihre Entscheidung?
Ja	Preise senken	70 %	Nein	P1	Zurück zu (1)
			Ja	P2	
	Warten	30 %	Nein	P3	
			Ja	P4	

3. Die finanzielle Wirkung von Entscheidungskombinationen (5) ergibt sich wie folgt: Cash-Flow durch Markteintritt – Markteintrittskosten = P

4. Sie bleiben im Markt: $P = (P2)\,(0{,}7) + (0{,}3)\,(P4)$

5. Sie verlassen den Markt, wenn der Wettbewerber die Preise senkt: $P = (0{,}7)\,(P2) + (0{,}3)\,(P3)$

Experten wissen es besser: Nutzen Sie die Delphi-Methode

Mit präzisen Analysen, umfangreichem Wissen und kreativen Ideen ans Ziel: Die Delphi-Methode hilft Firmen, durch die systematische und individuelle Befragung von internen und externen Experten Probleme zu identifizieren, Wettbewerbssituationen zu analysieren und auf dieser Basis nachhaltige Lösungsvorschläge zu entwickeln. Die Delphi-Methode ist im Grunde nichts anderes als eine Expertenbefragung, bei der durch einen strukturierten Fragebogen, die Anonymität der Befragten und das Rückmelden der Resultate an die Experten eine höhere Verlässlichkeit erzielt wird. Der ursprüngliche Zweck der Methode war, abzuschätzen, mit welcher Wahrscheinlichkeit gewisse Ereignisse eintreffen. Die Vorgehensweise kann aber auch auf komplexere Fragestellungen angewandt werden. Die Delphi-Methode verläuft entlang dem Prozess in Abbildung 34.

Abbildung 34: Delphi-Methode

1. Definition des Untersuchungsgebietes.
2. Entwicklung eines Fragebogens.
3. Expertengruppe wird bestimmt.
4. Fragebogen wird von den Experten beantwortet (sind die Fragen nicht einfach zu beantworten, können auch Interviews durchgeführt werden).
5. Antworten werden (statistisch) ausgewertet und zusammengefasst.
6. Feedback der Resultate an die Experten, welche die Möglichkeit haben, aufgrund der Meinung der anderen ihre eigene zu überdenken. Die Experten mit einer komplett anderen Auffassung als die Mehrheit der Gruppe werden gebeten, die Meinung zu begründen.
7. Antworten der Runde 2 werden (statistisch) ausgewertet und zusammengefasst.
8. Wenn nötig, kann noch einmal eine Schlaufe mit Rückmeldungen an die Experten durchgeführt werden.
9. Am Schluss des Prozesses kann eine Panel-Diskussion mit allen Experten zusätzliche Erkenntnisse bringen.

Parallelen zu anderen Gebieten: Lassen Sie sich durch Analogien inspirieren

Unternehmen können sich durch Analogien von anderen Industrien, Ländern oder ganz anderen Lebensbereichen inspirieren lassen. Stellen Sie sich vor, Sie müssten eine Idee entwickeln, wie die Küche im Jahr 2005 aussehen könnte. Mit Trendanalyse kommt man nicht weit, da die wichtigste Innovation vor einigen Jahrzehnten der Microwellenherd war. Danach haben sich die Technologien zwar weiterentwickelt – zum Beispiel das vernetzte Haus, die Ultraschall-Waschmaschine oder der sprechende Backofen – aber bisher haben sich die Konsumenten noch nicht damit anfreunden können. Eine nützliche Analogie kann beispielsweise aus der elektronischen Konsumgüterindustrie kommen. War es vor 20 Jahren noch wichtig, eine möglichst große Stereoanlage vorzuzeigen, ist es heute schick, die Anlage unsichtbar im Raum unterzubringen. Musik kommt quasi aus dem Nichts. Überträgt man diese Analogie auf die Küche, so kann man sich ein Szenario »unsichtbare Küche« vorstellen. Die Geräte sind in Kochnischen versteckt, die bei Bedarf aus dem Stauraum der Wände hervorgezaubert werden können.

Wie können Schlussfolgerungen aus der Marktanalyse gewonnen werden?

Nachdem einige Zeit aufgewendet worden ist, um das Marktumfeld zu analysieren, stehen Managementteams oft vor einem riesigen Datenberg und fragen sich: »So what?« Tritt diese Situation ein, dann wurden schon zu Beginn und während des Prozesses einige Fehler begangen. Am Ausgangspunkt für die Datensammlung und die Analyse sollten eine oder mehrere strategische Fragen stehen. Das Segment (also die Analyseeinheit) muss klar definiert sein, die Entscheider müssen in den Prozess der Datensammlung und -analyse involviert werden, und es müssen wichtige Erkenntnisse in Form von kritischen Erfolgsfaktoren (eventuell visuell) dargestellt werden.

Sammeln Sie nur Daten, die einen klaren Bezug zu Ihrer strategischen Fragestellung haben

Eine der größten Herausforderungen bei strategischen Prozessen liegt darin, den roten Faden nicht zu verlieren. In der Praxis sieht man leider häufig, dass die strategischen Fragestellungen keinen Bezug zur Leistungsmessung haben, oder dass die Analyse nur zur Beruhigung der Gemüter durchgeführt wird, aber wenig mit der Entwicklung der Strategie zu tun hat. Wenn Sie feststellen, dass die Leistungen im Bereich Kundenbetreuung stark zurückgehen (weil der Index der Kundenzufriedenheit sinkt), dann sollten Sie dieses Thema in die strategische Agenda aufnehmen. Das mag sich jetzt selbstverständlich anhören, aber leider hat die Leistungsmessung häufig keine Konsequenzen. Wenn Sie das Thema Kundenservice aufgreifen, dann müssen Sie in der Industrieanalyse wahrscheinlich keine Analyse der Verhandlungsmacht von Lieferanten oder der Veränderung von Wechselkursen durchführen, sondern sich auf die Analyse der Kundengruppen und deren Bedürfnisse bezüglich »After Sales Service« sowie der Analyse von »Best Practices« der Kundenbetreuung konzentrieren. Fragen Sie sich deshalb immer, bevor Sie eine Analyse vornehmen, ob die gesuchten Daten helfen, die strategische Fragestellung besser anzugehen und eine qualitativ befriedigendere Antwort zu finden.

Definieren Sie klar, auf welche Analyseeinheit (beziehungsweise welches Segment) sich die Studie bezieht

Ein zweiter Grund für die Orientierungslosigkeit am Ende der Marktanalyse kann die unzureichende Definition des Marktsegmentes sein. Wird das Marktsegment zu breit gewählt (zum Beispiel Kundenservice weltweit), so kann es sein, dass die Analyse nur generelle Aussagen hervorbringt. Wahrscheinlich haben Großkunden des Geschäftsbereichs Futtermaschinen in Amerika andere Bedürfnisse bezüglich des Kundenservice als Kleinkunden des Geschäftsbereichs Steuerungssoftware in Italien. Natürlich gibt es bei der Datensammlung auch Skaleneffekte – oder anders ausgedrückt: Wenn man schon mal Daten sammelt (zum Beispiel durch eine Kundenbefragung), dann kann man das gleich auf mehrere Segmente ausdehnen. Versuchen Sie jedoch abzuschätzen, welche segmentspezifischen Daten der jeweilige Entscheider braucht, und setzen Sie dann fest, wie breit die Datensammlung angelegt werden soll.

Involvieren Sie die Entscheider möglichst früh in die Datensammlung und -analyse

Eine Stärke der Szenario-Analyse ist der hohe Involvierungsgrad der Entscheider. Die Sammlung der Daten, die Entwicklung der Szenarien und ihre Interpretation sind ein wichtiger Lernprozess für die Manager. Wissen Sie noch, was ein Mainframe-Computersystem ist? Irgendwo im Unternehmen befindet sich ein zentraler Rechner, der alle Informationen speichert, prozessiert und unzähligen »dummen« Terminals weitergibt. Diese haben nicht die Möglichkeit, die Daten selbst zu bearbeiten. Obwohl die Terminals in den meisten Firmen durch Client-Server-Strukturen ersetzt wurden, können Informationsprozesse im Extremfall ähnlich funktionieren: Irgendwo zentral sitzt ein allmächtiger Vorstand, der als Einziger fähig ist, zu denken und die Informationen der (dummen) Mitarbeiter aufsaugt. Nachdem die Informationen (meist im Bauch) verarbeitet worden sind, sendet der Vorstand die Weisheiten an die reinen (nicht denkenden) Befehlsempfänger. Wenn wir diese Metapher weiterspinnen, würde dem Vorstand in einer Client-Server-Struktur eine andere Rolle zukommen: die des Server – also des Dieners der Clients.

Die Umwelt ist jedoch so komplex, dass es wahrscheinlich für einen einzelnen Menschen immer schwieriger wird, alle Informationen zu verarbeiten. Der Vorstand kann also die Funktion eines Vermittlers einnehmen, der die Bandbreiten für die Entscheidungen vorgibt. Den wirklichen Kontakt mit dem Markt haben aber die Mitarbeiter auf verschiedenen Hierarchieebenen. Oft wird deshalb auch von der »inverted organization« gesprochen: Die Organisationspyramide wird auf den Kopf gestellt, und der Vorstand mit seinem Führungsteam unterstützt von unten die gesamte Organisation.

Definieren Sie kritische Erfolgsfaktoren

Als Resultat des Verdichtens der Marktinformationen werden die so genannten kritischen Erfolgsfaktoren identifiziert. Diese beantworten zwei grundsätzliche Fragen: »Was will der Kunde?« und »Wie kann sich eine Firma vom Wettbewerb abheben?«. Wichtig ist, dass die Analyse der kritischen Erfolgsfaktoren keine grundlegend neue Studie ist, sondern auf die im Vorfeld generierten Daten zurückgreift. Oft sehen wir Managementteams, die am Ende der Marktanalyse in Form eines Brainstorming wieder beginnen, sich die kritischen Erfolgsfaktoren »aus dem Bauch zu pressen«. Das Team sollte hingegen versuchen, die einzelnen Analyseschritte nochmals mit Distanz anzuschauen und jeden Aspekt kurz zusammenzufassen. Eine Visualisierung des ganzen Prozesses – zum Beispiel in Form eines Mind Maps – kann dabei nützlich sein. Die Mind-Mapping-Methode (Buzan 2002) ist gut geeignet, die Struktur einer komplexen Situation klar darzustellen. Zu beachten ist auch, dass die kritischen Erfolgsfaktoren nicht auf Ihre Unternehmung zugeschneidert sind. Denn diese Faktoren beschreiben, was jede Firma braucht, um in diesem spezifischen Marktsegment erfolgreich zu sein.

Der Beitrag der Marktanalyse im Rahmen des strategischen Prozesses: Sie haben jetzt eine klare Übersicht über die Struktur und Potenziale Ihres Marktsegmentes. Sie wissen, worauf es ankommt, um in diesem Segment Erfolg zu haben. Neben der realistischen Beurteilung der Unternehmensressourcen und -fähigkeiten bildet diese Analyse die Grundlage für die Definition einer Vision und von langfristigen Zielen. Dabei hat die Firma zwei Handlungsoptionen: Sie kann die Ressourcen und Fähigkeiten als Orientierungshilfe benutzen und den Markt aktiv gestalten (resource-based view), oder sie kann sich am Markt orientieren und das Unternehmen bedarfs- und wettbewerbsorientiert anpassen (market-based view). Die Marktanalyse steht somit in enger Wechselwirkung zur Unternehmensanalyse. Achten Sie vor allem darauf, dass Sie eine klare Verbindung der drei Wettbewerbsebenen haben: Produkt/Markt – Fähigkeiten – Ressourcen. Zeigen Sie auf, wie die Ressourcen durch Fähigkeiten (oder anders formuliert: Wertschöpfungsprozesse) ausgenutzt werden und sich in Produkten am Markt manifestieren – oder umgekehrt (der Markt gibt vor, welche Produkte verlangt werden, und die Firma entwickelt die Fähigkeiten und Ressourcen, um diese Produkte herstellen zu können).

5. Analyse der Firma

Was Sie bei der Analyse der Firma machen müssen: Zuerst verschaffen Sie sich Klarheit über die Verfügbarkeit von verschiedenen Ressourcentypen. Sie unterscheiden zwischen tangiblen, virtuellen und Humanressourcen. Dieser Analyse der Ressourcen schließt sich die Beschreibung und Bewertung der Wertschöpfungsprozesse an. Durch einen Vergleich mit dem Wettbewerb wird überprüft, ob die Firma über Quellen von anhaltenden Wettbewerbsvorteilen verfügt: das heißt über Ressourcen oder Fähigkeiten, die einen substanziellen Wert für den Kunden generieren, dem Wettbewerb nicht zur Verfügung stehen, schwer zu imitieren und zu substituieren sind. Der Identifikation, Entwicklung, Ausnutzung und Messung von Wissen wird dabei verstärkt Beachtung geschenkt.

Die Wettbewerbsposition einer Firma kann aus der Analyse des Marktumfeldes abgeleitet werden: Preis, Design, Termintreue, Qualität des Kundendienstes oder andere Merkmale des Endproduktes helfen, die Marktposition zu beschreiben. Dieser für den Konsumenten sichtbaren Ebene liegen aber noch zwei weitere Ebenen zugrunde: Die Fähigkeiten und Ressourcen, welche die Firma entwickelt hat, um die Produkte und Dienstleistungen anzubieten. Wettbewerbsvorteile können dabei von allen drei Ebenen ausgehen. Häufig ist es deren Verflechtung und die Kombination dieser drei Ebenen, welche die Wettbewerbsvorteile auch vor Imitation schützen. Oft fällt es Managementteams jedoch schwer, die Prozesse zu analysieren, die beispielsweise zu einem exzellenten Kundendienst führen, und sie begnügen sich damit, die Vorzüge ihres Kundendienstes im Vergleich zum Wettbewerb hervorzuheben.

Im Gegensatz zu vielen Ressourcen sind die Fähigkeiten der Organisation ein Ergebnis von langsamen Lernprozessen. So werden erst mit der

Abbildung 35: Analyse der Firma als vierter Prozessschritt

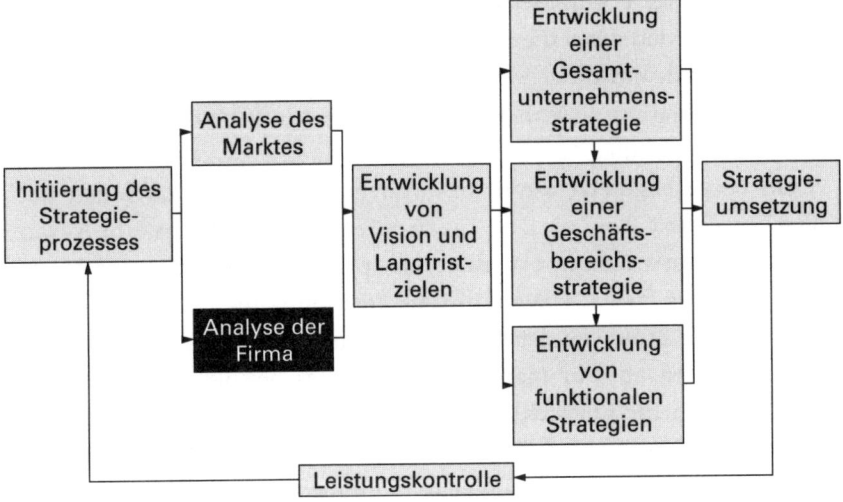

Zeit Produktionsprozesse effizienter, es entsteht eine Unternehmenskultur, die gute Zusammenarbeit zwischen Mitarbeitern ermöglicht, und das Zusammenspiel von unterschiedlichen Unternehmensteilen wird von weniger Missverständnissen überschattet. Wettbewerber, die ähnliche Prozesse entwickeln wollen, können nur langsam solche Organisationsfähigkeiten entwickeln – selbst wenn sie große finanzielle Ressourcen zur Verfügung haben. Die Gründe hierfür lassen sich wie folgt zusammenfassen: Effiziente Prozesse können nicht einfach eingekauft werden, sie müssen über die Zeit erlernt werden. Zudem ist Prozesslernen kumulativ: Das heißt, dass durch Lernen Wissen entwickelt wird, und wer mehr weiß, der kann auch besser lernen. Einfach mehr Geld in Lernaktivitäten zu pumpen ist jedoch nicht genug, da mehr Ausgaben für Lernen nicht unbedingt zu einer schnelleren Anhäufung von Prozesswissen führt.

Warum findet der ressourcen-basierte Ansatz verstärkt Beachtung?

Eine Strategie kann auf zwei grundsätzlich unterschiedliche Arten definiert werden. Der eine Ansatz wird als »Markt-basierter Ansatz« beschrieben. Aufbauend auf einer genauen Marktanalyse (Kapitel 4) wird eine ideale zukünftige Positionierung der Firma im Market definiert. Darauf aufbauend werden dann die Ressourcen und Fähigkeiten identifiziert, die notwendig sind, um diese Marktpositionierung erfolgreich zu erreichen. Die Firma orientiert sich also primär an den Marktbedürfnissen bei der Strategieentwicklung.

Dem entgegengesetzt kann die Strategie aber auch von innen nach außen entwickelt werden: Der sogenannte »Ressourcen-basierte Ansatz« der Strategieentwicklung orientiert sich primär an den Ressourcen und Fähigkeiten der Firma. Die zukünftige Positionierung des Unternehmens hängt in erster Linie von den Entwicklungsmöglichkeiten der Ressourcen und Fähigkeiten ab. Für manche Firmen ist es beispielsweise einfacher, Prognosen über die Entwicklung der eigenen Technologien abzugeben als über die Evolution der Kundenbedürfnisse. Somit wird der Markt an die Ressourcen und Fähigkeiten angepasst und nicht umgekehrt.

Ressourcen und Fähigkeiten haben einen großen Einfluss auf die Rentabilität des Unternehmens

Stellen Sie sich vor, Sie hätten eine Million Euro im Lotto gewonnen und investierten die Hälfte davon in den Aktienmarkt. Wie wählen Sie die Aktientitel aus? Bei der Auswahl der Aktien werden Sie sich wahrscheinlich zuerst für eine oder mehrere Industrien entscheiden – abhängig von Ihrer Risikobereitschaft und Ihrer Einschätzung der zukünftigen Attraktivität dieser Industrie. Haben Sie sich nun festgelegt, Pharma- und Versicherungstitel zu kaufen, müssen Sie sich für Firmen innerhalb dieser Branchen entscheiden. Bei einer langfristigen Anlagestrategie versuchen Sie nun abzuschätzen, welche Firmen langfristige Wettbewerbsvorteile besitzen und in der Lage sind, diese nachhaltig in eine erhöhte Rentabilität umzusetzen.

Die Rentabilität der Firma kann deshalb grundsätzlich auf zwei Arten beeinflusst werden. Auf der einen Seite kann die Firma versuchen, die Industrieattraktivität zu erhöhen. Die Industrieattraktivität hängt von der Zusammensetzung und der Wirkung der einzelnen Wettbewerbskräfte ab: die Verhandlungsmacht der Käufer und Lieferanten, die Rivalität unter den Wettbewerbern, die Gefahr von Substitusprodukten und die Gefahr von neuen Anbietern aus anderen Industriesegmenten. Im Zementmarkt beispielsweise wird die Industrieattraktivität stark von Substitutsprodukten wie Holz, Plastik oder Stahl beeinflusst. Organisatorische Fähigkeiten wie gezielte Öffentlichkeitsarbeit, die Entwicklung von neuen Zementanwendungen oder die Fähigkeit, durch die glaubhafte Drohung mit Vergeltungsschlägen Markteindringlinge abzuschrecken, helfen, die Industrieattraktivität zu erhöhen.

Der zweite Faktor, der die Rentabilität der einzelnen Firma beeinflusst, ist deren Wettbewerbsposition. Die Fähigkeit, das eigene Angebot auf dem Markt von anderen zu differenzieren oder zu niedrigeren Preisen anzubieten, führt zu einer starken Wettbewerbsposition. Unternehmerische Ressourcen wie Patente, Marketingfähigkeiten, effiziente und große Produktionsprozesse oder exzellenter Kundenservice stärken die eigene Wettbewerbsposition. Dies alles zeigt, dass sowohl die Wettbewerbsposition als auch die Industrieattraktivität von unterschiedlichen Ressourcen und Fähigkeiten beeinflusst wird.

In dynamischen Märkten kann die Unternehmensentwicklung anhand der Analyse von Ressourcen und Fähigkeiten geplant werden

Je unsicherer die Unternehmensumwelt ist, desto weniger können sich Unternehmen an traditionellen Fragen zur Strategieentwicklung orientieren: Wer sind unsere Kunden, und welche Produkte fragen sie nach, um ihre Bedürfnisse zu befriedigen? Die Kunden wissen oft selbst nicht, welche Bedürfnisse sie haben, bis eine innovative Firma dieses Bedürfnis weckt – oder denken Sie, dass die elektronische Konsumgüterindustrie durch Kundenbefragungen auf die Idee gekommen ist, Musik mittels eines Walkman überall hören zu können? Wenn Unternehmen in Märkten mit volatiler Nachfrage und schneller Produktabfolge arbeiten, dann können sich Manager mit der Frage: »Wie können wir mit unseren Fähigkeiten und verfügbaren Ressourcen neuen Kundenwert schaffen?« strategisch orientieren. Das setzt aber die genaue Analyse des Ressourcen- und Fähigkeitenprofils voraus. Selbst wenn Unternehmen in stabilen Märkten operieren, können Unternehmensressourcen und -fähigkeiten der Ausgangspunkt für eine radikale Neudefinition der existierenden Industriestrukturen sein. Praktisch könnte ein solcher ressourcen-basierter Ansatz der Strategieentwicklung die folgenden Schritte durchlaufen:

1. Fertigen Sie ein Inventar von den im Unternehmen nutzbaren Ressourcen und Fähigkeiten an.
2. Bewerten Sie den Einfluss von Fähigkeiten und Ressourcen auf Wettbewerbsvorteile.
3. Vergleichen Sie die Dauerhaftigkeit von Wettbewerbsvorteilen mit den Möglichkeiten, diese zu verlängern.
4. Entscheiden Sie sich für eine Strategie, die Ihre Ressourcen und Fähigkeiten optimal einsetzt.
5. Fragen Sie sich, ob Ressourcen und Fähigkeiten geschützt, entwickelt oder erworben werden müssen, um Ihre strategische Ressourcen-Lücke zu füllen.

Welche Arten von Ressourcen und Fähigkeiten können unterschieden werden?

Physische Ressourcen (nicht materielle Ressourcen!), Mitarbeiter und das Zusammenspiel ihrer Fähigkeiten bestimmen den Wertschaffungsprozess. Bevor der Beitrag einzelner Ressourcen zum Wettbewerbsvorteil bewertet werden kann, bietet es sich an, ein Inventar der dem Unternehmen zur Verfügung stehenden Ressourcen und Fähigkeiten anzufertigen. Die folgende Unterteilung hat sich als hilfreich erwiesen.

Physische und virtuelle Ressourcen

Physische Ressourcen beinhalten unter anderem den Maschinen- und Fuhrpark, Grundstücke, Gebäude, den Zugang zu guten Lieferanten und die Lage des Unternehmens (zum Beispiel ein Hotel in zentraler Lage mit Flughafenanbindung). Diese Ressourcenkategorie enthält alles, was Sie im Unternehmen anfassen können. Trotz eines hohen Automatisationsgrads und der Verfügbarkeit neuer Informationstechnologien ist der Mensch immer noch eine zentrale Ressource. Deshalb lassen die Unternehmen auch nicht darin nach, die bei ihnen arbeitenden Menschen bei der Stange zu halten und neue qualifizierte Mitarbeiter zu gewinnen. Dabei gilt:

Wirkungskraft von Mitarbeitern = Fähigkeiten x Motivation

Unternehmen mit fähigen und motivierten Mitarbeitern haben es einfacher, im Markt neue Mitarbeiter anzuziehen. Nicht materielle Ressourcen lassen sich im Gegensatz zu physischen Ressourcen nicht anfassen. Sie beinhalten zum Beispiel die Reputation des Unternehmens, die Kundenloyalität zu den angebotenen Produkten sowie das Betriebsklima des Unternehmens.

Funktionale und integrative Fähigkeiten

Einzelne Ressourcen für sich gesehen haben oft keinen großen Wert. Mehrwert wird erst durch die Fähigkeit des Unternehmens geschaffen, Ressourcen zu verändern und in Prozessen einzusetzen. Überlegen Sie einmal, wer bei BMW weiß, wie ein Automobil produziert wird? Wahrscheinlich kein einziger Mitarbeiter. Ein neues Auto wird aber dennoch gebaut, weil das Zusammenspiel von Mitarbeitern und deren Wissen in den Unternehmensprozessen so organisiert ist, dass jeder sein Wissen einbringen kann, aber keiner alles wissen muss. Funktionale Prozessfähigkeiten beziehen sich zum Beispiel auf Forschung und Entwicklung, Produktionsprozesse, Kundendienst, Marketing, Human Ressource Management, das Management von Finanzen, die Unternehmenslogistik und ähnliche Prozesse. Weil die funktionalen Unternehmensprozesse in der Regel arbeitsteilig organisiert sind, muss ein Unternehmen auch über integrative Fähigkeiten verfügen, welche die funktionalen Teilprozesse in ein Ganzes einbringen. So muss zum Beispiel die Entwicklung eines neuen Automobils die Prozesse von Forschung und Entwicklung, der Produktion und des Verkaufs eng miteinander verzahnen, damit das neue Modell erfolgreich vom Stapel laufen kann.

Wie kann der strategische Wert von Ressourcen und Fähigkeiten festgestellt werden?

Es nützt wenig, etwas zu können oder zu besitzen, ohne es wirklich an konkreten Aufgaben im Wertschöpfungsprozess anzuwenden. Deshalb müssen einzelne Ressourcen und Fähigkeiten bezüglich ihres Potenzials bewertet werden. Welche Ressourcen und Fähigkeiten in Ihrer Firma generieren einen hohen Wert für Kunden (interne oder externe), sind selten (Ihre Wettbewerber verfügen nicht über die gleichen Ressourcen und Fähigkeiten), sind schwer zu imitieren (wie lange dauert es, bis der Wettbewerber beispielsweise eine spezifische Produktionsfähigkeit kopiert hat?) und haben keine Substitute (zum Beispiel eine andere Technologie, die Ähnliches kann)?

Die Beantwortung dieser Fragen ist oft ein sehr schmerzhafter Prozess, da die meisten Unternehmen feststellen müssen, dass sie über keine Ressourcen und Fähigkeiten verfügen, die allen Kriterien gerecht werden. In den meisten Strategie-Workshops werden im besten Fall die Unternehmenskultur, das Know-how der Mitarbeiter oder der Markenname als Beispiele für Quellen von anhaltenden Wettbewerbsvorteilen angeführt, welche die vier genannten Bedingungen erfüllen sollten. Achten Sie darauf, dass Sie nie generell über das Mitarbeiter-Know-how oder die Unternehmenskultur sprechen, sondern wirklich ins Detail gehen. Was macht Ihre Unternehmenskultur besser als diejenige Ihrer Wettbewerber? Welches Know-how haben Ihre Mitarbeiter, über das die Wettbewerber nicht verfügen? Wie lange dauert es, bis sich Ihre Wettbewerber dieses Wissen erarbeitet haben? Was würde passieren, wenn Ihr gesamtes Entwicklungsteam vom Wettbewerber abgeworben wird? Die folgenden Kriterien werden Ihnen helfen, die Ressourcen und Fähigkeiten genauer unter die Lupe zu nehmen:

Beurteilen Sie die strategische Relevanz von Ressourcen und Fähigkeiten

Eine Ressource oder Fähigkeit ist dann strategisch wertvoll, wenn sie die Unternehmensstrategie einzigartig unterstützt. So kann zum Beispiel ein exzellenter Logistikprozess einem Unternehmen helfen, Kosten zu senken und eine Preisführerschaftsstrategie am Markt durchzusetzen. Strategisch relevante Ressourcen helfen dem Unternehmen, Möglichkeiten in der externen Umwelt wahrzunehmen sowie Bedrohungen abzuwehren. Andererseits können vorhandene Ressourcen und Fähigkeiten aber auch die strategische Entwicklung des Unternehmens hemmen (Leonard-Barton 1992; 1995). Veränderungen des Kundengeschmacks, der Industriestruktur oder von Technologien können gegenwärtige Ressourcen auch entwerten. So hat zum Beispiel die Entwicklung des Personal Computers und der Textverarbeitungssoftware die Relevanz von Fähigkeiten zur mechanischen Schreibmaschinenherstellung vermindert. Oft fällt es dann einer Firma schwer, neue Fähigkeiten aufzubauen.

Schätzen Sie ab, wie selten Ihre Ressourcen und Fähigkeiten sind

Wenn alle Wettbewerber über die gleichen Ressourcen oder Fähigkeiten verfügen, kann kein Wettbewerber einen Wettbewerbsvorteil durch deren Nutzung erzielen. Dagegen sind die Chancen höher, durch den Besitz einer seltenen Ressource oder Fähigkeit einen Wettbewerbsvorteil zu erzielen, weil sie das Unternehmensangebot am Markt einzigartig machen. So können zum Beispiel bestimmte Medikamente nur produziert und angeboten werden, wenn das Unternehmen ein entsprechendes Patent besitzt. Diese Einsicht relativiert auch den Einsatz von Benchmark-Studien. Bekanntlich versuchen viele Firmen, durch ein genaues Studium des Wettbewerbers dessen Erfolgsrezept zu erkennen und dann zu kopieren. Dadurch wird aber höchstens eine Patt-Situation mit dem Wettbewerber erreicht: Die Spieße sind gleich lang geworden. Wettbewerbsvorteile werden nur dann generiert, wenn eine Firma – möglicherweise durch einen detaillierten Vergleich mit dem Wettbewerb inspiriert – ihren eigenen Weg geht und eine einzigartige Ressourcen- und Fähigkeitskonstellation entwickelt.

Beurteilen Sie die Imitierbarkeit und Substituierbarkeit von Ressourcen und Fähigkeiten

Wenn Ressourcen allen Wettbewerbern zur Verfügung stehen und diese sie nutzen können, wird der Wettbewerbsvorteil Ihres Unternehmens zerstört. Je schwieriger es ist, eine Ressource oder Fähigkeit zu imitieren, desto höher wird, durch die alleinige Ressourcennutzung, der Wert für das Unternehmen (Dierickx und Cool 1989). Achten Sie deshalb auf Faktoren, welche für die Wettbewerber die Möglichkeiten verringern und die Kosten der Imitation erhöhen. Je höher die soziale Komplexität der Fähigkeiten, je mehr einzelne Ressourcen miteinander verknüpft sind und je höher die Unsicherheiten über die kausalen Zusammenhänge sind, die zur Ergebniswirksamkeit von Ressourcen führen, desto schwieriger wird es für andere Unternehmen, Ihre Ressourcen zu imitieren. Ressourcen sind außerdem umso mehr wert, je weniger sie substituiert werden können. So können zum Beispiel die Rechte an Mickey Mouse nicht durch andere Ressourcen ersetzt werden.

Beurteilen Sie die Einsetzbarkeit von Ressourcen und Fähigkeiten

Ressourcen und Fähigkeiten können entweder spezifisch oder generell einsetzbar sein, je nachdem ob ein und dieselbe Ressource einen oder mehrere Verwendungszwecke hat. Je mehr Ressourcen vielfältig eingesetzt werden können, desto wertvoller sind sie für das Unternehmen. Gleichzeitig gilt: Je genereller die Ressourcen einsetzbar sind, desto eher können auch andere Unternehmen diese Ressource brauchen. Dann müssen in der Regel größere Anstrengungen unternommen werden, um die Ressource an das Unternehmen zu binden oder sie vor Imitation zu schützen. Ein einfaches Beispiel dafür sind universell einsetzbare Produktionsanlagen. Aber auch der Markenname kann und wird bewusst in verschiedenen Stellen aufgebaut und eingesetzt. So ist der Markenname nicht nur ein wichtiger Faktor in den Marketing- und Verkaufsaktivitäten, sondern auch in der Beschaffung oder im Recruiting.

Achten Sie auf die Abschöpfung der Wertschaffung durch Ressourcen

Selbst wenn eingesetzte Ressourcen strategisch relevant, knapp, nicht substituierbar und imitierbar sind, muss das Unternehmen sicherstellen, dass die Wertschaffung durch den Ressourceneinsatz dem Unternehmen und nicht anderen zugutekommt. So wird zum Beispiel ein großer Teil der Wertschaffung in der Filmproduktion von Schauspielstars abgeschöpft. Die Verhandlungsmacht von Stars wie Tom Cruise oder Mel Gibson ist so groß, dass sie als (Co-)Produzenten große Gewinnanteile abschöpfen können. Im Gegensatz dazu haben Zeichentrickstudios viel weniger Probleme, mit Mickey Mouse oder Roger Rabbit zu verhandeln.

Berücksichtigen Sie Verbundeffekte zwischen Fähigkeiten

Selbst wenn für sich genommen keine einzige der Ihnen zur Verfügung stehenden Ressourcen und Fähigkeiten einen anhaltenden Wettbewerbsvorteil verspricht, so kann dies häufig durch die Kombination von Ressourcen und Fähigkeiten erreicht werden. Nehmen Sie einmal an, dass Ihre Wettbewerber jede Ihrer Fähigkeiten mit einer Wahrscheinlichkeit von 90 Prozent innerhalb eines Jahres imitieren oder substituieren können, dann würde Ihnen eine Fähigkeitenkombination einzigartige Wettbewerbsvorteile verschaffen (0.9 x 0.9 = 0.81; 0.9 x 0.9 x 0.9 x 0.9 x 0.9 x 0.9 x 0.9 x 0.9 = 0.43). Denn die Wahrscheinlichkeit der Imitation oder Substitution einer großen Anzahl von Elementen in der Fähigkeitenkombination sinkt stark. Wenn Sie zum Beispiel acht anstatt zwei Fähigkeiten in Ihrem Leistungserstellungsprozess kombinieren, sinkt die Wahrscheinlichkeit einer Imitation von 81 Prozent auf 43 Prozent. Für Dell ist der Verbund von überlegenem Direktmarketing, individualisierter Massenproduktion und logistischer Kompetenz in Verbindung mit der Marktmacht gegenüber Lieferanten ein signifikanter Wettbewerbsvorteil, der von Konkurrenten nur schwer imitiert werden kann.

Treffen Sie Outsourcing-Entscheidungen anhand einer Analyse der Wertschöpfungskette

Letztendlich kommt es darauf an, Ressourcen und Fähigkeiten in der Wertschöpfungskette so einzusetzen, dass ein einzigartiger Kundenmehrwert geschaffen wird. Die Wertschöpfungskette stellt den Wertschaffungsprozess des Unternehmens dar. Dabei werden primäre Aufgaben, also Kernaufgaben (Einkauf, Produktion, Logistik, Marketing und Verkauf) von

Unterstützende Aktivitäten		Administration					
		Finanzen					
		Controlling					
		Personalwirtschaft					
		Organisation					
Primäre Aktivitäten	Einkauf	Logistik	Produktion	Logistik	Marketing	Verkauf	Kundennutzen

Unterstützungsaufgaben (Personalwirtschaft, Finanzen, Administration) unterschieden.

Beantworten Sie deshalb die folgenden Fragen für jede einzelne Unternehmensaufgabe (Quinn 1995):

• Tragen unsere Ressourcen und Fähigkeiten zur Unterstützung der Kern- und Unterstützungsaufgaben bei? Wird diese Frage verneint, dann schaffen diese Ressourcen und Fähigkeiten in ihrem gegenwärtigen Verwendungszweck keinen Wert. Überlegen Sie daher, ob und wie verfügbare Ressourcen und Fähigkeiten wertschaffend eingesetzt werden können oder verkaufen Sie nicht eingesetzte Ressourcen. Tragen Ihre Ressourcen und Fähigkeiten zur Wertschöpfung bei, schreiten Sie zur nächsten Bewertungsfrage fort.

• Können andere Unternehmen die gleichen Aufgaben entweder billiger bei gleicher Qualität oder besser mit gleichbleibenden Kosten erledigen? Wird diese Frage verneint, dann erzielen Ihre Ressourcen und Fähigkeiten in dem gegenwärtigen Verwendungszweck einen Wettbewerbsvorteil. Die entsprechenden Ressourcen und Fähigkeiten sollten daher unbedingt vor dem Zugriff von Wettbewerbern geschützt und weiterentwickelt werden. Wird diese Frage positiv beantwortet, dann überlegen Sie sich, ob Outsourcing-Partner diese Aufgaben für Sie übernehmen können. Wenn keine verlässlichen Partner gefunden werden können, dann haben Sie keine andere Wahl, als die entsprechenden

Fähigkeiten und Ressourcen zu entwickeln, um nachhaltig Kundenwert schaffen zu können.

Ein Unternehmen sollte sich langfristig auf diejenigen Aufgaben konzentrieren, mit denen durch verfügbare Ressourcen und Fähigkeiten nachhaltiger Kundennutzen geschaffen werden kann und die das Unternehmen billiger oder besser als andere ausführen kann. Alle anderen Aufgaben sollten von Lieferanten übernommen werden, wenn diese als verlässliche Partner das Abhängigkeitsverhältnis nicht zu Erpressungen ausnutzen.

Wie kann Wissen systematisch analysiert werden?

Die Fähigkeit, Wissen zu identifizieren, zu entwickeln und es in Kompetenzen und Innovationen umzusetzen, wird die Wettbewerbsposition der Unternehmen in den kommenden Jahrzehnten des Informationszeitalters verstärkt beeinflussen. Obwohl Wissen in vielen Firmen bereits als die wichtigste Ressource erkannt wurde, fehlen oft effiziente Konzepte und Methoden für dessen Management. Wissen hat eigentlich alle Charakteristika, die eine Quelle von anhaltenden Wettbewerbsvorteilen erfüllen sollte: Es ist wertvoll, selten, schwer zu imitieren und schwer zu substituieren. Tatsächlich aber verhält sich das in der Praxis etwas anders. Wissen erfüllt eigentlich nur wenige der vier Kriterien mühelos: Wissen ist per Definition selten oder sogar einzigartig (wenn auch nur in Nuancen). Vor allem wenn es sich um eine nicht kodierbare Form von Wissen handelt, um so genanntes implizites Wissen, ist die Imitation und der Transfer schwierig. Manager schätzen aber, dass weniger als 30 Prozent des Wissens in einer Firma überhaupt ausgenutzt werden. Obwohl dies natürlich schwer abzuschätzen ist, zeigt uns diese Aussage, dass Wissen zwar potenziell Wert generiert, dies aber nur bei einem geringen Teil in die Praxis umgesetzt wird. Stellen Sie sich vor, Produktionsanlagen würden nur zu 30 Prozent ausgelastet.

Die Frage, ob Wissen schwer zu substituieren ist, lässt sich auch nicht pauschal beantworten. Grundsätzlich sollten Sie deshalb vorsichtig sein, wenn jemand Wissen generell als wichtigste Quelle von Wettbewerbsvorteilen hervorhebt. Denn oft wird viel Geld in die Entwicklung von Wissen gesteckt, das nachher nicht genutzt wird oder leicht zu kopieren ist. Durch konsequentes und systematisches Wissensmanagement kann Wissen aber tatsächlich in eine Quelle von dauerhaften Wettbewerbsvorteilen transformiert werden. Auf den Punkt gebracht, beinhaltet Wissensmanagement vier Hauptaktivitäten: Identifikation, Entwicklung, Ausnutzung und Messung von Wissen (Venzin 1998).

Erkennen Sie den Einfluss von Wissen auf Ihre Wettbewerbsfähigkeit

Das Ziel eines jeden Unternehmens liegt darin, Produkte oder Dienstleistungen anzubieten, die beim Abnehmer einen möglichst großen Wert generieren. Dabei steht eine Firma im Wettbewerb mit vielen anderen Betrieben, die einen ähnlichen Wert generieren und zudem vielleicht noch zu niedrigeren Preisen. Doch wie entstehen diese Unterschiede? Die Ausstattung oder der Zugang zu physischen Ressourcen wie Kapital, Maschinen, Gebäuden, Produktionsstätten oder Rohstoffen kann diese Unterschiede langfristig nicht erklären. Selbst eine einzigartige Kombination dieser Ressourcen schützt eine Firma nicht davor, vom Wettbewerb eingeholt zu werden. Unternehmen müssen sich deshalb die Frage stellen, welche Ressourcen nicht oder nur sehr schwer imitierbar oder transferierbar sind (Grant 1991).

Beispiele für solche Ressourcen sind der Markenname, Patente, Kundendatenbanken, soziale Netzwerke, Kundentreue, Erfahrungen in Produktion, Organisationskultur oder das Know-how der Mitarbeiter. Diese Ressourcen sind nicht direkt greifbar und deshalb nicht handelbar. Ihre Qualität ist von ihrer Entstehungsgeschichte abhängig und wird über einen langen Zeitraum hinweg aufgebaut. Daneben fließen sie in mehrere Produkte gleichzeitig ein, haben bereichsübergreifende Auswirkungen und sind einzigartig unter den Wettbewerbern. Ihre Gemeinsamkeit ist, dass ihnen explizites oder implizites Wissen zugrunde liegt: Wissen über Organisationsabläufe, neue Technologien, andere Mitarbeiter, durchgeführte Projekte, Kundenbedürfnisse, andere Kulturen, Ereignisse in der Industrielandschaft, Produkte der Kunden oder Verhaltensregeln von anderen Unternehmen. Die Herausforderung für das Management besteht darin, wertvolles Wissen innerhalb und außerhalb des Unternehmens zu identifizieren, zu entwickeln und so zu verbinden, dass es in Form von Produkten oder Dienstleistungen beim Kunden einen Wert generiert, der einen Unterschied schafft.

Identifizieren Sie das vorhandene Wissen

Die meisten Projekte im Wissensmanagement beginnen mit der Identifikation und Kodifizierung von unterschiedlichsten Arten von Wissen, die dann in Datenbanken gepresst Jahre vor sich hin altern. Werden Sie mit einem solchen Projekt beauftragt, so sind Sie gut beraten, als ersten Schritt die Wissensbereiche zu identifizieren, die einen hohen Einfluss auf den Unternehmenserfolg haben. Welches Wissen kann die Kosten- oder Differenzierungsposition langfristig positiv beeinflussen? Welches Wissen kann die Attraktivität der Branche steigern?

Häufig wird ein großes Potenzial im Unternehmen nicht genutzt, weil niemand genau weiß, dass es überhaupt vorhanden ist. Erfahrungen aus Projekten oder aus der täglichen Arbeit werden nicht in neue Aufgabengebiete übertragen. Durch ein gewisses Maß an Transparenz der Wissensbasis wird der Grundstein dafür gelegt, dass Wissen neu kombiniert, entwickelt und umgesetzt werden kann. Praktisch kann dies mittels elektronischer Wissensdatenbanken geschehen. Doch Vorsicht: Eine einseitige Konzentration auf Informationstechnologie hat schon einige Wissensmanagementprojekte scheitern lassen. Die Informationstechnologie kann und soll nur eine Unterstützung von Informationsströmen sein, die sich an Menschen orientieren. Firmeninterne Datenbanken erfassen Mitarbeiter der Organisation nicht nach Namen, sondern nach Art ihres Wissens. Andere Firmen erstellen Verzeichnisse von Themenbereichen, über die sich bereits Diskussionsgruppen gebildet haben. Wieder andere Unternehmen konzentrieren sich auf die Identifikation von externem Wissen, indem sie versuchen, ihre Geschäftsbeziehungen in Netzwerken abzubilden und zu analysieren.

Es gibt auch Unternehmen, die versuchen, die Wissensverbindungen zu erstellen, indem sie (elektronische) »Wissenstelefonbücher« anfertigen oder »Wissens-Broker« in ihren Organigrammen platzieren. So gründete das Telekommunikationsunternehmen Cable & Wireless eine eigenständige Geschäftseinheit innerhalb des Unternehmens, die sich mit der Rekrutierung, Versetzung und Karriereplanung beschäftigt. Datenbanken, die Aufschluss über die Fähigkeiten der Mitarbeiter und ihre Wünsche hinsichtlich der Einsatzgebiete geben, bilden die Grundlage für einen globalen Austausch von Wissen. Durch die verbesserte Transparenz der organisatorischen Wissensbasis können Chancen in der Industrie schneller erkannt und in die Geschäftstätigkeiten integriert werden.

Fördern Sie die Entwicklung neuen Wissens

Stellen Sie sich vor, Sie würden in fünf Jahren von Ihrem Branchenverband zu einem Fachreferat eingeladen. Über welches Thema würden Sie sprechen? Wohin wird sich Ihr Expertenwissen bewegen? Oft ist eine Wissensvision die Ausgangslage für die Wissensentwicklung. Neben der Wissensentwicklung auf individueller Ebene wird vor allem in formellen oder informellen Meetings bestehendes Wissen weiterentwickelt und transferiert. Die Reichhaltigkeit der Sprache in einem bestimmten Gebiet kann als Indikator für die Bedeutung und das Ausmaß des Wissens hier dienen. Beispielsweise kennt die Sprache der Eskimos ungefähr 40 verschiedene Wörter für Schnee. Für die Eskimos ist Schnee ein wichtiger Bestandteil ihres Lebens, denn oft ist es überlebenswichtig, genau zu wissen, um welche Kategorie Schnee es sich handelt. Machen Sie den Versuch mit Ihrem Managementteam: Wie lange können Sie in der Gruppe über Internationalisierungsstrategien sprechen, ohne sich dabei zu wiederholen oder vom Thema abzukommen?

Wie durch das Beispiel der Eskimos illustriert, wird Wissen in Sprache entwickelt. Neue Wörter und neue Bedeutungen erweitern die Wissensbasis. Die amerikanische Firma Sencorp legt besonders viel Gewicht auf die individuelle Wissensentwicklung. Jeder Mitarbeiter bei Sencorp kann bis zu 20 Prozent der Arbeitszeit nutzen, um aus der operativen Tätigkeit auszusteigen und Wissen in interessanten Gebieten weiterzuentwickeln (Von Krogh und Roos 1995). Die Auswahl der Themengebiete wird den Mitarbeitern dabei nicht vorgeschrieben, jedoch muss ein Projektantrag vom Topmanagement abgesegnet werden.

Mal Hand aufs Herz: Wie zufrieden sind Sie mit den Meetings in Ihrer Firma? Oft werden Sitzungen spät einberufen, die Teilnehmer sind unvorbereitet und kommen zu spät, es ist kein richtiger Moderator vorhanden, keine Agenda strukturiert das Gespräch, die Termine dauern zu lange und das Resultat ist oft sehr bescheiden. Unser Tipp: Unterscheiden Sie operative Sitzungen (in denen Sie vorhandenes Wissen auf konkrete Aufgabenstellungen anwenden) von strategischen Sitzungen (in denen Sie grundlegend neues Wissen entwickeln). Beide Sitzungstypen verfolgen unterschiedliche Ziele. So kann es zum Beispiel sinnvoll sein, in operativen Meetings unter Zeitdruck mittels hierarchischer Macht einige Entscheidungen schnell zu fällen. Ein italienischer Hersteller von Motorrädern ist sogar so weit gegangen, die Kosten jeder Sitzung vor der Einberufung vom Controlling kalkulieren zu lassen. Nach der Sitzung gab es eine Nachkalkulation basierend auf den effektiven Stundensätzen der Teilnehmer.

Strategische Gespräche bei Sencorp sind hingegen geprägt von gegenseitigem Vertrauen und Respekt. Hierarchische Unterschiede verlieren in diesen Konversationen ihre Bedeutung. Alle Beiträge in strategischen Diskussionen werden als gleichwertig eingestuft. Die Gespräche haben weder feste Traktandenlisten, noch sind die Manager gezwungen, an ihnen teilzunehmen. Es werden keine schnellen Entscheidungen gesucht. Die Wissensentwicklung im Team benötigt gegenseitiges Verständnis, das durch die Entwicklung einer gemeinsamen Sprache und regelmäßige Treffen erreicht werden kann. Durch die gründliche Vorbereitung und Diskussion von Entscheidungen wird die Implementierung beschleunigt.

Setzen Sie vorhandenes Wissen gezielt ein

Kompetenzen entstehen dann, wenn Aufgaben oder Unternehmensprobleme mit dem vorhandenen Wissen kombiniert werden. Die Kompetenz von VEBA im Energieversorgungsbereich setzt sich unter anderem aus dem Prozesswissen über das Management von großen Netzwerken und der Aufgabe des Energietransfers zusammen. Durch die Auflistung und die Verbindung von Aufgaben- und Wissenssystemen können fundierte Aussagen über die Kompetenzkonfiguration gemacht werden. Wie könnten neue Kompetenzen durch das Management des Aufgabensystems, zum Beispiel einer Veränderung von einfachen zu komplexen Aufgaben, kreiert werden? Welches Wissen kann auf neue Aufgaben angewandt werden? Wie kann beispielsweise das Prozesswissen über das Management von großen Netzwerken bei VEBA, angewandt auf die neue Aufgabe (Daten anstatt Energie zu transferieren), eine neue Kompetenz im Bereich Telekommunikationssysteme bilden? Für welche Aufgaben ist nur wenig Wissen vorhanden? Wie können Kompetenzen übertragen werden? Letztere Frage hat Texas Instruments mit der Einführung einer Art »Bibliothek« mit »best practices« beantwortet. Damit konnte die Speicherung und Übertragung von Kompetenzen institutionalisiert werden. Kompetenzen auf bestimmten Gebieten werden darin dokumentiert, gespeichert und für jedermann zugänglich gemacht.

Die Bildung von Kompetenzen umfasst durch die Erweiterung der Kompetenzkonfiguration eine Rückkoppelung zur Wissensentwicklung. Bestehende oder neue Aufgaben erfordern neues Wissen. Wurde durch diesen iterativen Prozess eine Kompetenz aufgebaut, so wird sie in der nächsten Aktivität im Innovationsmanagement umgesetzt.

Messen Sie die Qualität und Quantität des Wissens und der Wissensentwicklungsprozesse

Gespräche bilden den zentralen Bestandteil in der Wissensentwicklung, doch dies allein reicht nicht aus. Es müssen zudem Ergebnisse der individuellen Wissensentwicklung und der Kommunikation mit anderen in kodiertes Wissen umgewandelt werden. Das schwedische Finanz- und Versicherungsunternehmen Skandia AFS hat diese Aufgaben erkannt. Bei Skandia werden diese Vermögenswerte bewertet und in den Jahresbericht aufgenommen. Zu Beginn hatte dies vor allem den Zweck, das Wachstum des intellektuellen Kapitals im Unternehmen gegenüber den Aktionären zu kommunizieren. Mittlerweile aber wird durch das Messen und Bewerten von intellektuellem Kapital das Bewusstsein für die Bedeutung von Wissen in der Organisation gesteigert.

Skandia AFS subsumiert unter intellektuellem Kapital unter anderem Wissen, Technologien, Kundenbeziehungen, interkulturelle Fähigkeiten oder angewandte Erfahrungen. Intellektuelles Kapital ist eingebettet in Humankapital und strukturellem Kapital. Humankapital verkörpert individuelles Wissen oder Fähigkeiten. Strukturelles Kapital besteht aus dem intellektuellen Kapital, das übrig bleibt, wenn die Mitarbeiter nach Hause gegangen sind. Grundlage des strukturellen Kapitals bildet kodiertes Wissen.

Durch die konsequenten Anstrengungen, kodiertes Wissen zu bilden, es zu transferieren und auf verschiedenste Gebiete anzuwenden, bildet diese Wissenskategorie einen zentralen Bestandteil des Wissensmanagements bei Skandia AFS. Die Anwendung von kodiertem Wissen hat beispielsweise die Kosten für den Aufbau einer neuen Niederlassung in einem anderen Land um bis zu 50 Prozent gesenkt, obwohl nicht das gleiche Team beim Aufbau beteiligt war.

Der Beitrag der Analyse der Firma im Rahmen des strategischen Prozesses: Sie wissen jetzt, ob Ihre Firma über Quellen von anhaltenden Wettbewerbsvorteilen verfügt. Sie haben einen Überblick über die vorhandenen Ressourcen und Fähigkeiten und kennen deren Zusammenspiel bezüglich der Produkt/Markt-Ebene.

6. Entwicklung von Vision und Langfristzielen

Was Sie bei der Entwicklung von Vision und Langfristzielen machen müssen: Eine Vision entwickeln heißt, ein Zukunftsbild zu kreieren, das besser ist als der jetzige Status quo. Die Vision ist ein übergeordnetes Koordinationsinstrument und bildet die Ausgangslage für die Entwicklung von Mittelfristzielen und Jahresbudgets. Ihre Aufgabe ist es, die Durchgängigkeit der Zielsetzung sicherzustellen: Eine Vision mit einem 5 bis 10-Jahreshorizont muss auf einen 3-Jahres-Mittelfristplan und dann auf Jahresziele quer durch Hierarchien und funktionale Barrieren herunter gebrochen werden. Zudem sollte eine Vision die Mitarbeiter motivieren, die Zukunft aktiv zu gestalten. Die Kommunikation und das Erleben der Vision ist dabei Voraussetzung. Eine weitere wichtige Aufgabe in dieser Phase ist es, basierend auf der Vision Kriterien zur Auswahl von strategischen Alternativen zu formulieren. Sind diese klar, bevor Strategien entwickelt werden, so entsteht Prozessgerechtigkeit und die beteiligten Personen werden sich eher mit einer für sie negativen Strategievariante anfreunden können.

Wahrscheinlich haben Sie schon oft gehört, dass sich das Unternehmen verändern muss: »... jeder Einzelne trägt zum Wandel bei. Der Wandel fängt bei Ihnen an. Also packen wir es an ...«. Leider wird aber oft vom Topmanagement nicht klar dargelegt, in welche Richtung man sich verändern soll. Als Ausrede für fehlende Visionen wird dann das Wort »Empowerment« gebraucht: »Wir haben auch keine Ahnung, was zu machen ist, aber Sie machen das schon.« Auch wenn der Alt-Kanzler Helmut Schmidt einst meinte: »Wer Visionen hat, der sollte zum Arzt gehen«, so sind doch realistische Vorstellungen von der Zukunft eine essenzielle Notwendigkeit für die Führung von Unternehmen. Eine Vision gibt eine klare Richtung vor und zeigt ein Zukunftsbild auf, das besser ist als der aktuelle Status quo. Sie ist die Ausgangslage für den Veränderungsprozess in der Firma.

Abbildung 37: Entwicklung von Vision und Langfristzielen
als fünfter Prozessschritt

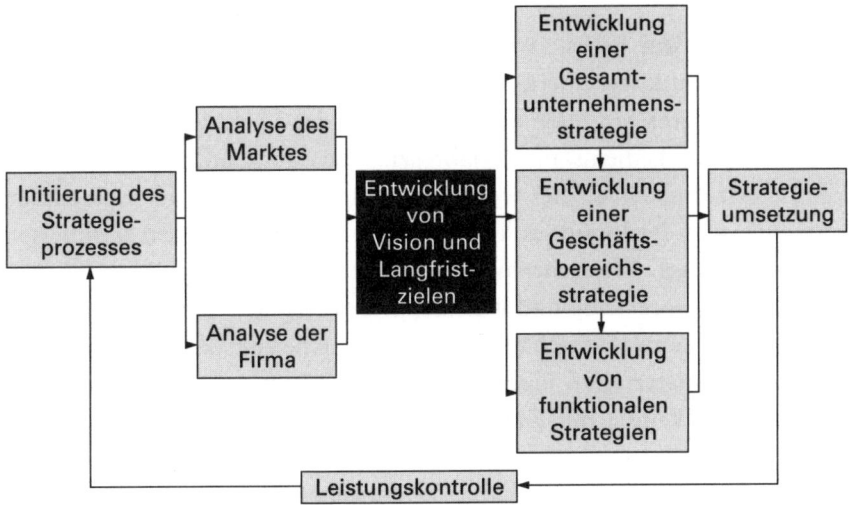

Welche Charakteristika sollte eine Vision haben?

Veränderungsprozesse sind mit Schmerzen verbunden: Mitarbeiter müssen aus der gewohnten Routine ausbrechen und neue Fähigkeiten erlernen, auf Ressourcen verzichten oder mit dem Risiko leben, dass sich ihr Arbeitsverhältnis grundlegend ändert. Die Vision sollte die Mitarbeiter dazu motivieren, diese Strapazen auf sich zu nehmen. Es muss daher möglich sein, die generelle Zukunftsvision in langfristige Unternehmensziele zu übersetzen und dann auf den Bereich des jeweiligen Arbeitnehmers anzuwenden. Ist ein Teil der Unternehmensvision beispielsweise, die Professionalität des Projektmanagements zu verbessern, so sollte jeder Einzelne versuchen, diese grobe Vision für sich zu interpretieren: »Wie manage ich Projekte? Was heißt Professionalität in meinem Bereich? Welche Systeme, Ressourcen und welches Know-how müssen aufgebaut werden, um die heutigen Defizite zu schließen?« Diese und andere Fragen helfen, der Vision einen Sinn zu verleihen. Nur leider wird in den meisten Unternehmen zu wenig Zeit damit verbracht, mit der Unternehmensvision zu arbeiten und auf den eigenen Arbeitsbereich zu übersetzen. Ein Mitarbeiter ist generell motivierter, wenn er den eigenen Beitrag zum Gesamterfolg klar erkennen kann.

Benutzen Sie die Vision als übergeordnetes Koordinationsinstrument

Eine Vision kann helfen, vertikale (entlang der Hierarchieebenen) und horizontale (funktionsübergreifende) Koordination zu schaffen. Der Budgetierungsprozess am Ende des Jahres trägt dazu bei, die gesamte Organisation auf ein gemeinsames 3-Jahresziel und damit auf eine gemeinsame Vision auszurichten. Leider werden in Budgetrunden oft nur Ressourcen verwaltet, und der Input des letzten Jahres wird mit zum Teil raffinierten Tricks verteidigt. Wünschenswert wären eine Output-Orientierung und eine echte Interpretation und Diskussion der vorgelegten Zahlen. Um dies zu erreichen, kann es durchaus sinnvoll sein, eine erste Zielsetzungsrunde ohne Zahlenmaterial zu machen, reine qualitative Aussagen, die erst in einer zweiten Runde mit Zahlen untermauert werden. Werden auf Geschäftsbereichs-, funktionaler oder Gruppenebene Strategien zur Zielerreichung entwickelt, so liefert die übergeordnete Vision die Kriterien zur Auswahl von Alternativen.

Meistern Sie den Balanceakt zwischen Flexibilität und Stabilität

Während langfristige Ziele sich auf einen 3-Jahreszeitraum beziehen, so sollte eine Vision darüber hinaus gehen. Auch Visionen sollten mit einer Jahreszahl hinterlegt werden. Ciba-Geigy hat Anfang der neunziger Jahre die Vision Ciba 2000 entwickelt. In der heutigen Zeit der Instabilität fällt es vielen Firmen schwer, solche Visionen zu entwerfen. Als Reaktion darauf versteifen sie sich entweder auf zu globale Ziele, wodurch die Vision fad wird und an Aussagekraft verliert, oder die Unternehmen verzichten ganz darauf. In den meisten Firmen werden Sie jedoch Themen finden, die in der Vergangenheit die Entwicklung bestimmt haben. Diese Themen liegen vielleicht nicht im Marktumfeld, sondern in den eigenen Ressourcen und Fähigkeiten. Anstatt in erster Linie zu fragen, welche Kundenbedürfnisse mit welchen Produkten und Dienstleistungen abgedeckt werden sollen, könnten Sie überlegen, welche Fähigkeiten und Ressourcen Sie in der Firma in Zukunft entwickeln wollen. Diese Vorgehensweise ist die Kernaussage des ressourcen-basierten Strategieansatzes, der auf der Annahme beruht, dass die Zukunftsorientierung nicht von außen, sondern von innen kommt.

Kreieren Sie ein Zukunftsbild, das reizvoll und machbar für alle Interessengruppen ist

Die Vision kann alle Komponenten, die in einer SWOT-Analyse untersucht wurden, beschreiben. Die Vision fokussiert sich aber speziell auf Unterschiede zwischen den Marktanforderungen und der Unternehmung. Ergibt die Analyse des Marktumfeldes zum Beispiel, dass Kunden immer mehr Wert auf Online After Sales Service legen, die Firma diesem Anspruch aber im Moment nicht gerecht werden kann (das heißt die Benchmark-Analyse hat ergeben, dass die Firma in diesem Bereich starke Schwächen hat), dann sollte dieser Punkt in die Vision aufgenommen werden.

Das Ziel ist, dass sich alle Interessengruppen mit der Vision identifizieren können. Die Kapitalgeber, Eigentümer und Arbeitnehmer können ebenso berücksichtigt werden wie der Staat oder Umweltschutzorganisationen. Die Vision sollte aber nicht zu einem bloßen PR-Instrument verkommen und nur aus schönen Sätzen über eine glorreiche Zukunft bestehen, sondern konkret auf die Erwartungen der Interessensgruppen eingehen. Ebenso sollten die beteiligten Gruppen die Machbarkeit der Vision sehen. Es dürfen natürlich herausfordernde Ziele gesteckt werden, aber es muss klar sein, dass es gangbare Wege gibt, diese in der gewünschten Zeit zu erreichen. Damit die Interessengruppen die Vision wertschätzen können, muss sie einfach zu kommunizieren sein. Michael Eisner, CEO von Walt Disney, ist überzeugt, dass eine Idee gut ist, wenn sie in ein paar Kernsätzen erklärt werden kann und dennoch inspirierend ist. Testen Sie doch einmal, ob Sie Ihre Vision auf einem Bierdeckel niederschreiben können.

Führen im Strategieprozess

Leadership beinhaltet die Entwicklung einer Vision für andere Menschen, die von der Vision überzeugt werden können und dem Leader folgen. Sucht man in der Vergangenheit nach erfolgreichen Führungspersönlichkeiten, so findet man ganz unterschiedliche Typen: dünne und dicke, demokratische und diktatorische, Frauen und Männer, mit und ohne Charisma, Choleriker und kühle Rechner. Der Erfolg eines Führungsstils ist stark vom Kontext abhängig, in dem sich die Führungsperson befindet. In den verschiedenen

Phasen der Evolution (Gründung, Wachstum, Reife und Umstrukturierung) benötigt die Firma unterschiedliche Führungspersönlichkeiten. Vielleicht haben Sie auch schon einmal in einem Workshop die Adjektive für den besten oder schlechtesten Chef entwickeln müssen. Was dabei herauskommt, ist beruhigend – gute Chefs müssten eigentlich Übermenschen sein: kommunikationsstark, gute Zuhörer, analytische Denker, Visionäre … Eine ausführliche Liste aller positiven Eigenschaften bekommen Sie wahrscheinlich aus dem Personalbewertungsbogen Ihrer Personalabteilung.

Top-down- oder Bottom-up-Führung?
Machen Sie den Spaghetti-Test

Nehmen Sie einmal beim nächsten Spaghetti-Essen vor dem Kochen eine rohe Spaghetti heraus und versuchen Sie, diese mit dem Finger von einem Tischende zum anderen zu schieben. Mit etwas Geschicklichkeit schaffen Sie es sicher. Machen Sie nun das gleiche Experiment mit einer gekochten Spaghetti: Es bleibt Ihnen nichts anderes übrig, als sie mit zwei Fingern anzupacken und von vorne zu ziehen. So ähnlich funktioniert das auch mit den Unternehmen. Geht es der Firma gut, kann sie von hinten dirigiert werden. Das ist die positive Interpretation von »Empowerment« – die Mitarbeiter wissen eigentlich am besten, was sie machen müssen, und das Management versucht nach bestem Gewissen, sie dabei zu unterstützen. In einigen Firmen finden sich sogar umgedrehte Organigramme mit dem Topmanagement dort, wo normalerweise die Praktikanten zu finden sind: »The inverted Organization« nennt sich das dann auf neudeutsch.

Sobald es der Organisation aber nicht mehr so prächtig geht und die Spaghettis »gekocht« (ohne Orientierung und Eigenmotivation) in den Sesseln hängen, dann brauchen sie echte Führungskräfte, die ihren Einflussbereich kennen und konsequent nutzen. »Von vorne führen« würde man das bei der Schweizer Armee nennen. In solchen Situationen der Verunsicherung zählen Initiativen, um die Dinge in die Hand zu nehmen. Wahrscheinlich ist es dann sogar besser, die eigenen Kompetenzen etwas zu überschreiten. Mutige Führungskräfte ziehen es meist vor, nachträglich um Entschuldigung zu bitten, als vorher an zahlreichen Stellen die Erlaubnis einzuholen. Die harte Realität ist leider, dass meist nur wenige Personen dazu bereit sind, wirklich Verantwortung zu übernehmen und sich zu exponieren. Wie in einem schlechten Fußballspiel kickt dann einer den Ball möglichst schnell zum anderen.

Motivation: Theorie X, Y, Z ...

Im Verlaufe der Jahre haben sich drei unterschiedliche Grundannahmen über die Motivationsstruktur von Menschen in der Arbeitswelt herausgebildet:

- *Theorie X:* Manager haben die Aufgabe, die Arbeit der ihnen zugeordneten Mitarbeiter zu organisieren und zu kontrollieren, weil diese grundsätzlich passiv, wenig ambitioniert, faul und änderungsfeindlich sind.
- *Theorie Y:* Manager müssen in Organisationen Bedingungen schaffen, damit die selbstmotivierten Mitarbeiter ihre beste Leistung entfalten können.
- *Theorie Z:* Manager müssen vor allem die menschlichen Beziehungen und Arbeitsbedingungen so gestalten, dass sich die Mitarbeiter wohl fühlen. Ist dies der Fall, erhöht sich das Selbstwertgefühl der meisten Mitarbeiter und ihre Produktivität steigt. In dieser Mischung aus amerikanischem und japanischem Führungsstil besinnt sich der Manager auf die Wichtigkeit der menschlichen Komponente in Organisationen und betont die Bedeutung der Organisationsphilosophie und -kultur.

Aus dieser und einer Vielzahl anderer Motivationstheorien kann der Manager den Schluss ziehen, dass jeder einzelne Mitarbeiter unterschiedlich zu motivieren ist. Die Motivation durch Belohnung, Bestrafung, Job-Rotation, Job-Enrichment oder andere Maßnahmen zur Gestaltung der Arbeit und des Arbeitsumfeldes muss maßgeschneidert sein. Pauschale Tipps wären hier fehl am Platz.

Entwickeln Sie Ihr eigenes Erfolgsprinzip für effektives Führen im Strategieprozess

Erfolgreiches Führen hängt vom richtigen Zusammenspiel des Umfeldes und der Führungspersönlichkeit ab. Patentrezepte, die in jeder Situation helfen, gibt es wohl kaum. Aus der Unmenge von Managementliteratur können aber trotzdem einige generelle Hinweise gewonnen werden, was erfolgreiche Führungspersönlichkeiten ausmacht:

Wählen Sie Ihr Tätigkeitsgebiet sorgfältig aus: Um eine gute Leistung zu erbringen, müssen Sie sich ein Tätigkeitsgebiet auswählen, das Ihnen Spaß macht. Dies trifft auf Mitarbeiter und Führungskräfte gleichermaßen zu.

Unterscheiden Sie eine Fach- von einer Führungskarriere: Nicht alle begabten Menschen sind auch gute Führungskräfte. Wahrscheinlich kann man bis zu einem gewissen Grad lernen, andere zu führen. Aber warum muss der beste Ingenieur unbedingt die Abteilung führen? Bei einer Führungskraft treten Fachkenntnisse in den Hintergrund, und soziale und konzeptionelle Fähigkeiten werden wichtiger. Geben Sie Ihre Fähigkeiten an Ihre Mitarbeiter weiter und seien Sie stolz darauf, wenn diese im Fachgebiet besser werden als Sie. Eine Führungskraft muss die Führungsfunktion gerne übernehmen und mit einer gesunden Portion Selbstvertrauen und Energie in die Interaktion mit anderen Menschen gehen.

Wählen Sie Ihr Personal sorgfältig aus: Die Auswahl, Förderung und der richtige Einsatz von Mitarbeitern, die ins Team passen, sind wichtige Aufgaben von Führungskräften. Nur mit einem starken Team können Sie auch Außerordentliches leisten. Unabhängig davon, wie gut Sie Ihr Team managen: Mit einem mittelmäßigen Team werden Sie auch nur durchschnittliche Resultate erzielen. Deshalb müssen Sie dazu bereit sein, Mitarbeiter zu versetzen oder zu entlassen.

Stehen Sie zu Ihren Entscheidungen: Nehmen Sie sich genügend Zeit, um Entscheidungen vorzubereiten. Wenn Sie jedoch einmal entschieden haben, sollten nur wirklich fundamentale neue Erkenntnisse eine Wiedererwägung des Falles rechtfertigen. Ein ständiges Hinterfragen von Entscheidungen kann zu einer Kultur der Entschlusslosigkeit führen und die Firma paralysieren.

Schaffen Sie ein produktives Arbeitsumfeld: Schaffen Sie eine Infrastruktur und ein Arbeitsklima, das Topleistungen ermöglicht. Manchmal müssen Sie hierbei kreativ Budgets erfinden, um beispielsweise den alten Computer zu ersetzen, der 15 Minuten braucht, um hochzufahren. Achten Sie besonders auf das Büro-Layout. Allein durch die Verlegung einer Gruppe in ein anderes Stockwerk oder auf die andere Seite des Korridors kann sich die Kommunikation stark verändern.

Definieren Sie, was Erfolg ist: Machen Sie Ihren Mitarbeitern klar, was Erfolg ist, wie er gemessen werden sollte und nicht zuletzt, wer Erfolg beurteilt. Machen Sie den Test: Jeder Mitarbeiter sollte ohne langes Nachdenken die Frage beantworten können, welches die fünf wichtigsten Kenngrößen des Erfolges sind. Wann machen Sie mit Ihrer Gruppe am Jahresende eine Flasche Sekt auf und feiern ein außerordentlich erfolgreiches Jahr? Kommunizieren Sie auch nach außen hin, dass der Erfolg nicht allein Ihnen zuzuschreiben ist, sondern dass eine Teamleistung dahinter steht?

Kümmern Sie sich um strategisch wichtige Projekte selbst: Ein Vorgesetzter, der nur delegiert und nie an vorderster Front arbeitet, wirkt auf Dauer unglaubwürdig. Das Letzte, was Ihre Mitarbeiter wollen, ist ein Chef, der sich in den Vordergrund stellt, um das Lob für gelungene Projekte anderer einzukassieren, sich aber bei Fehlern der Verantwortung entzieht und mit dem Finger auf die anderen zeigt. Nach wie vor gilt: Die Vorbildfunktion des Vorgesetzten ist ein zentraler Punkt im Führungsalltag.

Wie werden strategische Alternativen beurteilt und ausgewählt?

Die Vision und die langfristigen Ziele bilden die Grundlage für die Auswahl von strategischen Alternativen. Prozessgerechtigkeit entsteht durch die Definition von Kriterien und dem Vorgehen bei der Auswahl von strategischen Alternativen, bevor sie überhaupt entwickelt werden. Diese Vorgehensweise kann dazu beitragen, dass obwohl die Mitglieder eines Entscheidungsgremiums mit dem Inhalt der Entscheidung nicht hundertprozentig glücklich sein mögen, sie den Prozess der Entscheidungsfindung trotzdem als gerecht empfinden und deshalb die Entscheidung akzeptieren. Es ist sehr unwahrscheinlich, dass eine klar »richtige« Strategie von den »falschen« Ansätzen durch rein logisches und objektives Denken getrennt werden kann. Jede Strategie hat ihre Vor- und Nachteile, und die Wertschätzung der einen oder anderen Strategie hängt stark von den Interessen der einzelnen Manager ab. Deshalb werden bei der Auswahl der Strategie oft Kompromisse gemacht, welche das aktuelle Machtgefüge widerspiegeln. Legen Sie deshalb immer die Regeln bei der Auswahl der strategischen Alternativen fest, bevor diese entwickelt werden.

Machen Sie Ihre Strategie sichtbar

Eine Grundvoraussetzung für die Auswahl von Strategien ist, dass diese klar ersichtlich sind: »Unsere Strategie besteht darin, durch gezieltes Ansprechen von Kundenbedürfnissen in unseren Märkten ein profitables Wachstum zu erreichen.« Beinhaltet dieser Satz eine Aussage über die Strategie der Firma? Wohl kaum. Diese generelle Aussage trifft auf die meisten Firmen zu und ist deshalb unangreifbar. Sie sagt aber nichts über die aktuelle Situation der Firma aus. Diese leeren Worthülsen sind schlimmer als Schweigen, da sie die Firma im Glauben lassen, eine Strategie zu haben. Ähnliches gilt für die Intuition einer einzelnen Person. Wird deren Gefühl nicht explizit formuliert, so kann die Strategie nicht getestet werden. Zudem wird die Koordination bei der Implementierung der Strategie erschwert, da das Grundverständnis strategischen Handelns bei den Mitarbeitern fehlt. Eine Strategie sichtbar machen heißt nicht notwendigerweise, 250 PowerPoint-Folien zu produzieren oder einen langen Business-Plan zu schreiben. Eine Strategie wird für das Unternehmen auch durch konkretes Handeln und das Verbreiten von Erfolgsmeldungen einiger Implementierungsprojekte klar.

Wenden Sie militärische Strategieprinzipien an

Militärische Grundsätze der Kriegsführung können zu einem sehr großen Teil von Unternehmen bei der Beurteilung der strategischen Alternativen angewendet werden (siehe Pümpin 1980; von Oetinger, von Ghyczy und Bassford 2001). Die folgenden Fragen testen die Tauglichkeit einer Strategie:

1. *Sind unsere Kräfte konzentriert eingesetzt?* Damit wird überprüft, ob die Ressourcen der Firma mit der gewählten Strategie nicht auf zu viele Geschäftsbereiche oder Projekte verzettelt werden. Zudem wird das Augenmerk darauf gerichtet, ob die Strategie zum gezielten Aufbau von einigen wenigen Wettbewerbsvorteilen beiträgt.

2. *Baut die Strategie auf unseren Stärken auf?* Nur in Ausnahmefällen sollte die Firma versuchen, den Großteil der Energie darauf zu verwenden, ihre Schwächen zu verbessern. Wenn möglich, sollten die Schwächen umgangen und nur die Stärken in den Vordergrund gestellt werden. Wie schon bei der SWOT-Analyse diskutiert, sollte die Hauptaufmerksamkeit auf Gebiete gerichtet werden, in denen eine Stärke auf eine Marktchance trifft. Als zweite Priorität sollte dann diskutiert werden, inwiefern die Strategie dazu beiträgt, Gefahren aus dem Umfeld abzuwehren, die auf eine der Schwächen treffen.

3. *Enthält die Strategie innovative Komponenten?* Höhere Gewinne können letztendlich nur durch Innovation erzielt werden. Produktinnovation kann zu einer stärkeren Differenzierung führen, was sich wiederum in einem Aufpreis niederschlagen kann. Prozessinnovation führt meist dazu, dass die Kosten der Produktion und anderer Wertschöpfungsaktivitäten sinken und dadurch die Gewinnspanne ebenfalls erhöht wird.

4. *Nutzt die Strategie Synergiepotenziale aus?* Bei militärischen Auseinandersetzungen ist es selbstverständlich, dass die einzelnen Einheiten wie Artillerie, Infanterie, Luftwaffe oder Logistik sich gegenseitig unterstützen und ergänzen. Die jeweiligen Kommandeure der einzelnen Einheiten müssen nicht stark zur Kooperation motiviert werden, denn sie haben ein gemeinsames Ziel: eine Schlacht zu gewinnen und zu überleben. In einer Firma mit mehreren Geschäftseinheiten ist das nicht immer der Fall. Obwohl die deutschen Fernsehsender Pro7 und Sat1 unter einem Firmendach vereint sind, freut sich das Management von Pro7 immer noch, wenn es höhere Quoten erreicht als Sat1 (umgekehrt wird dies wohl auch zutreffen). Dieser interne Wettbewerb kann einerseits Ansporn sein, sich stetig zu verbessern. Auf der anderen Seite sollte eine Strategie bewusst alle »Waffen« innerhalb eines Konzerns einsetzen, wenn dies für sinnvoll erachtet wird. Die Entwicklung eines gemeinsamen Zieles (und dementsprechend internen Verrechnungspreisen von Leistungen) ist dabei besonders wichtig. Synergiepotenzi-

ale können auch im firmenexternen Kooperationsnetz gefunden werden.

5. *Ist das Risiko, das mit der Strategie verbunden ist, angemessen?* Eine Strategie ist immer mit einem gewissen Grad an Unsicherheit behaftet. Besonders in der Medienbranche kann beobachtet werden, wie Medienmogule wie Rupert Murdoch oder Leo Kirch ihre Firmen für risikoreiche Projekte aufs Spiel setzen (und zum Teil verlieren). Aus guten Gründen weisen Anlageberater darauf hin, dass eine Investition in Aktien mit Geld stattfinden sollte, das nicht kurzfristig benötigt wird. Deshalb nimmt das Risiko des Investitionsmixes privater Anleger mit zunehmendem Alter ab. Nur wenn genügend Reserven vorhanden sind, kann sich eine Privatperson oder eine Firma dafür entscheiden, ein erhöhtes Risiko einzugehen. Bei besonders risikoreichen Projekten wie beispielsweise der Filmproduktion könnte ein Filmstudio ein Konsortium mit Wettbewerbern gründen, um damit sowohl das Risiko als auch den Gewinn zu teilen.

6. *Ist die Strategie klar und einfach aufgebaut?* Ist die Strategie zu komplex, so wird ihre Kommunikation und Implementierung zu schwierig. Die Komplexität der Strategie ist bei der Schweizer Armee an die Führungsstufe angepasst. Ein Infanterie-Gruppenführer befiehlt seine Soldaten mit einem einfachen 3-Punkte-Befehl: »Ziel – Weg ins Ziel – Verhalten im Ziel«. Eine Stufe darüber versammelt der Zugführer seine Gruppenführer und befiehlt bereits mit einem 5-Punkte-Befehl. Oft baut er dabei im Wald mithilfe von Zweigen, Steinen und Moos ein Geländemodell, an dem er visuell erklären kann, wie der Gefechtsplan aussieht. Eine einfache Strategie ist auch deshalb wichtig, da es mit zunehmender Komplexität schwieriger wird, eine zweckmäßige und führbare Organisationsstruktur zu bilden.

Wählen Sie die Strategie, welche den größten Discounted Cash Flow (DCF) verspricht

Ein weiterer möglicher Ansatz zur Auswahl von alternativen Strategien ist, ähnlich wie bei gut abgrenzbaren Investitionsprojekten, die zukünftigen Cash Flows zu prognostizieren und mit dem durchschnittlichen Kapitalkostensatz diskontiert aufzusummieren. Hier spricht man vom DCF, dem

Discounted Cash Flow. Bei dieser Vorgehensweise sollte der Einfluss jeder strategischen Alternative auf den Kapitalkostensatz berücksichtigt werden. Bei Vorhaben, die mit höherem Risiko behaftet sind, muss ebenfalls mit einem höheren Kapitalkostensatz gerechnet werden. Diese analytische Vorgehensweise kann jedoch die Gefahr einer Scheingenauigkeit mit sich bringen. Strategien sind weit komplexer als einzelne Investitionsprojekte und geben eine generelle Richtlinie für die zukünftige Entwicklung der Firma vor. Es ist deshalb schwierig, Cash-Flow-Prognosen über mehrere Jahre hinweg zu machen.

Natürlich wäre es schön, wenn wir genau prognostizieren könnten, welchen Einfluss die Strategievariante A auf den Profit der Firma hat. Die Praxis hat aber gezeigt, dass solche Versuche illusorisch sind. Business-Pläne, die zu 70 Prozent aus Budget und anderem Zahlenmaterial bestehen, aber wenig qualitative Aussagen über echte Kundenbedürfnisse oder die Stärke des Wettbewerbs machen, sollten daher eher mit Vorsicht gelesen werden. Wir empfehlen bei der Strategiebewertung einen qualitativen Ansatz: Identifizieren Sie die Faktoren, welche den Profit der Firma langfristig beeinflussen. Wählen Sie die Strategie, welche die größten Chancen verspricht, diese Faktoren positiv zu verändern, auch wenn Sie diesen Einfluss nur beschränkt quantifizieren können.

Abbildung 38: Einfluss der Strategie auf die Rentabilität der Firma

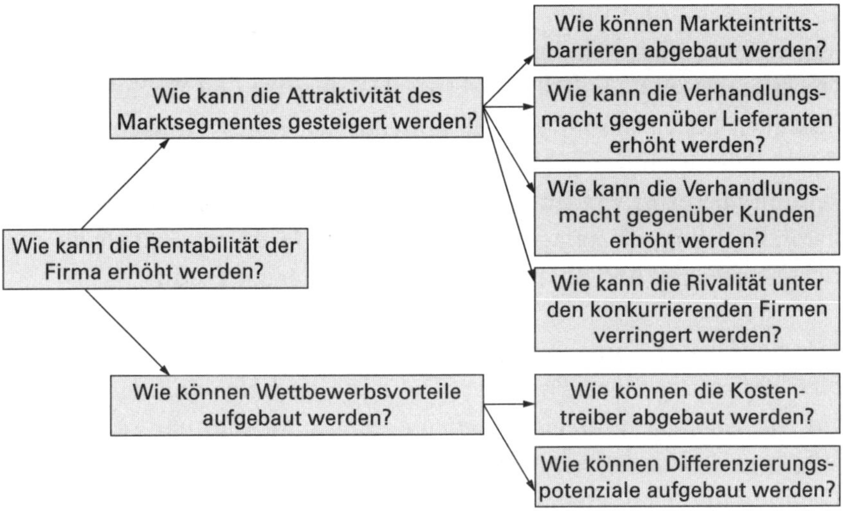

Beurteilen Sie die Durchführbarkeit der Strategie

Weiter sollte eine Bewertung der alternativen Strategien überprüfen, ob die organisatorischen Veränderungen vertretbar sind, welche die Umsetzung der Strategie erfordern würde. Der Grundsatz »Structure follows Strategy« (Chandler 1962) – das heißt die Strategie ist maßgebend für die Wahl der Organisationsstruktur – stimmt zwar in der Regel; einige Einschränkungen müssen jedoch beachtet werden. Hat das Unternehmen im letzten Jahr eine starke Reorganisationsphase durchlaufen, brauchen die Mitarbeiter wieder eine Periode der Ruhe. Eine erneute Umstrukturierung würde die Menschen verunsichern und die Effizienz der Abläufe stark beeinträchtigen. In solchen Fällen gilt »Strategy follows Structure« oder sogar »Strategy follows IT« (falls wichtige Unternehmensprozesse stark durch Informationstechnologie unterstützt sind).

Als weiterer Punkt sollte überprüft werden, ob die firmeninternen Ressourcen ausreichen, um die Strategie erfolgreich umzusetzen. Neben den finanziellen Mitteln muss sowohl das Know-how der Mitarbeiter als auch die Firmenkultur berücksichtigt werden. Es ist wohl sehr unwahrscheinlich, dass beispielsweise der Großteil der italienischen Postangestellten in zwei bis drei Jahren eine Kultur der Kundenorientierung, Pünktlichkeit und Zuverlässigkeit entwickeln wird. Oft ist auch das Marktimage eine Barriere bei der Strategieimplementierung. Auf die Frage, wer schon einmal die Unzuverlässigkeit der italienischen Post als Ausrede für nicht abgeschickte Briefe verwendet hat, heben regelmäßig 70–80 Prozent der italienischen Studenten die Hand.

Die Strategie sollte deshalb Markttrends aufgreifen und Wachstumsmöglichkeiten gezielt ausnutzen. Die präsentierten Daten basieren auf einer Analyse der wichtigsten Marktfaktoren und müssen auf ihre Verlässlichkeit hin überprüft werden. Zusätzlich ist die Entwicklung von Frühindikatoren wichtig, die aufzeigen können, ob die Firma tatsächlich auf dem richtigen Weg ist und ob die eingeschlagene Strategie greift.

Der Beitrag der Entwicklung einer Vision und Langfristzielen im Rahmen des strategischen Prozesses: Die Ziele sind klar und die Kriterien zur Auswahl von Strategievarianten ebenfalls. Sie sind nun so weit, den Weg zum Ziel zu definieren. Dies geschieht auf den drei Strategieebenen: Gesamtunternehmensstrategie, Geschäftsbereichsstrategie und funktio-

nale Strategie. Wenn Sie alles richtig gemacht haben, sind Ihre Ziele und Visionen so definiert, dass die am Strategieprozess beteiligten Personen es selbst in der Hand haben, zur Vision eine Strategie zu entwickeln und diese dann konsequent umzusetzen. Versuchen Sie lieber, Ihre Strategie auf einen kleineren Bereich zu begrenzen, auf den Sie Einfluss haben, als den »großen Wurf« zu planen.

7. Entwicklung einer Gesamtunternehmensstrategie

Was Sie bei der Entwicklung einer Gesamtunternehmensstrategie machen müssen: Bevor Sie eine Strategie entwickeln, sollten Sie sich Gedanken über die generelle Rolle der Unternehmenszentrale machen. Viele Unternehmenszentralen zerstören Wert, weil sie entweder kein Marktverständnis der einzelnen Geschäftsbereiche haben oder über keine zu den Geschäftsbereichen komplementären Ressourcen verfügen. Grundsätzlich sollte es die Unternehmenszentrale zu ihrer Aufgabe machen, Synergien zu entwickeln, (finanzielle) Ressourcen zu verteilen, die Internationalisierungs- und Produkte-Diversifikationspolitik zu planen und sowohl die Leistungskontrolle als auch das Coaching der Geschäftsbereichsleitung zu übernehmen.

Schaut man sich Unternehmenszentralen näher an, so muss man leider feststellen, dass viele Firmen auf Konzernebene den Erfolg der Geschäftsbereiche eher behindern als fördern. Unternehmenszentralen sind oft sehr groß und dementsprechend teuer. Unüberlegte Akquisitionen, falsche Personalentscheidungen, voreilige Eingriffe ins operative Geschäft der Tochtergesellschaften oder falsche Kontrollmechanismen können dazu führen, dass eine Konzernzentrale eher Wert zerstört als schafft. Warum freuen sich die meisten Geschäftsbereichsleiter nicht, wenn jemand aus der Konzernzentrale zu Besuch kommt? Zugegeben, die Eitelkeit, sich nicht von anderen in den Entscheidungen beeinflussen zu lassen, kann auch eine Rolle spielen. Aber oft sehen die Mitarbeiter auf Geschäftsbereichsebene den Besuch nicht als konkrete Hilfe, sondern als Kontrolle ohne (oder mit geringem) Wissen über den jeweiligen Markt. In härteren Worten: Selbst wenn die Mitarbeiter in der Unternehmenszentrale umsonst arbeiten, würden sie immer noch Unternehmenswerte zerstören.

Abbildung 39: Entwicklung einer Gesamtunternehmensstrategie als sechster Prozessschritt

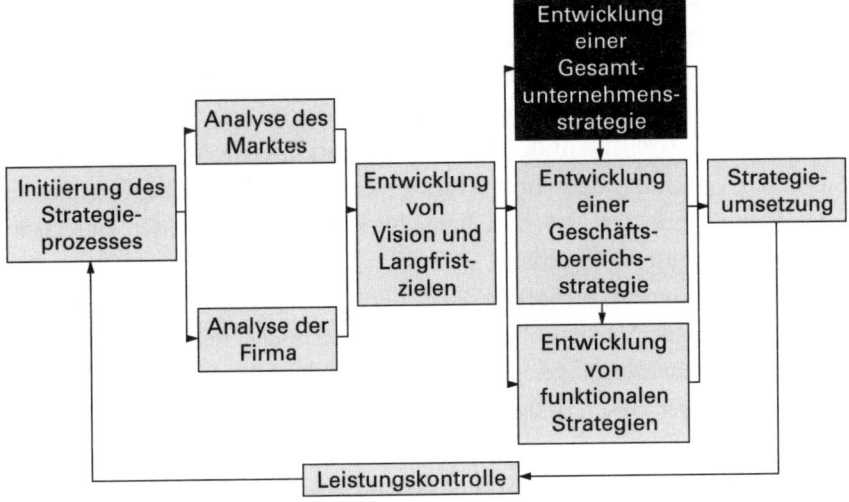

Fördern Sie Unternehmertum in den Tochtergesellschaften

Auf Geschäftsbereichsebene sehen wir oft eine negative psychologische Folge der bloßen Tatsache, dass es eine Unternehmenszentrale gibt: Die Mitarbeiter verlassen sich auf die rettende Hand der Zentrale, falls der Markterfolg ausbleibt. Unternehmer werden zu Managern und verwalten den Geschäftsbereich im besten Falle im Interesse der Konzernleitung, anstatt in vorderster Front um den Markterfolg und damit ums Überleben zu kämpfen. Hinweise dafür, dass viele Konzernzentralen wenig oder negativen Wert schaffen, können aus den Erfolgsmeldungen von Demergern oder Management Buy-outs entnommen werden. Wer den Film *Pretty Woman* sieht, kann verfolgen, wie Richard Gere in der Rolle des Investors große Firmen aufkauft, um sie dann, in kleine Teile zerlegt, wieder zu verkaufen. Die Summe der veräußerten Unternehmensteile übersteigt bei weitem den Kaufpreis des gesamten Unternehmens. Dank dieser meist stark fremdfinanzierten (»leveraged«) Käufe und dem Versagen der Unternehmenszentralen kann er sich seine Sportwagen leisten.

Die Gesamtunternehmensstrategie sollte daher mit sehr viel Vorsicht und Skepsis angegangen werden. Die in Abbildung 40 als Achsenbeschriftung gezeigten Faktoren helfen der Unternehmenszentrale, über das Verhältnis mit den Geschäftsbereichen nachzudenken. Versuchen Sie doch einfach, Ihre Geschäftsbereiche in der Matrix zu positionieren. Wie gut verstehen Sie deren Geschäftslogik und Marktmechanismen? Welche Ressourcen oder Fähigkeiten der Geschäftsbereiche können mithilfe der Unternehmenszentrale gestärkt werden?

Haben Sie einen Geschäftsbereich, der sich im ersten Quadranten befindet, so müssen Sie sich überlegen, ob dieser nicht mehr Wert in einem anderen Firmenverbund generieren kann und deswegen veräußert werden sollte. Soll dieser Geschäftsbereich nicht verkauft werden, dann ist es besser, ihn in Form einer Finanzholding zu führen – das heißt, seine Managemententscheidungen möglichst nicht beeinflussen.

Versteht man das Geschäft, hat aber nichts zu bieten, wurde Ballast gebildet. Die Unternehmenszentrale sollte versuchen, möglichst schnell diesen Ballast in zu den Geschäftsbereichen komplementäre Ressourcen und Fähigkeiten umzuwandeln. Eine Unternehmenszentrale mit exzellenten Ingenieuren, welche die Geschäftslogik wunderbar verstehen, trägt wenig zum Erfolg der Geschäftsbereiche bei, wenn dort ebenfalls gute Ingenieure arbeiten. Dieser Ballast sollte möglichst schnell beispielsweise durch Marketingexperten ersetzt werden.

In die Wertefalle kann eine Firma treten, wenn dem Geschäftsbereich beispielsweise Marketingexperten fehlen, und das Marketing der Konzernzentrale erfolgreiche Konzepte aus anderen Branchen ohne Anpassung anwendet. Die Geschäftsbereiche im Stammland profitieren von den Konzernressourcen. Es sollte aber überprüft werden, ob es nicht sinnvoller wäre, diese Ressourcen und Fähigkeiten auf Geschäftsbereichsebene zu entwickeln oder gar extern auf dem Markt einzukaufen. Die Unternehmenszentrale im Stammland-Quadranten hat grundsätzlich vier Aufgaben:

Umverteilung von Ressourcen: Die durch das operative Geschäft generierten Mittel werden in die einzelnen Geschäftsbereiche reinvestiert. Meist wird dies aufgrund einer Analyse der Marktattraktivität (Größe,

Abbildung 40: Beitrag der Holding zur Wettbewerbsfähigkeit der Geschäftsbereiche (nach: Campell und Goold 1998)

hoch	**Ballast**	**Stammland**
Verständnis der Holding für die Industrielogik der Geschäftsbereiche	**Fremde**	**Wertefalle**
gering		

gering   hoch
Komplementäre Ressourcen und
Fähigkeiten der Holding

Marktwachstum oder anderer Faktoren) gemacht. Internationalisierung, Diversifizierung oder Deinvestitionen können dann die Folge solcher Überlegungen sein.

Kontrolle und Coaching der Geschäftsbereiche: Die Geschäftsbereichsstrategie wird mit der Unternehmenszentrale entwickelt oder von dieser zumindest abgesegnet. Im laufenden Jahr wird die Leistung der Geschäftsbereiche periodisch überprüft, und eventuell werden Maßnahmen bei der Nichterfüllung der Vorgaben eingeleitet. Die Intensität des Eingreifens hängt stark vom Rollenverständnis der Zentrale und vom Zustand des Geschäftsbereichs ab. Sind nur erfolgreiche, autonome Geschäftsbereiche im Konzern, kann sich die Unternehmenszentrale darauf beschränken, die Topmanager zu benennen und den Jahresabschluss gutzuheißen. In Krisensituationen kann es vorkommen, dass sich die Geschäftsbereichsleitung wöchentlich mit der Konzernzentrale über getroffene Maßnahmen abstimmen muss. Eventuell kann es sogar nötig sein, durch eine kurzfristige Zentralisierung der Entscheidungsmacht wichtige Wandelprozesse einzuleiten.

Entwicklung von Synergien: Die Erfahrung vieler Konzerne zeigt, dass Initiativen zur Entwicklung von Synergien von der Unternehmenszentrale angestoßen werden müssen. Da Geschäftsbereiche innerhalb des Konzerns im Wettbewerb um interne Ressourcen stehen, ist die Kooperationsbereitschaft zumeist nicht spontan gegeben. Die Konzernzentrale hat daher die Aufgabe, die Geschäftsbereiche zur Kooperation anzuhalten. Die Entwicklung von konzernweiten Kompetenzen und einer gemeinsamen Kultur haben sich viele Unternehmenszentralen auf die Fahne geschrieben, für die eine effektive Implementierung von Initiativen wichtiger ist als eine Vorgabe zur strategischen Ausrichtung.

Kommunikation mit externen Interessengruppen: Das Auftreten der Unternehmenszentrale in der Öffentlichkeit hängt sehr stark von ihrem Eigenverständnis ab. Häufig übernimmt sie die Kommunikation mit Banken, Anlegern oder anderen Interessengruppen, um die Übereinstimmung von Aussagen zu gewähren und den Einfluss zu bündeln.

Wie werden Synergien entwickelt?

Synergien sind eigentlich ein »Management-Unwort«. Besonders bei Fusionsankündigungen ist viel von Synergien die Rede. Sicherlich haben Sie zur Erklärung von Synergien schon Formeln wie 2 + 2 = 5 gehört. Investmentbanken haben dieses Gedankengut aufgenommen und rechnen dem potenziellen Käufer den Wert der möglichen Synergien großzügig vor. Ist der Abschluss getätigt, stehen Manager oft vor der ernüchternden Erkenntnis, dass Synergien schwer zu realisieren sind. Zur systematischen Bewertung von Synergien wurde der Begriff der »horizontalen Strategie« (Porter 1980) geprägt. Die horizontalen Verbindungen von Geschäftsbereichen können auf drei Ebenen stattfinden: die Verknüpfung der Aktivitäten der Wertschöpfungskette, der Know-how-Transfer und die Koordination von Strategien gegen gemeinsame Wettbewerber.

Verknüpfen Sie Aktivitäten der Wertschöpfungskette

Skaleneffekte (economies of scale) – das heißt sinkende Stückkosten – werden durch die Erhöhung des Produktionsvolumens einer Produktkategorie erzielt. Verbundeffekte (economies of scope) werden durch bessere Ausnutzung von existierenden Kapazitäten durch die Koordination von mehreren Produktkategorien erzielt. Schafft es eine diversifizierte Firma, die Wertschöpfungsaktivitäten verschiedener Geschäftsbereiche miteinander zu verknüpfen, ohne Fixkostensprünge zu provozieren, dann erzielt sie einen Kostenvorteil gegenüber nicht diversifizierten Firmen. Konkrete Beispiele dafür sind die gemeinsame Nutzung von Vertriebskanälen (cross selling) oder gebündelte Einkaufstätigkeiten. Wichtig dabei ist, dass man sich auf die Kostentreiber konzentriert und nicht versucht, marginale Aktivitäten zu koordinieren. Denn Koordinationskosten können leicht Produktionskostenvorteile übersteigen. Skaleneffekte und Verbundeffekte sind besonders wichtig in Industrien und Wertschöpfungsschritten, die einen hohen Fixkostenanteil aufweisen, der nicht durch Outsourcing verringert werden kann.

Verbundeffekte bringen nicht nur Kostenvorteile, sondern können der Firma auch Differenzierungsvorteile verschaffen. Ein Beispiel dafür sind der Verkauf von mehreren Produkten aus einer Hand, Produktverbesserungen durch internes Benchmarking (Barney 2001) oder gemeinsame F&E-Aktivitäten. Ein heikler, aber umso wichtigerer Aspekt bei der Koordination von Aktivitäten ist die finanzielle Verrechnung von Leistungen zwischen Geschäftsbereichen. Kostenverteilungsschlüssel müssen gefunden werden, wenn ein Verkäufer plötzlich zusätzliche Produkte anderer Geschäftsbereiche platzieren soll, oder die Controllingabteilung für mehrere Geschäftsbereiche zuständig ist.

Koordinieren Sie Know-how-Transfer

Wissenstransfer von einem Bereich in den anderen ist eine weitere Möglichkeit für das diversifizierte Unternehmen, Wettbewerbsvorteile zu erzielen. Die Methodik, wie Sie diesen Wissenstransfer fördern können, wurde im Kapitel 5 erläutert. Ein Beispiel für die Schwierigkeiten beim Wissenstransfer ist die Koordination von internationalem Wissensaustausch zwischen Ländergesellschaften und der Unternehmenszentrale. Im Folgenden werden verschiedene Rollenmodelle für Ländergesellschaften vorgestellt, abhängig davon, wie viel Wissen von der Unternehmensgruppe beigetragen und empfangen wird (Gupta und Govindarajan 1991).

Exklaven: Eine Ländergesellschaft trägt wenig relevantes Wissen zu anderen Unternehmensteilen bei und nimmt auf der anderen Seite auch kaum Wissen anderer Unternehmensteile in Anspruch. Synergien durch Wissensaustausch werden daher nicht geschaffen. Dies kann sinnvoll sein, wenn die Ländergesellschaft eine rein finanzielle Unternehmensbeteiligung ist, oder wenn eine Keimzelle neuen Wissens und Schaffens bewusst unabhängig von der existierenden Aktivität entwickelt werden soll.

Kompetenzzentren: Steuert eine Ländergesellschaft relevantes Wissen für andere Unternehmensteile bei, ohne dabei Wissen von anderen Unternehmensteilen zu nutzen, dann werden Synergien durch einseitigen Wissensaustausch erzielt. Dies ist dann sinnvoll, wenn eine Konzentration von Wissensentwicklung in einem Unternehmensteil vorteilhaft erscheint und das dort produzierte Wissen anderen Unternehmensteilen günstig vermittelt werden kann.

Implementierer: Implementierer nutzen das Wissen anderer Unternehmensteile intensiv, tragen aber selbst wenig zum globalen Wissenspool bei. Es wäre ein Trugschluss zu glauben, dass jede Ländergesellschaft auf einem Gebiet als Kompetenzzentrum aktiv Wissen entwickeln sollte, um dieses dann dem ganzen Unternehmen zur Verfügung zu stellen. Beispielsweise können Ländergesellschaften mit sehr kleinem Umsatz rein ausführende Aufgaben haben, da es zu teuer wäre, Zeit in die Entwicklung von spezifischem Wissen zu stecken. Für Ländergesellschaften, die über Jahrzehnte in der Planwirtschaft steckten, kann es sinnvoll sein, über eine längere Zeit hinweg ihr Wissen auf den Stand der modernen Marktwirtschaft zu bringen, ohne den Anspruch auf Exzellenz in einem bestimmten Bereich zu verfolgen.

Vernetzte Experten: Diese Ländergesellschaften greifen zwar stark auf das Wissen anderer Unternehmensteile zu, steuern gleichzeitig aber viel Wissen für andere bei. Es lassen sich zwei Ausprägungsformen unterscheiden: Wissensbroker sehen ihre Aufgabe verstärkt in der Identifikation von Wissensquellen in dem Gesamtunternehmen und vermitteln dieses Wissen an andere Ländergesellschaften. Sie agieren deshalb als eine Art passive Schaltzentrale des Wissenstransfers. Eine aktive Form dieser Rolle wird dann gelebt, wenn eigenes Wissen entwickelt und anderen zur Verfügung gestellt wird. Gleichzeitig wenden vernetzte Experten Wissen anderer Unternehmensteile auf lokale Problemstellungen an.

Mit Ihrem Managementteam besprechen Sie, welche Rollenmodelle Ihre einzelnen Filialen im Moment innehaben. Danach bewerten Sie, ob einzelne Ländergesellschaften richtig positioniert sind. Entwickeln Sie dann Ihre Wissensmanagementsysteme so, dass die gewünschte Position bestmöglich unterstützt oder kostengünstig erreicht wird.

Koordinieren Sie Geschäftsbereichsstrategien gegen gemeinsame Wettbewerber

Ein drittes Element der horizontalen Strategie ist die Koordination der Geschäftsbereichsstrategien gegen gemeinsame Wettbewerber. Die Bekämpfung eines gemeinsamen »Feindes« kann die Geschäftsbereichsleiter motivieren, über ihren Schatten zu springen und ihre eigenen Renditeziele zu modifizieren und der Gesamtunternehmensstrategie unterzuordnen. So kann es beispielsweise notwendig sein, einen Wettbewerber in seinem Heimatmarkt in einem Geschäftsbereich A mit niedrigen Preisen anzugreifen, um im eigenen Heimatmarkt den Geschäftsbereich B zu schützen. Wenn die Firma mit dem Geschäftsbereich B substanziell mehr Umsatz und Profit erzielt, kann es also sinnvoll sein, Margen des Geschäftsbereichs A zu opfern, um den Cash-Flow des Konkurrenten zu mindern. Langfristig ist die Quersubventionierung von Geschäftsbereichen jedoch keine Lösung von strategischen Geschäftsfeldproblemen.

Wie werden Diversifikationsprozesse gesteuert?

Als Diversifikation bezeichnet man den gleichzeitigen Aufbau von neuen Märkten und Produkten. Die in Abbildung 41 aufgezeigte Matrix wird oft als »Wachstumsmatrix« bezeichnet und stellt die Diversifikation anderen Möglichkeiten des Geschäftswachstums gegenüber.

Eine stärkere Marktdurchdringung ist anzustreben, wenn der Markt noch nicht vollständig gesättigt ist, die Anwendungshäufigkeit des Produktes erhöht werden kann, der Marktanteil leicht vom Wettbewerb gewonnen werden kann, die Wirkung von Werbung auf den Verkauf in der Vergangenheit hoch war und noch nicht vollständig ausgeschöpft

Abbildung 41: Wachstumsmatrix (Ansoff 1958)

	Kunden/Regionen	
	alt	*neu*
alt	Markt- durchdringung	Markt- entwicklung
neu	Produkt- entwicklung	Diversifikation

Produkte/Dienstleistungen

ist, und Skalenökonomien zusätzliche Wettbewerbsvorteile verschaffen können.

Eine Entwicklung in einen neuen Markt – sei es ein Kundenmarkt oder ein geografischer Markt – ist anzustreben, wenn neue Vertriebskanäle genutzt werden können, die nicht teuer aber verlässlich sind, ein Erfolgsrezept relativ einfach in einen anderen Markt übertragen werden kann, neue, unberührte oder ungesättigte Märkte existieren, finanzielle und personelle Ressourcen für die Expansion vorhanden sind, Produktionsüberkapazitäten genutzt werden können, starke Globalisierungstrends in der Branche feststellbar sind, und gut ausgeprägte strategische und organisatorische Fähigkeiten die schnelle Entwicklung eines Grundverständnisses für den neuen Markt erlauben.

Die Entwicklung eines neuen Produktmarktes ist anzustreben, wenn existierende Produkte am Ende ihres Lebenszyklus stehen, technologischer Wandel ein treibender Faktor für Veränderungen in der Industrie ist, die Branche sich in einer Sättigungsphase befindet, und es immer schwieriger wird, durch Differenzierungsvorteile einen Aufpreis zu erzielen, und das Unternehmen im Branchenvergleich mit überdurchschnittlichen F&E-Fähigkeiten ausgestattet ist.

Generell gilt, dass eine Firma erst alle Möglichkeiten von Marktdurchdringung, Marktentwicklung und Produktentwicklung ausnutzen sollte, bevor sie in andere Bereiche diversifiziert. Sind Sie an diesem Punkt, so sind verschiedene Schritte bei der Diversifikationsentscheidung zu empfehlen.

Bewerten Sie das aktuelle Portfolio

Bevor über mögliche Diversifikationen des Geschäftsportfolios nachgedacht werden kann, müssen Sie sich einen Überblick über dessen aktuellen Zustand verschaffen. Geschäftsbereiche werden mithilfe von zwei Dimensionen bewertet: Ist der Geschäftsbereich in einer attraktiven Industrie? Sind die Ressourcen und Fähigkeiten des Geschäftsbereichs ausreichend, um Wettbewerbsvorteile zu erzielen? Die so genannte BCG-Matrix (nach dem Beratungsunternehmen Boston Consulting Group) ist die wohl bekannteste Portfolio-Matrix. Ein Segment wird als attraktiv eingestuft, wenn es hohes Marktwachstum aufweist. Die relative Stärke wird nur aufgrund eines Faktors bewertet: des eigenen Marktanteils im Vergleich zum Marktanteil der größten drei Wettbewerber. General Electric zusammen mit McKinsey haben diese Dimensionen dann weiter operationalisiert. Ein erster Schritt zum Arbeiten mit dieser Matrix ist also, sich zusammen mit dem Managementteam darüber Gedanken zu machen, wann ein Segment attraktiv ist und wie die relative Stärke zu bemessen ist. Entwickeln Sie Ihre firmenspezifische Portfolio-Matrix. Danach positionieren Sie die Geschäftsbereiche in der Matrix in Kreisform, wobei der Radius der Kreise beispielsweise den Umsatz und die Farbe der Kreise das Cash-Flow-Niveau repräsentieren können.

Die Interpretation der BCG-Matrix orientiert sich an der Position des Geschäftsbereichs im Portfolio. Dabei lassen sich vier grundlegende Positionen unterscheiden: Fragezeichen, Stars, Cash-Cows und Dogs. Ähnlich wie Produkte haben auch Geschäftsbereiche einen Lebenszyklus: Neue Geschäftsbereiche werden für einen wachsenden (attraktiven) Markt gegründet. Ist die Firma ein Pionier, so kann es sein, dass der Geschäftsbereich von Anfang an eine relativ hohe Stärke hat. Oft sind aber schon andere im Markt tätig, und die Firma befindet sich zu Beginn in einer Fragezeichen-Position. Die Cash-Flows sind meist stark negativ, und das Management muss sich klare Zeitlimits setzen, um zu beweisen, dass die Marktposition signifikant verbessert werden kann und die Attraktivität des Marktes ein langfristiger Trend und keine Modeerscheinung ist. Stars sind Marktführer in attraktiven Segmenten. Der Cash-Flow ist meist neutral, da stark (re-) investiert werden muss, um das Wachstum zu finanzieren.

Da nur sehr wenige Segmente über mehrere Jahrzehnte hinweg wachsen, ist es natürlich, dass ein Star irgendwann zu einer Cash-Cow mutiert.

Geschäftsfelder werden als Cash-Cows bezeichnet, wenn die Marktattraktivität abfällt, aber der eigene Marktanteil und die relative Stärke immer noch hoch ist. In solchen Geschäftfeldern sind die Cash-Flows stark positiv. Das heißt, dass nur noch selektiv und zurückhaltend investiert wird, um Ressourcen für attraktivere Märkte verfügbar zu machen. Bei niedrigem Marktwachstum gibt es zumeist einen Verdrängungskampf der etablierten Marktteilnehmer. Es wird zunehmend schwierig, sich über Qualität zu differenzieren – die Preise werden zum Kaufkriterium Nummer eins und Kostenwettbewerb wird folglich immer wichtiger. Dies führt dazu, dass ein Geschäftsbereich von einer Cash-Cow-Position in eine Dog-Position abrutscht. Ist dies der Fall, sollten nur noch die notwendigsten Mittel zur Verfügung gestellt werden und eventuell eine Marktaustrittsstrategie entwickelt werden, falls es nicht gelingt, das Marktwachstum durch neue Technologien oder andere grundlegende Innovationen neu anzukurbeln. Planen Sie Marktaustrittsstrategien frühzeitig, da »Bremsspuren« oft lang und dunkel sein können (wie beispielsweise Sozialpläne, langfristige Garantieleistungen, spezialisierte Anlagen und so weiter).

Begründen Sie, warum die Firma diversifizieren soll

Stellen Sie sich vor, Sie sind Leiter eines Cash-Cow-Geschäftsbereiches. Die Unternehmenszentrale teilt Ressourcen konsequent nach der BCG-Matrix zu. Folglich wird aus Ihrem Bereich Geld abgezogen. Welche Argumente haben Sie, um dennoch Ressourcen an Ihren Geschäftsbereich zu binden? Ein wichtiges Argument ist sicherlich, dass Unternehmen ein ausgeglichenes Portfolio haben müssen und auch gewisse Ersatzinvestitionen getätigt werden müssen, um nicht in den Dog-Bereich abzurutschen. Weiter ist die Positionierung stark von der Segmentdefinition abhängig: Sie können Ihr Segment so eng definieren, dass Sie dort Marktführer sind. Zudem wird in der Portfolio-Matrix versucht, die Realität in zwei Dimensionen (verzerrt) abzubilden. Als letztes Argument und Kritik an der ausschließlichen Anwendung der BCG-Matrix kann angefügt werden, dass oft wichtige Synergieeffekte zwischen Cash-Cows und Fragezeichen ignoriert werden.

Diversifizieren heißt, in neue Geschäftsbereiche zu investieren, da das existierende Portfolio zu wenig Präsenz in attraktiven Märkten hat. Zur

Begründung, warum diversifiziert werden soll, liefert die Portfolio-Matrix wichtige Anhaltspunkte. Entscheidungen sollten aber nicht ausschließlich auf dieser Basis gefällt werden. Eine Diversifikation muss gut begründet werden, und die Begründung unterscheidet sich je nach Art der Diversifikation. Empirische Studien haben gezeigt, dass Diversifikation tendenziell erfolgreicher ist, wenn sie in angrenzende Segmente zielt. Konglomerate sind in den siebziger Jahren durch die generelle Wachstumseuphorie entstanden, aber 20 Jahre später stark unter Druck geraten: »Zurück zu den Kernkompetenzen« war das Motto der neunziger Jahre. Firmen beschränkten sich wieder auf das, was sie konnten, und die Märkte, die sie verstanden.

Es gibt jedoch auch Gründe für eine Diversifikation in nicht verwandte Märkte: Management von Cash-Flow, langfristige Neuorientierung der Firma in einen attraktiveren Bereich, Steueroptimierung oder die Kaufmöglichkeit einer unterbewerteten Firma. Oft wird vom Management als Grund die Risikominimierung des Gesamtportfolios angegeben. Dieses Argument trifft wohl vorrangig für das Management zu, das seinen Arbeitsplatz langfristig sichern will. Für die Eigentümer des Unternehmens gibt es jedoch über die internationalen Kapitalmärkte einfachere Wege des Risikoausgleichs.

Bei Diversifikationen in verwandte Märkte werden oft Synergien in den Wertschöpfungsaktivitäten als Grund angeführt. Gemeinsame Forschung und Entwicklung, die komplementären Vertriebskanäle oder Produktionseffizienz sind nur einige Beispiele dafür. Für die erfolgreiche Durchführung einer Diversifikation ist es wichtig, sich im Voraus über solche Synergien klar zu sein, diese realistisch einzuschätzen (und finanziell zu bewerten) und einen Plan zu haben, wie sie dann auch operativ konsequent ausgenützt werden können.

Definieren Sie die Richtung der Diversifikation

Die Entscheidung, welche Richtung der Diversifikation eine Firma einschlägt, hängt stark von der jeweiligen Marktstruktur (Marktmacht, Skaleneffekte, Verbundeffekte) und von der Einstellung des Top-Managements (Risikobereitschaft, Wachstumserwartungen, Rentabilitätserwartungen) ab. Es gibt vier verschiedene Stoßrichtungen der Diversifikation:

1. *Vertikale Diversifikation:* Verstärken Sie die Kontrolle und Beteiligung an vor- oder nachgelagerten Stufen in der Wertschöpfungskette der Industrie. Hier gibt es die vertikale Diversifikation vorwärts (in Distributionskanäle) oder rückwärts (in Zulieferer).

Die Vorwärtsintegration ist bei folgenden Voraussetzungen angebracht:

- Die Distributionskanäle sind unzuverlässig, teuer oder entsprechen in anderen Punkten nicht den Anforderungen.
- Es mangelt an kompetenten Vertriebspartnern.
- Das Unternehmen hat die Ressourcen und Fähigkeiten, einen Vertriebskanal selbst aufzubauen.
- Das Marktsegment wird auch in Zukunft ein stabiles Wachstum aufweisen (Vorwärtsintegration mindert die Fähigkeit zur Desinvestition).
- Die Vorteile einer gut quantifizierbaren Absatzmenge für die Produktion sind hoch.
- Die aktuellen Vertriebskanäle haben eine (zu) hohe Profitmarge.

Bei der Rückwärtsintegration sind ähnliche Argumente bezüglich der Zulieferer anzuführen.

2. *Horizontale Diversifikation:* Eine Firma investiert in komplementäre oder sogar Substitutionsprodukte für die existierenden Kunden. So bieten Automobilhersteller oft Finanzierungs- und Versicherungsprodukte für den Autokäufer an. Die horizontale Diversifikation kann dazu führen, dass eine Firma eine monopolähnliche Marktposition aufbaut, ohne von der zuständigen Kartellbehörde dafür zur Rechenschaft gezogen zu werden.

3. *Konzentrische Diversifikation:* Kernfähigkeiten bilden den Ausgangspunkt bei konzentrischer Diversifikation. Neue Produkte werden auf neuen Märkten durch die Ausnutzung von existierenden Kompetenzen entwickelt. Beispielsweise kann ein Anlagenbauer die Extruder-Technologie für Anlagen zur Lebensmittelherstellung oder Pharmaherstellung verwenden. Von einer konzentrischen Diversifikation kann auch gesprochen werden, wenn Managementfähigkeiten von einer Industrie in die andere transportiert werden können. Bei der konzentrischen Diversifikation ist wichtig, dass die Fähigkeiten, auf denen die neue Markt- und Produktentwicklung aufbauen, wirklich das Potenzial haben, die existierenden Wettbewerber in Bedrängnis zu bringen.

4. *Konglomerate:* Die neuen Geschäftsbereiche haben keinen Anknüpfungspunkt mit den existierenden. Da in der Vergangenheit viele Konglomerate nicht erfolgreich waren, werden haarsträubende Verbindungen mit dem existierenden Geschäft erfunden. Deshalb stellt sich zunehmend die Fragen:»Was sind eigentlich verwandte Geschäftsbereiche? Wie lässt sich dies messen? Reicht die Übertragbarkeit von generellen Regeln im Umgang mit Industriekräften schon aus?« Es erscheint sinnvoller, eine Diversifikation in nicht verwandte Geschäftsbereiche auch als solche zu bezeichnen und diese auch als relativ getrennte Einheiten zu führen.

Definieren Sie den Modus der Diversifikation

Abbildung 42 gibt Ihnen eine Übersicht zu den Markteintrittsformen an die Hand. Die erste Ebene unterscheidet Eintrittsformen mit oder ohne Eigenkapitalbeteiligung. In der Regel sind Eigentumsbeteiligungen vorteilhaft, wenn das Management in der Diversifikationsstrategie eine hohe Kontrolle anstrebt. Die Möglichkeit der Kontrolle wird jedoch häufig mit höherem finanziellen Risiko erkauft. Länder zwingen aber auch ausländische Firmen zu Minderheitsbeteiligungen in Joint Ventures. Wenn solche Zwänge nicht bestehen, werden Manager die Notwendigkeiten von Kontrolle an bestehende Länderrisiken und Geschäftbedingungen anpassen, wie noch im Detail besprochen wird.

Grundsätzlich kann zwischen interner und externer Entwicklung unterschieden werden. Beide Diversifikationsmöglichkeiten haben Vor- und Nachteile, die Manager kennen sollten.

- Bei der internen Entwicklung neuer Geschäftsbereiche spricht man oft von »Intrapreneurship« und meint damit die Realisation von unternehmerischen Ideen durch eigene Kraft. Häufig lohnt es sich, eine neue rechtlich unabhängige Organisation (Spin-off) zu kreieren, um einerseits das Risiko bei einem Fehlschlag zu begrenzen und andererseits den bremsenden Einfluss der bereits existierenden Einheiten zu limitieren. So genannte interne Venture-Capital-Einheiten können diesen Prozess beschleunigen. Obwohl die interne Entwicklung oft langsamer ist und der Aufbau von neuen Ressourcen und Fähigkeiten viel Zeit in Anspruch nimmt, ist das Resultat der internen Entwicklung meistens eine

Abbildung 42: Übersicht der Markteintrittsformen

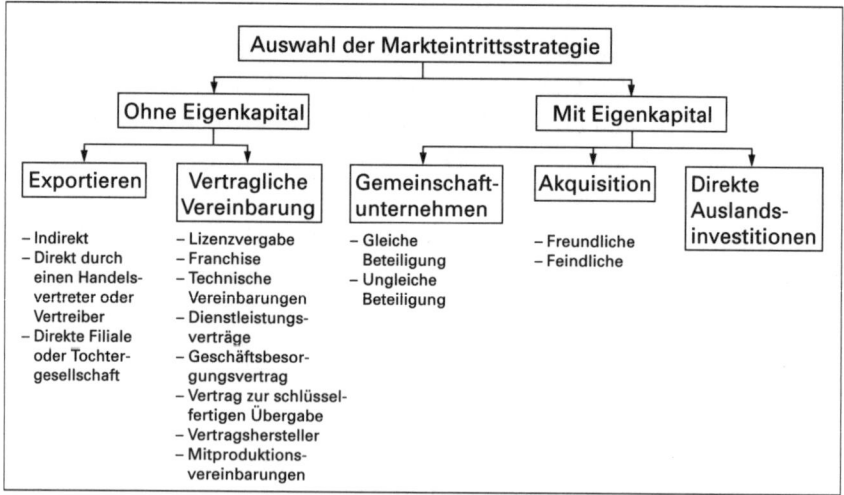

bessere Kompatibilität mit der Unternehmenskultur. Im Vergleich zur externen Entwicklung entstehen auch weniger Transaktionskosten bei der Integration von neuen und alten Geschäftsprozessen.

- Bei der externen Entwicklung neuer Geschäftsbereiche haben Unternehmen die Wahl zwischen Mergers & Acquisitions, Joint Ventures oder anderen Arten von strategischen Allianzen. Die externe Entwicklung kann schneller sein, mögliche Wettbewerber zu Partnern machen oder durch Aufkauf eliminieren sowie Zugang zu komplementären Ressourcen verschaffen. Allerdings sind die Kosten einer Unternehmensakquisition oft erheblich, und ungewünschte Unternehmensteile müssen mit erworben werden. Zudem ist die Integration von unterschiedlichen Unternehmen immer mit kulturellen Komplikationen verbunden.

- Strategische Allianzen bezeichnen verschiedene externe Kooperationsformen wie Joint Ventures, Franchise, Kapitalbeteiligungen oder andere langfristige vertragliche Bindungen, die der Geschäftserweiterung dienen. Mit strategischen Allianzen wird versucht, die Nachteile von Akquisition zu vermeiden und trotzdem eine schnelle Geschäftsfeldentwicklung zu erreichen. So umgeht man mit strategischen Allianzen den ungewollten Erwerb von Unternehmensteilen. Allerdings erlauben strategische Allianzen auch weniger Kontrolle. Überprüfen Sie genau, wann eine Allianz strategisch ist.

Identifizieren, bewerten und wählen Sie Ihre Zielobjekte

Nachdem die Richtung und der Modus der Diversifikation festgelegt wurde, können jetzt konkrete Zielobjekte (Übernahmekandidaten, Kooperationspartner, neue Märkte) identifiziert werden. Die folgenden drei Tests werden Ihnen helfen, die Erfolgsaussichten zu bewerten:

1. *Der Marktattraktivitätstest:* Die Industrien und Marktsegmente, welche die expandierende Firma aussucht, sollen strukturell attraktiv sein.
2. *Der Markteintrittskostentest:* Die Kosten der neuen Geschäftsfeldentwicklung sollen den Gegenwartswert der zukünftigen Profite nicht überschreiten. Stellen Sie fest, wie viel es Sie kosten wird, die Markteintrittsbarrieren zu überwinden. Die Markteintrittskosten sind zudem abhängig von der Geschwindigkeit und dem Modus der Marktentwicklung.
3. *Der Synergietest:* Stellen Sie sich die Frage, warum zwei Unternehmensbereiche, die durch Diversifikation zusammengeführt werden, in der Verbindung mehr wert sein sollen als jeder Geschäftsbereich alleine. Quantifizieren Sie die Möglichkeiten, Aktivitäten zwischen Geschäftsbereichen zu koordinieren und Wissen auszutauschen. Überlegen Sie sich weiter, inwiefern Sie die Wettbewerbsregeln des neuen Marktes verstehen und meistern können.

Wickeln Sie die Transaktion ab und integrieren Sie den neuen Geschäftsbereich

Bei den meisten externen Transaktionen werden Sie die professionelle Hilfe einer Investmentbank in Anspruch nehmen. Achten Sie jedoch darauf, dass Sie die Investmentbank nicht als Ideengenerator, sondern vor allem als Ausführungspartner in der Durchsetzung Ihrer Strategie benutzen. Wichtig ist, dass Sie schon vor der Unterzeichnung des Vertrages, also in der Due-Diligence-Phase, einen Integrationsplan entwickeln. Die wichtigsten Personalentscheidungen sollten möglichst in den ersten Tagen nach der Bekanntgabe der Transaktion gefällt und durchgesetzt werden. Die Art der Integration ist abhängig von dem Bedürfnis des neuen Geschäftsbereichs nach Synergien mit den existierenden Geschäftsbereichen und der Exzellenz der eigenen Geschäftsprozesse. Abgeleitet von diesen beiden Faktoren können vier verschiedene Integrationstypen unterschieden werden:

Finanzielle Holding: Wird ein gut funktionierender Geschäftsbereich eingegliedert, der in einem nicht verwandten Markt tätig ist und demzufolge wenig oder keine Synergiepotenziale aufweist, so sollte die Unternehmenszentrale möglichst nicht in Managemententscheidungen eingreifen. Der Geschäftsbereich wird hauptsächlich über finanzielle Kontrollmechanismen geführt.

Management Holding: Hat der neue Geschäftsbereich Restrukturierungsbedarf, so kann die Unternehmenszentrale als Management Holding in die Entscheidungsprozesse direkt eingreifen, ohne die existierenden Geschäftsbereiche zu beeinflussen. Dies trifft dann zu, wenn der neue Geschäftsbereich ebenfalls nur schwache Anknüpfungspunkte oder Synergiepotenziale innerhalb der Gesamtfirma aufweist.

Absorption: Ein erfolgloser Geschäftsbereich, von dem sich das Management hohe Synergiepotenziale erwartet, wird in seine Ressourcen und Prozesse zerlegt und an die existierenden Ressourcen und Prozesse angeschlossen. Nach dieser Eingliederung wird wenig an die gekaufte Firma erinnern.

Symbiose: Bei der Symbiose werden die besten Ressourcen und Prozesse beider Geschäftsbereiche identifiziert und gleichberechtigt miteinander kombiniert.

Wie werden Internationalisierungsprozesse gesteuert?

Ein zunehmend wichtiger Aspekt der Diversifikation ist der Eintritt in neue geografische Märkte. Der Globalisierungsdruck kommt aus verschiedenen Richtungen: technologische Innovation, zunehmend globale Wettbewerber, Deregulierung, Reduzierung von Handelsbeschränkungen, Mobilität von Kapital und anderen Ressourcen, hohe F&E-Kosten, die Ausnutzung von niedrigeren Faktorkosten in anderen Ländern oder einfach das Bedürfnis der besten Mitarbeiter, in einem internationalen Umfeld tätig zu sein. Manager müssen verstehen, dass sich internationale Diversifikation nicht nur auf den Verkauf von Produkten oder Dienstleistungen, sondern auf alle Unternehmensaktivitäten beziehen kann. Genau betrachtet sind deshalb die meisten Firmen bereits international tätig, auch wenn sie beispielsweise nur internationales Recruiting betreiben. Internationalisieren heißt, sich über die Markteintrittsform, den Zeitpunkt und die Geschwindigkeit sowie die Auswahl des neuen geografischen Marktes Gedanken zu machen. Weitere Entscheidungen müssen im Bereich der organisatorischen Einbindung der Ländergesellschaften erfolgen.

Bestimmen Sie den Zeitpunkt der Internationalisierung

Aus der Diskussion der Ansoff-Matrix wissen Sie, dass Sie erst an eine Internationalisierung denken sollten, wenn Sie die Möglichkeiten im Heimatmarkt voll ausgeschöpft haben. Oft geben sich Manager auch Illusionen über schnelle Gewinne im Ausland hin. Internationalisieren bedeutet erst einmal, einige Jahre lang kräftig zu investieren – und das sollte besser auf einer gesunden finanziellen Basis geschehen. Abgesehen von diesen generellen Aussagen zum Zeitpunkt der Internationalisierung können spezifische Ereignisse einen Eintritt in fremde Märkte provozieren:

- Bei einem Eintritt eines Wettbewerbers in Ihren Markt können Sie versuchen, den Cash-Flow des Konkurrenten in dessen Heimatmarkt anzugreifen.
- Wenn Industrien substanzielle Skaleneffekte aufweisen, dann ist es manchmal notwendig, sich international aufzustellen, um diese Skaleneffekte auszunutzen.
- Eine Internationalisierung wäre eine Möglichkeit, wenn kritische Ressourcen und Fähigkeiten im Heimatmarkt nicht oder nur zu hohen Kosten entwickelt werden können.
- Wenn die Nachfrage nach den Unternehmensprodukten im Ausland steigt oder im Inland der Markt gesättigt ist, liegt ein Markteintritt in andere Länder nahe.
- Oft entstehen Internationalisierungsprozesse aus persönlichen Gründen (der Firmeneigentümer trifft im Golfturnier auf einen indischen Industriellen, und beide entdecken gemeinsame Interessen).

- Teilweise sind Internationalisierungsentscheidungen durch staatliche Fördermittel und Steuervergünstigungen motiviert.
- Die Internationalisierung der Kunden kann eine Unternehmung dazu zwingen, ebenfalls die globale Präsenz zu erhöhen.

Der optimale Zeitpunkt des Markteintritts hängt also sowohl von der lokalen Marktentwicklung als auch von den Ressourcen und Fähigkeiten der Firma ab.

Wählen Sie eine Markteintrittsform aus

Manager wählen die Markteintrittsformen anhand von zwei Kernfaktoren aus: Kontrollnotwendigkeit und Risiko. Risiken der internationalen Diversifikation liegen in unterschiedlichen Rechtssystemen, Handelsgewohnheiten und Sprachgegebenheiten, die dem Unternehmen in fremden Ländern Probleme bringen können. Einige dieser Risiken können durch Investitionen in Kontrollinstrumente ausgeglichen werden. Oft beginnen internationale Diversifikationsstrategien mit dem Export der Produkte, entweder direkt oder indirekt durch einen lokalen Importeur. Sind die Transportkosten hoch, so kann man auch Lizenzverträge mit lokalen Unternehmen abschließen und sich dadurch die Eigentumsrechte bewahren. Hat das Produkt am Markt Erfolg, kann das Unternehmen seine Präsenz durch lokale Handelsvertreter verstärken. Bei steigendem Umsatz kann es sich dann lohnen, eine Tochtergesellschaft zu gründen, die zuerst nur im Verkauf und in der Kundenbetreuung aktiv ist, aber mit zunehmendem Wachstum auch weitere Unternehmensfunktionen (wie beispielsweise F&E, Produktion oder Beschaffung) wahrnehmen kann.

Wählen Sie das geografische Gebiet aus

Die meisten Firmen erstellen eine Portfolio-Matrix, die geografische Märkte nach ihrer Attraktivität (zum Beispiel Wachstum, Größe, Stabilität, ...) und ihrer relativen Eintrittsbarrieren (zum Beispiel Bekanntheit der eigenen Marke, Notwendigkeit der Anpassung der eigenen Produkte). In der Regel wird man einen Markt auswählen, der dem eigenen in kultureller, sozio-ökonomischer und sprachlicher Hinsicht gleicht. Eine weitere offensichtliche Faustregel ist, dass man sich zuerst um Märkte kümmert, die noch eine niedrige Wettbewerbsintensität und hohes Marktwachstum und -volumen aufweisen. Eine ausländische Firma hat mit vielen Eintrittsbarrieren zu kämpfen, und die lokalen Wettbewerber können häufig den Heimvorteil gezielt ausnutzen. Diese Nachteile muss eine multinational präsente Firma durch andere Vorteile kompensieren. Solche Vorteile können in Markennamen, Produktionseffizienzen, Skaleneffekten oder Verbundeffekten gefunden werden. Wichtig ist, dass sich die multinationale Firma genau überlegt, welche Ressourcen und Fähigkeiten den Markteintritt erleichtern, um die Märkte dementsprechend auszuwählen.

Bestimmen Sie das Tempo der Internationalisierung

Die Geschwindigkeit des Internationalisierungsprozesses (das heißt wie schnell soll ich mein Zielmarktanteil erreichen? Wann soll ich in ein weiteres Land expandieren?) hängt sowohl von internen als auch von externen Faktoren ab. Die unternehmensinternen Faktoren, die das internationale Wachstum hemmen können, sind oft finanzieller Natur. Finanzielle Ressourcen können aber vergleichsweise schnell beschafft werden. Deshalb ist die Verfügbarkeit und die Geschwindigkeit beim Aufbau von qualifiziertem Personal zumeist die größte Herausforderung.

Wachstumsprozesse der Unternehmen sind häufig von einem Push- und Pull-Effekt bestimmt, die sich beide auf das Personal der Unternehmung beziehen.

Pull-Effekt: Wird ein Team neu gebildet, entstehen starke Ineffizienzen der Zusammenarbeit, und es werden mehr Mitarbeiter für eine bestimmte Arbeitsleistung benötigt als in eingespielten Teams. Die Geschwindigkeit beim Aufbau von Teamkompetenzen bestimmt daher die mögliche Wachstumsrate der Firma.

Push-Effekt: Auf der anderen Seite sind gut eingespielte Teams in der Lage, effizienter und damit schneller Tätigkeiten abzuwickeln. Die daraus resultierende Überkapazität ist ein Treiber des weiteren Wachstums, beispielsweise durch Diversifikation in internationale Märkte.

Die externen Faktoren, welche das Wachstum beeinflussen können, müssen in Beziehung zu den existierenden Fähigkeiten des Unternehmens gesetzt werden. Dabei gilt: Je ähnlicher die zur Diversifikation benötigten Fähigkeiten sind, desto schneller kann der Diversifikationsprozess vorangetrieben werden. Natürlich können gewisse Kompetenzen auf dem Markt auch eingekauft werden. Die Integration der neuen Kompetenzen in die existierenden braucht aber umso länger, je neuartiger die zugekauften Kompetenzen sind. Externe Faktoren wie Marktwachstum, Konkurrenz oder andere industriestrukturelle Elemente beeinflussen den Wachstumsprozess ebenfalls.

Definieren Sie die organisatorische Einbindung der Ländergesellschaft

Die organisatorische Eingliederung der Ländergesellschaft beginnt bei der Neustrukturierung der Konzernzentrale. Die folgenden Organisationsmodelle können je nach Produktkomplexität und Auslandsumsatz infrage kommen.

Internationale Division: Bei niedriger Produktkomplexität im Ausland und niedrigem Umsatz im Vergleich zum Heimatmarkt wird dem existierenden Organigramm eine zusätzliche Box angehängt, welche die internationalen Aktivitäten verantwortet.

Globale Produkte-Division: Wird eine große Anzahl von verschiedenen Produkten international vertrieben, sollte das Konzernorganigramm nach Produktkategorien geordnet sein.

Länderorganisation: Bei geringer Produktvielfalt und großem Umsatz auf internationalen Märkten wird das Organigramm nach geografischen Regionen unterteilt.

Matrix-Organisation: Die Organisationsform der Matrix wird angewendet, wenn Produktvielfalt und der internationale Umsatzanteil hoch sind. Der Kerngedanke der Matrix-Organisation besteht darin, die entstehende Komplexität des Managementumfeldes durch eine große Anzahl von vertikalen und horizontalen Integrationsmechanismen abzufedern. Die Matrix-

Organisation ist aber auch die wohl umstrittenste internationale Organisationsstruktur, da sie in der Regel mit hohen Koordinationskosten verbunden ist. Unser Vorschlag: Eine der beiden Organisationsdimensionen (Produkte oder Länder) sollte den Vorrang in Entscheidungsprozessen erhalten.

Die oben beschriebenen vier Organisationsstrukturen sind Idealtypen der internationalen Organisation. In der Praxis lassen sich aber oft Mischformen finden, die sich in der Internationalisierungsgeschichte und politischem Ränkespiel herauskristallisiert haben. Für das jeweilige Managementteam der Länder ist wichtig, dass sie klar definierte Ansprechpartner in der Konzernzentrale haben, die ihre Interessen vertreten.

Wenn möglich, sollten sowohl die Organisationsstrukturen als auch -systeme und -prozesse in der globalen Organisation repliziert werden. Mit anderen Worten: Controllingsysteme oder Verkaufssteuerungssysteme sollten sich nicht von Land zu Land unterscheiden. Einzelnen Länderorganisationen kann zudem die Rolle von Kompetenzzentren zugeteilt werden, wenn diese in bestimmten Bereichen überdurchschnittliche Fähigkeiten entwickelt haben.

Bestimmen Sie die Entscheidungsfreiheiten der Ländergesellschaft

Wichtige Aufgabe eines internationalen Managers ist die Definition von Entscheidungsspielräumen für lokales unternehmerisches Denken. Die zwei wichtigsten Entscheidungsvariablen hierfür sind der globale Standardisierungsbedarf, um kostengünstig produzieren zu können, und die notwendige lokale Anpassung an Kundenbedürfnisse, um sich von der Konkurrenz durch Qualitätsmerkmale abheben zu können. In vielen Matrix-Darstellungen ist der »Hoch-hoch-Quadrant« die zu erreichende Position. Dies gilt nicht für die Matrix der lokalen Entscheidungsfreiheiten: Zahlreiche Beispiele haben gezeigt, dass der Kompromiss zwischen hoher globaler Ausrichtung und lokaler Anpassung nicht zwingend die besten Marktresultate hervorbringt.

Je nach Ausprägungsgrad globaler Integration und der Notwendigkeit der lokalen Anpassung ergeben sich somit vier Rollenmodelle (Bartlett und Ghoshal 1989):

Heimatmarktzentrierte Implementierer: Dieses Rollenmodell wird häufig von Firmen eingenommen, die am Anfang eines Internationalisierungsprozesses stehen. Alle Entscheidungen werden von der Unternehmenszentrale gefällt, und die lokalen Firmenvertreter haben wenig oder keinen Handlungsspielraum. Oft basiert der Markteintritt darauf, dass zufällig eine andere geografische Region positiv auf ein Produkt anspricht. Die Produktentwicklung konzentriert sich aber vorrangig noch darauf, möglichst gute Produkte für den Heimatmarkt zu entwickeln.

Global ausgerichtete Implementierer: Die Rolle der ausländischen Niederlassung ist immer noch die eines Implementierers von zentral gefällten Entscheidungen. Im Unterschied zum heimatmarktzentrierten Implementierer werden diese Entscheidungen jedoch nicht nur aufgrund von Heimatmarktdaten gefällt. Der Niederlassung kommt die Aufgabe zu, lokale Marktinformationen zu sammeln und an die Muttergesellschaft weiterzuleiten. Diese versucht dann, globale Lösungen und Produkte zu entwickeln, die möglicherweise einen erfolgreichen Kompromiss für alle Ländergesellschaften darstellen.

Lokale Königreiche: Nimmt die Unternehmenszentrale wenig Einfluss auf die lokalen Entscheidungen, so bilden sich lokale Königreiche. Stark ausgeprägtes unternehmerisches Denken und die Nähe zum lokalen Kunden sind die Vorteile dieses Rollenmodells. Es wird aber bewusst in Kauf genommen, dass dies auf Kosten der globalen Integration und den daraus resultierenden Synergien geht.

Verteilte globale Kompetenzzentren: Der Kompromiss zwischen beiden Achsen wurde oft unter dem Motto »Think global – act local« zusammengefasst. Dieses Rollenmodell sieht vor, dass die lokalen Firmen ihre Entscheidungsfreiräume vor allem im Verkauf und Kundenservice behalten, aber konkrete globale Integration zur Erreichung von Skaleneffekten stattfindet. Diese Integrationsbemühungen gehen aber meist nicht nur von der Unternehmenszentrale aus, sondern von so genannten Kompetenzzentren: Lokale Kompetenzen werden identifiziert und systematisch den anderen geografischen Bereichen zur Verfügung gestellt.

Der Beitrag der Entwicklung einer Gesamtunternehmensstrategie im

Rahmen des strategischen Prozesses: Sie wissen jetzt, in welchen Geschäftsfeldern Sie tätig sein wollen. Abhängig von der Rollendefinition der Unternehmenszentralen haben Sie die Investitionsprioritäten für die Geschäftsbereiche festgelegt und sind in der Lage, mit allen Geschäftsbereichsleitern fundiert über deren Strategien zu sprechen. Ihr Überblick über die wichtigsten Führungspersonen in Ihrem Konzern ist gut, und Sie haben für diese einen Einsatzplan. Sie haben ein klares Verständnis für den Wert, der auf der Ebene der Unternehmenszentrale geschaffen wird, und dieser wird auch von der Geschäftsbereichsebene anerkannt.

8. Entwicklung einer Geschäftsbereichsstrategie

Was Sie bei der Entwicklung einer Geschäftsbereichsstrategie machen müssen: Die generellen Vorgaben der Konzernzentrale im Kopf, entscheiden Sie sich jetzt, wie Sie sich gegenüber dem Wettbewerb und den Kunden positionieren wollen. Sie haben grundsätzlich die Auswahl zwischen einer Differenzierungsstrategie, einer Strategie der Kostenführerschaft und einer Nischenstrategie.

Was unterscheidet EasyJet von British Airlines? Wie muss die Strategie der Playstation angepasst werden, wenn die neue X-Box mit radikalen Innovationen auf den Markt kommt? Welche Möglichkeiten haben kleine Unternehmen, die Großunternehmen nicht haben? Was verbindet Würth und Microsoft? Warum ist das Verschenken von Produkten unter Umständen sinnvoll? Dies sind Fragen, die sich Unternehmen in konkreten Wettbewerbssituationen stellen. Wir wollen Sie dabei unterstützen, Strategien für neue Geschäftsbereiche zu entwickeln, eine bestehende Positionierung des Unternehmens zu hinterfragen und in schwierigen Wettbewerbssituationen durchdacht und fundiert zu handeln.

Im Kern soll es darum gehen, den Wettbewerb aktiv zu gestalten, anstatt reaktiv von den Erwartungen der Kunden und den Strategien der Wettbewerber überrollt zu werden. Doch schon hier kann das erste große Fragezeichen gesetzt werden. Wenn man den Weisheiten vieler Managementlehren Glauben schenkt, so ist die Aktion besser als die Reaktion. Deshalb sollte eine strategische Ausrichtung auf lange Sicht angelegt sein und nicht zu häufig wechseln. Sind »heiße« Strategien grundsätzlich »lauwarmen« Strategieansätzen vorzuziehen? Was immer diese Empfehlungen im Kern besagen, in der Tendenz sind diese Aussagen mit Sicherheit richtig.

Wir starten mit der Darstellung und Analyse von strategischen Grundtypen. Anhand von Praxisbeispielen werden wir feststellen, wie unter-

Abbildung 43: Geschäftsbereichsstrategie als siebter Prozessschritt

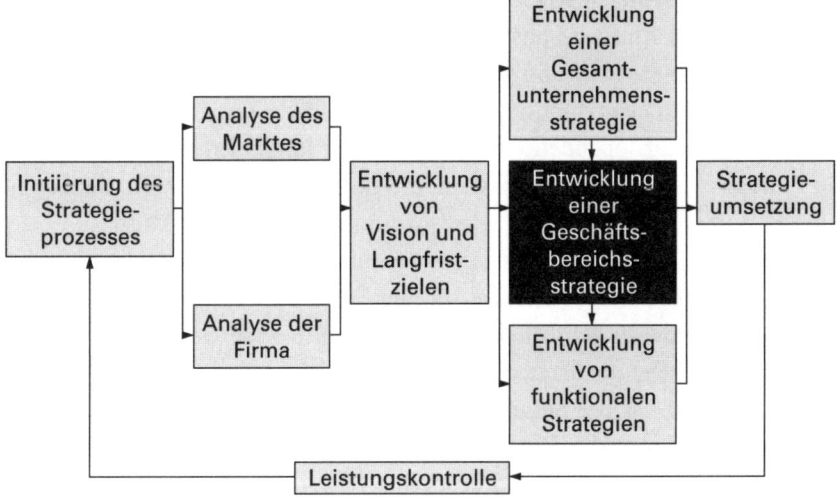

schiedlich Wettbewerbsstrategien im dynamischen Kontext des Marktes definiert und weiterentwickelt werden. Auf der einen Seite wird deutlich, dass die Typisierung ein hilfreiches Mittel ist, zumal sie von den Unternehmen auch eine strategische Konsequenz verlangt. Doch gleichzeitig wird augenfällig, wie sehr Strategien in Abhängigkeit von der Zeit (Situation) und der Lage (Position) gestaltet werden müssen. Wettbewerbsstrategien sollten im Kontext unterschiedlicher Marktphasen betrachtet werden. Was ist in jungen Märkten wie beispielsweise der Internet-Ökonomie sinnvoll? Wie sollten Unternehmen in reifen Märkten wie den so genannten »Commodities« (Produkte, bei denen eine hohe Markt- und Preistransparenz besteht, zum Beispiel Zement) agieren? Befindet man sich als Angreifer in einem Markt, der von den Platzhirschen Marktanteile erobern will, oder ist man selbst der Verteidiger?

Welche Charakteristika haben erfolgreiche Geschäftsbereichsstrategien?

In der unternehmerischen Realität zeigen sich immer wieder strategische Varianten, die uns an der reinen Lehre zweifeln lassen. Wettbewerbsstrategien sind das Ergebnis von unternehmerischem Kalkül, wechselhaften Kundenanforderungen sowie Konkurrenz- und Lieferantenstrategien. Außerdem spielen Einflüsse aus dem Makro-Umfeld eines Geschäftsbereichs eine entscheidende Rolle. So wird das VW-Luxusauto Phaeton für die Zielgruppe der »Aufsteiger, Individualisten und selbstbewussten Menschen« gebaut. Eine Zielgruppendefinition, die in einer konjunkturellen Hochphase in Zeiten eines New-Economy-Wunders viel verspricht, aber von der Realität der wirtschaftlichen Krise ad absurdum geführt werden kann.

Überhaupt sind klare Zielgruppendefinitionen oder strategische Marktsegmentierungen die Grundlage für die Wettbewerbsstrategie und somit von dem Wandel in den Märkten abhängig. Ein anderes Beispiel, welches aufzeigt, wie sehr die Strategie von der Wahl und Dynamik des Marktes bestimmt wird, ist der Smart. Konzipiert als Fahrzeug für die städtische Avantgarde, floppte das Fahrzeug am Anfang genau bei dieser Zielgruppe: Besserverdienende Singles und kinderlose Doppelverdiener, die als Mieter in den Zentren der Großstädte leben, offen und unkonventionell sind, sollten den Smart als Zweit- oder Drittfahrzeug kaufen. Damit wäre der Smart zum Lifestyle-Produkt mit einem völlig neuen Mobilitätskonzept geworden. Doch der Kunde strafte die Marketing-Philosophen in der Realität. Das Auto wurde von einem wesentlich konservativeren Milieu angenommen, das sich mit dem avantgardistischen Image des Fahrzeugs schmückt. Der durchschnittliche Smart-Käufer ist 42 Jahre alt, gut verdienend und männlich. Sie sehen: Märkte verändern Strategien, und Strategien bewirken in Märkten häufig das Gegenteil von dem, was angestrebt wurde.

Die Wettbewerbsstrategie sollte gestalten

Der Wettbewerbsvorsprung des Innovators ist wichtig, da er als Erster am Markt in der Regel eine überdurchschnittliche Rendite realisieren kann. Aber: Wie sinnvoll ist die Kopie? Ergibt es nicht häufig mehr Sinn, der Zweite am Markt zu sein? Selbstverständlich war der Apple mit dem überlegenen Macintosh-Betriebssystem Erster am neu geschaffenen PC-Markt. Doch das Unternehmen weigerte sich, Lizenzen für das Betriebssystem an Drittproduzenten zu vergeben. Heute stellt der Innovator Apple das System für eine exklusive Minderheit, und Microsoft dominiert den Markt für PC-Betriebssysteme mit einer monopolartigen Überlegenheit.

Die Wettbewerbsstrategie sollte intern und extern eine Signalwirkung haben

Durchschnittliche Qualität zu durchschnittlichen Preisen führt selten zum Markterfolg. Und wie sieht es mit niedrigen Preisen bei hohem Zusatznutzen aus? Hört sich verlockend an: tolles Design, ordentliche Qualität und wenig bezahlen. Das ist ideal für den Kunden und gefährlich für den Anbieter. Doch was macht IKEA? Eigentlich liefert IKEA durchschnittliche Qualität zu moderaten Preisen. Die Geschäftsbereichsstrategie ist im strategischen Prozess ein Schritt von zentraler und entscheidender Bedeutung. Sie hat eine Schnittstellenfunktion zwischen Planung und Handlung. Wenn wir uns bei der strategischen Positionierung für die Preisführerschaft entscheiden, so hat dies unmittelbare Auswirkungen auf die Produktgestaltung, auf das Kostenmanagement und das Marketing. Von der strategischen Grundausrichtung eines Geschäftsbereiches werden die operativen und funktionalen Maßnahmen abgeleitet. Die Wettbewerbsstrategie ist in gewisser Weise die operative Vorprogrammierung des Unternehmens.

Ein anderer Grund für die hohe Relevanz der Wettbewerbsstrategie ist die Signalwirkung, welche von ihr ausgeht. Die Positionierung von Mercedes als Qualitäts- und Technologieführer hat für Kunden, Konkurrenten und Mitarbeiter große Bedeutung. Neben dem Produkt kaufen die Kunden das Image der Marke. Für die Konkurrenten ist die Positionierung von Mercedes im Hinblick auf die eigene Ausrichtung (Abgrenzungsfunktion) von entscheidender Bedeutung (so betont BMW den Aspekt Sportlichkeit mit dem Claim »Freude am Fahren«). Und insbesondere für die Mitarbeiter ist die strategische Positionierung des Unternehmens ein klares Signal für die Ausrichtung der Arbeit: Kosten- oder Qualitätsbewusstsein als Handlungsmaxime. Die Wettbewerbsstrategie zeigt sich hier als kulturelle Programmierung eines Unternehmens (genetischer Code).

Wettbewerbsstrategien sind oft nicht rückgängig zu machen

Strategische Entscheidungen sind dadurch gekennzeichnet, dass sie zu einer Positionierung des Unternehmens führen, die nicht leicht zu revidieren ist. Es gibt nur wenige Beispiele dafür, wie ein Unternehmen seine strategische Grundausrichtung komplett verändert hat. Vielleicht ist IBM ein solches Beispiel. Die Firma hat sich seit den neunziger Jahren von einem Hardware- und Technologieunternehmen zu einem Servicekonzern entwickelt. IBM kaufte Unternehmensberatungen, Wirtschaftsprüfer und IT-Dienstleister ein und reduzierte den Anteil der eigenen Produktion massiv. So wurde zum Beispiel die komplette Produktion von Speichersystemen aufgegeben. Für das Unternehmen ist es interessanter, den Service für IT-Produkte und -Systeme – egal von welchem Hersteller – anzubieten, als selbst diese Produkte herzustellen. Heute ist IBM die größte Serviceorganisation weltweit. Gleichwohl muss man herausstellen, dass in diesem Wandlungsprozess grundlegende strategische Positionen nicht aufgegeben wurden. IBM setzt nach wie vor auf Systemlösungen und differenziert sich auf verschiedenen Ebenen (Technologie, Qualität, Image, Kundendienst) vom Wettbewerb. Andere Unternehmen scheiterten kläglich bei dem Versuch, ihre strategische Positionierung zu verändern. Ähnlich wie Daimler-Benz in den achtziger Jahren daran scheiterte, aus einem Automobilhersteller einen integrierten Technologiekonzern zu entwickeln.

Die Wettbewerbsstrategie sollte verlässlich und stabil sein

Die Wettbewerbsstrategie muss sich am Markt durchsetzen können und braucht Zeit, um sich für ein Unternehmen zu amortisieren. Gerade für Kunden und Mitarbeiter ist die strategische Positionierung ein wichtiges Signal, mit dem Verlässlichkeit, Orientierung und insbesondere Image verbunden wird. Aber wie können durch überlegte, kurzfristige Strategiewechsel langfristige Wettbewerbsvorteile erzielt werden? Wird ein Unternehmen durch das Festhalten an einer Strategie nicht zu sehr berechenbar für den Wettbewerber? Und wie wichtig ist dem wechselhaften Kunden überhaupt die Verlässlichkeit eines einzelnen Anbieters?

Deshalb ist es richtig, dass sich die Firma in ihrer grundlegenden strategischen Richtung festlegt. Es können zwei strategische Grundtypen identifiziert werden: die Strategie der Kostenführerschaft und die Differenzierungsstrategie (Porter 1980). Grundsätzlich geht es darum, dass Unternehmen nur dann im Wettbewerb bestehen können, wenn sie gegenüber ihren Konkurrenten einen klaren Wettbewerbsvorteil haben, den sie dauerhaft behaupten können. Somit ist die relative Position zu den direkten

Wettbewerbern ein wichtiger Gradmesser, um den Erfolg von Strategien zu beurteilen. Es geht hier um die Frage, wie Unternehmen innerhalb einer Branche relative, dauerhafte Vorteile gegenüber den Konkurrenten durch Differenzierung oder niedrigere Kosten erzielen können.

Bei der Kostenführerschaft versucht ein Unternehmen, einen Wettbewerbsvorteil aus einer besseren Kostensituation im Wertschöpfungsprozess zu generieren. Die Wettbewerbsvorteile bei der Differenzierung ergeben sich aus einem Mehrwert, einem einmaligen Zusatznutzen, der dem Kunden geboten wird und für den dieser wiederum bereit ist, ein so genanntes Preispremium (Aufpreis) zu zahlen. Zusatznutzen können zum Beispiel eine bessere Qualität, einmaliger Service oder auch ein besonderes Image sein. Aufgrund dieses Wettbewerbsvorteils präferieren die Kunden das Angebot gegenüber der Konkurrenz. Später wird noch detailliert auf die Realisierung dieser Strategien, auf Erfolgsbeispiele und Probleme bei der Umsetzung der Konzepte eingegangen werden.

Fokussiert ein Unternehmen nur ein Teilsegment aus dem Gesamtmarkt, so kann von einem dritten Strategietypus gesprochen werden: der Fokusstrategie, auch Nischenstrategie genannt. In der Nische können Unternehmen sowohl die Strategie der Kostenführerschaft als auch der Differenzierung verfolgen. Eine typische Branche, die von Nischenanbietern geprägt wird, ist die Maschinenbauindustrie. Der Spezialist für die Verpackung von italienischer Panettone ist noch lange nicht in der Lage, Maschinen zu bauen, die den hohen Anforderungen der Pharmaindustrie gerecht werden. Und auch hier gibt es wiederum Spezialisten: Verpackungsmaschinen-Hersteller, die sich ausschließlich auf Plistierverpackungen spezialisiert haben, und solche, die unschlagbar sind auf dem Gebiet der Tubenverpackungen. Betrachtet man nun die Nische der Spezialisten für Plistierverpackungen, so werden sich auf diesem extrem engen Marktsegment wenige Konkurrenten gegenüberstehen, die sowohl als Kostenführer als auch als Differenzierer agieren können. Folgende Konsequenzen ergeben sich aus dieser Strategie:

- Für den Kunden werden die spezifischen Bedürfnisse von einigen wenigen Anbietern optimal befriedigt.
- Für das Unternehmen ist der Markt überschaubar, und die Koordinationskosten sind gering. Das Unternehmen kann außerdem aus der Spezialisierung hohe Lerneffekte erzielen. Allerdings ist das Risiko bei der Abhängigkeit von einem Segment sehr hoch.

- Für Konkurrenten, die sich außerhalb des Segmentes bewegen, sind die Eintrittsbarrieren relativ hoch, da für die Bedienung des Marktes und der Kundenbedürfnisse ein hoher Spezialisierungsgrad verlangt wird.

Der Unterschied liegt somit in der Marktdefinition – während wir bei der klassischen Kostenführer- oder Differenzierungsstrategie eine sehr weite Marktdefinition haben, wird bei der Fokusstrategie eine enge, segmentierte Marktdefinition vorgegeben.

Wie wird eine Kostenführerschaftsstrategie entwickelt?

Bei der Kostenführerschaft gelingt es einem Unternehmen, durch einen umfassenden Kostenvorsprung gegenüber den Konkurrenten einen Wettbewerbsvorteil zu erzielen. Es ist der kostengünstigste Hersteller in der Branche. Der relevante Kostenvorsprung bezieht sich auf die durchschnittlichen Gesamtkosten und verschafft dem Unternehmen dadurch ein Potenzial zur Preissenkung. Grundsätzlich werden niedrigere Kosten im Verhältnis zu Mitbewerbern angestrebt, ohne dass ein bestimmtes Qualitäts- und Serviceniveau, welches die Kunden erwarten, unterschritten wird.

Unterscheiden Sie Kosten- und Preisführerschaft

Diesen Aspekt gilt es herauszustellen: Kostenführerschaft bedeutet nicht ausschließlich, preiswerter zu sein als der Wettbewerb. Kostenführerschaft heißt im Kern, einen relativen Gesamtkostenvorteil zu haben, der sich in der Regel auch in Form von niedrigen Preisen niederschlägt. Dabei muss allerdings das erwartete Leistungsniveau im jeweiligen Kundensegment befriedigt werden. Der Preiseffekt sollte auch nicht in den Vordergrund gestellt werden. Kostenvorteile haben zunächst einmal Auswirkungen auf die Rentabilität des Unternehmens, das es vor allem für weitere Investitionen nutzen kann: zum Beispiel in Forschung, bessere Produktionsverfahren oder in die Expansion des Unternehmens (Erweiterung der Marktanteile durch Akquisitionen). Als Konsequenz dieser Investitionen kann wiederum eine erhöhte Gesamtproduktivität erzielt werden.

Um die Strategie der Kostenführerschaft erfolgreich zu praktizieren, muss ein breiter Markt existieren, auf dem eine Vielzahl von Marktsegmenten bedient wird. Unter Umständen sind die Unternehmen auch in verwandten Wirtschaftszweigen tätig. Ein typisches Beispiel für derartige Marktkonstellationen sind die großen Handelskonzerne. So sind unter dem Dach des einstmalig reinen Cash-&-Carry-Spezialisten Metro Vertriebslinien wie Real (Supermärkte), Media/Saturn (Elektro), Kaufhof (Warenhäuser) und Praktiker (Baumärkte) zusammengefasst. Der Kostenvorteil kann also in zweierlei Richtungen wirken:

Marktrichtung: Durch niedrigere Preise (bei weitestgehend gleicher Leistung) können vom Kostenführer größere Marktanteile erzielt werden.

Unternehmensrichtung: Durch eine bessere Kostenstruktur wird eine höhere Rentabilität sichergestellt. Die Wirtschaftlichkeit und Finanzkraft des Unternehmens gewährleisten eine überlegene Wettbewerbsposition.

Legen Sie sich auf eine Preisstrategie fest

Bei den Preisstrategien können zwei Typen unterschieden werden: die »No-Frills«-Strategie und die Niedrigpreisanbieter. Die »No-Frills«-Strategie verbindet einen niedrigen Preis mit einem niedrigen Zusatznutzen. Unternehmen, die diesen Ansatz verfolgen, offerieren dem Kunden ein Basisprodukt, welches das existierende Grundbedürfnis erfüllt – aber kein bisschen mehr: kein Image, kein Design, keine Einkaufsatmosphäre und keinen Service. Betrachten Sie Discounter wie Aldi oder Fluglinien wie Easyjet. Das grundlegende Prinzip der beiden Unternehmen ist einleuchtend. Aldi sagt: »Unsere Kunden wollen billige Grundlebensmittel. Diese bieten wir. Kein Schnick-schnack – Mehl ist Mehl und Milch ist Milch.« Und Easyjet? Der Preis ist entscheidend. Wenn Lieschen Müller in den Urlaub fliegt, zählt nicht der Service an Bord. Und auch für Unternehmen ist 50 Prozent Kostenersparnis wichtiger als die Versorgung der Middle-Manager mit geschmacksneutralen Sandwiches auf Einstundenflügen.

Bei der Niedrigpreisstrategie wird versucht, bei vergleichbarer Leistung (zum Beispiel im Hinblick auf Ausstattung, Qualität und Differenzierung) einen niedrigeren Preis zu realisieren. Dies ist dann für das preisaggressive

Unternehmen gefährlich, wenn kein eindeutiger Kostenvorteil existiert. Häufige Konsequenz dieser Strategie ist, dass die Wettbewerber in den Preiskampf einsteigen und sich die Gewinnmargen für alle Beteiligten reduzieren. Sieger wird der Kostenführer in der Branche sein. Deshalb sollte jeder, der eine Niedrigpreisstrategie verfolgt, sich immer darüber im Klaren sein, dass er einen kostenbedingten Wettbewerbsvorteil hat.

Entdecken Sie die Potenziale für Kostenführerschaft

Wenn die Rede von Kostenführerschaft ist, dann werden in diesem Zusammenhang die Phänomene der Lernkurve (oder Erfahrungskurve) sowie »Economies of Scale«, »Economies of Scope« und »Economies of Learning« genannt. Was steht dahinter? Mitte der sechziger Jahre beschrieb die Boston Consulting Group den Zusammenhang zwischen der Kostenentwicklung eines Produktes und der kumulierten Produktionsmenge. Die Kernaussage der Studie: Wird die kumulierte Produktionsmenge eines Produktes während der gesamten Produktionszeit verdoppelt, sinken die inflationsbereinigten Stückkosten um bis zu 20 bis 30 Prozent. Skaleneffekte werden durch die Erhöhung der Produktion erzielt, Verbundeffekte senken die Kosten durch die effektive Ausnutzung von Ressourcen für mehrere Produktkategorien.

Was ist der Grund für diesen Effekt? Analysiert man die Erfahrungskurve, so können im Verlauf der Zeit Skalen- und Lerneffekte identifiziert werden. Aufgrund der *Economies of Scale* sinken die Stückkosten – bei sonst gleichen Bedingungen – mit der Zunahme der Betriebsgröße. Bei dem Prinzip der *Economies of Learning* geht man von Lerneffekten aus, die sich aufgrund der Erfahrung der Mitarbeiter, verbesserten Produktionsverfahren beziehungsweise einer optimierten Struktur ergeben. Der dritte strategische Ansatz zur Kostensenkung ergibt sich aus dem Konzept der Verbundeffekte. Diese *Economies of Scope* sind Produktionskostenvorteile, die aus der Kombination der Produktion verschiedener Produkte resultieren. Diese sind dann von Relevanz, wenn ein Unternehmen verschiedene Produkte zusammen billiger herstellen kann als ein eigenständiger Hersteller die jeweiligen Produkte separat. Der Grund für diese Kosteneinsparungen liegt in der gemeinsamen Verwendung von Kapazitäten und Ressourcen.

Zwei Beispiele: Unter der Ägide von Ferdinand Piëch wurde im VW-Konzern das Plattformkonzept realisiert, bei dem auf der Basis von vier unterschiedlichen Fahrzeugplattformen für vier Kernmarken (VW, Audi, Skoda und Seat) über 20 verschiedene Fahrzeuge produziert wurden. Gleichzeitig wurde ein Gleichteile-Konzept bereits in der Konstruktionsphase berücksichtigt, mit dem ebenfalls *Economies of Scope* realisiert werden. Auf der Plattform A werden sowohl der Golf, der New Beetle, der Audi A3 und TT, der Seat Toledo und der Skoda Octavia produziert. Unter Kostengesichtspunkten ist dies mit Sicherheit ein optimiertes Prinzip. Betrachtet man aber die Imagefaktoren wie Marke und Profil der Fahrzeuge, so muss man insbesondere bei den höherwertig positionierten Marken befürchten, dass ein Kannibalisierungseffekt eintreten kann: Warum einen Audi zahlen, wenn in einem Skoda das Gleiche steckt?

Ein weiteres Beispiel für *Economies of Scope* sind Redaktionen, die verschiedene Medien beliefern. So ist N24 für insgesamt vier Fernsehsender der Nachrichtenproduzent, anstatt, wie sonst üblich, bei jedem Sender eine eigene Redaktion anzusiedeln. Die Aufgabe der Sender ist es schließlich, Nachrichten nur noch mit dem sendereigenen Branding zu versehen. Vor dem Hintergrund der Erfahrungskurven liegt die strategische Konsequenz für Kostenführer auf der Hand: Sie müssen versuchen, ihre Produktionsmenge zu erhöhen, um ihren Wettbewerbsvorteil gegenüber den Konkurrenten zu erhöhen. Derjenige Anbieter, der zu einem bestimmten Zeitpunkt die größte kumulierte Produktionsmenge aufweist, hat aller Wahrscheinlichkeit nach den größten Marktanteil und die geringsten Stückkosten. Somit ist der kostenorientierte Wettbewerb auch ein mengenorientierter Wettbewerb.

Beachten Sie einige Erfolgsfaktoren bei der Entwicklung von Strategien für eine Kostenführerschaft

Welche strategischen Erfolgsfaktoren müssen Unternehmen beachten, wenn Sie die Strategie der Kostenführerschaft realisieren wollen? Wenn Sie heutzutage nach Beispielen für Kostenführerschaft fragen, wird mit 99-prozentiger Wahrscheinlichkeit der Name Aldi als Erstes genannt. Den Handelsriesen verbindet jeder automatisch mit gleichbleibend hoher Qualität und konstant niedrigen Preisen. Das Unternehmen hat sich dem

Discount-Prinzip verschrieben: die Konzentration auf das Wesentliche. Mit dieser Kostenführerstrategie basiert Aldis Erfolg auf folgendem Prinzip: Es wird versucht, eine auf Großabnahmen zugeschnittene Konzeption zu verwirklichen (»Effektives Beschaffungsmanagement«). Der Einkauf kauft die Ware so günstig wie möglich ein. Dabei gibt es vielfältige Möglichkeiten und Wege, auch Nebeneffekte in Einkaufsvorteile umzumünzen:

- Aldi erteilt langfristige Großaufträge, die es dem Hersteller ermöglichen, seine Fertigungsanlagen gezielter einzusetzen und gleichmäßiger auszulasten. So kann er Entscheidungen bezüglich des technischen Fortschritts und der Modernisierung der Fabrikation leichter treffen und ist deshalb in der Lage, kostengünstiger zu produzieren.
- Der Hersteller kann durch Aldis langfristige Abnahmegarantie weitestgehend auf Werbung für seine Produkte verzichten. Somit ist die Ware kaum mit Werbungskosten belastet.
- Aber auch weniger bedeutende Abmachungen ergeben zusätzliche Einkaufsvorteile, wie die Zusage, dass in vollen Lastzügen angeliefert werden kann oder der Verzicht auf überflüssiges Verpackungsmaterial.

Diese Beispiele zeigen sehr deutlich, dass bei Aldi bereits im Einkauf die Grundlage für niedrige Verkaufspreise geschaffen wird. Die Geschäftslage beeinflusst ebenfalls die Verkaufspreise. Einen bedeutenden Anteil an den Kosten des Verkaufs stellen die Mieten von Aldis Ladenflächen dar. Auch diesen Kalkulationsfaktor versucht man, so niedrig wie möglich zu halten. Bemühungen in dieser Hinsicht finden ihren sichtbaren Ausdruck in der zweckmäßigen und praktikablen Gestaltung der Aldi-Märkte. Auf prunkvolle Architektur wird verzichtet. Darüber hinaus sind sie nicht in den allerbesten Geschäftslagen ansässig, sondern mehr und mehr an der Peripherie der Innenstadtkerne oder an Ortsrandlagen. Denn hier sind die Mietbelastungen nicht so hoch wie in den Haupteinkaufsstraßen. An diesen Standorten finden die Kunden außerdem weiträumige Parkflächen, die ein bequemes Einkaufen ermöglichen. Ein weiterer Weg lohnt sich, weil auch niedrigere Mieten zu günstigen Verkaufspreisen beitragen.

Tag für Tag werden riesige Warenmengen transportiert, um die pünktliche und zuverlässige Versorgung der Aldi-Märkte zu sichern. Dieser Massenumschlag vollzieht sich mit der Präzision eines Uhrwerks. Einsatzbereite Mitarbeiter, perfekte Organisation, langjährige Erfahrung und modernste Transportgeräte tragen dazu bei, dass sich die gesamte Logistik so wirtschaftlich wie möglich abwickelt und sich dies letztlich auch im günstigen Verkaufspreis der Ware widerspiegelt. Beim Besuch eines Aldi-Marktes kann man feststellen, was sich dahinter verbirgt: Zucker, Mehl, Getränke, Milch, Waschmittel und andere Produkte werden oft, ohne dass Aldi-Mitarbeiter die Ware nur einmal in die Hand nehmen, auf den beim Hersteller maschinell gepackten Paletten zum Verkauf angeboten. Alle anderen Artikel werden einmal im Lager auf Paletten zusammengestellt und dann bis zum Stellplatz gefahren. Dort genügt es meist, den bereits verkaufsfertig vorbereiteten Karton hinzustellen, ihn aufzuschneiden oder die perforierte Kartonseite zu entfernen. Mit einer dekorativen Warenpräsentation ist bei Aldi niemand beschäftigt.

Das Aldi-Prinzip lautet: So wenig gleiche oder ähnliche Artikel wie notwendig. Dieser Grundsatz bringt Kostenvorteile und schlägt sich in günstigen Preisen nieder. Durch den Verzicht auf eine Auswahl können sie jeden einzelnen Artikel in großen Mengen zum günstigsten Preis beziehen. Der Arbeitsaufwand – vom Wareneingang im Zentrallager bis hin zum Stellplatz in der Verkaufsstelle – wird so unter optimalen Bedingungen abgewickelt. Es wird ein rascher Warenumschlag erreicht, was wiederum eine geringe Zinsbelastung bedeutet. Diese Vorteile begünstigen die Kalkulation und führen zu niedrigen Verkaufspreisen. Die Unternehmensführung legt viel Wert darauf, dass bei Aldi kein Euro mehr ausgegeben wird als unbedingt erforderlich. Dadurch werden bei jeder Ladeneröffnung oder -renovierung große Summen gespart, die sich auch günstig auf die Preisgestaltung auswirken.

Erfolgreiche Kostenführer haben unterschiedliche Strategien. Dennoch können einige Erfolgsfaktoren hervorgehoben werden:

Kostenführer im eigenen Segment: Es reicht nicht aus, der Zweitbeste zu sein. Nur wenn es Ihnen dauerhaft gelingt, niedrigere Gesamtkosten als die Konkurrenz zu haben, können Sie tatsächlich die Strategie des Kostenführers durchsetzen. Dies impliziert wiederum, dass Kostenführer dauerhafte Anstrengungen unternehmen müssen, um ihre Kosten zu optimieren. Kosten und Prozesse sind im Handlungsfokus des Managements.

Effektives Beschaffungsmanagement: Das oberste Prinzip bei der Beschaffung und Entwicklung lautet: »design to cost« (zu verstehen im Sinne von »design to save money«). Das Produkt- und Dienstleistungsdesign folgt dabei einer maximalen Kostenvorgabe, bei der das Management Zielkosten definiert. Diese orientieren sich an den Kosten der Konkurrenten im gleichen Segment. Gleichwohl sind die Kundenanforderungen maßgebliche Rahmenvorgaben für Qualität, Design, Serviceumfang und Ausstattung. Sie müssen erfüllt werden. Bei der »design to cost«-Philosophie bestimmt aber nicht die Konstruktion den Produktpreis, sondern das Zusammenspiel aus Zielkostenvorgabe und Marktanforderungen. Weitere Maßnahmen, die ein optimiertes Beschaffungsmanagement unterstützen, sind die Standardisierung der eingesetzten Materialien, Teile und Komponenten sowie strategische Partnerschaften mit ausgewählten Lieferanten, um Qualitäts- und Kostenziele in enger Zusammenarbeit gemeinsam zu verfolgen. Ein entscheidender Faktor ist natürlich auch die Definition der kostenoptimalen Bestellmengen. Kostenführer müssen Größenvorteile beim Einkauf (Stückkostendegression durch größere Bestellmenge, steigende Verhandlungsmacht, optimierte Bestellabwicklung) sowie intelligente Beschaffungs- und Lagerungsstrategien einsetzen, um ihre Kosten zu minimieren. Hinzu kommt eine optimierte Sourcing-Strategie, die insbesondere auf Globalisierung setzt: Kostenführer suchen weltweit nach den kostengünstigsten Quellen für ihre Einstandsware. Wie weit die Globalisierung der Beschaffung mittlerweile geht, sei am Beispiel der guten süddeutschen Brezel beschrieben. Brezel, ein Laugengebäck, welches für Bayern und Schwaben zu den erhaltenswerten Kulturgütern zählt, werden heutzutage dem kostenorientierten Bäcker als so genannter »Teigling« angeliefert – also als ungebackener, gekühlter Rohling in Teigform. Nach dem Fall des Eisernen Vorhangs wurden die billigsten Teiglinge aus Osteuropa, zunächst Tschechien später Polen, geliefert. Wer liefert heute die billigsten Teiglinge? »Made in Hongkong« steht auf den Brezeln für Bayern – guten Appetit!

◯ *Höchste Gesamtproduktivität in der Branche:* Kostenführer denken bei der Konstruktion an die Produktion. Deshalb kommt es darauf an, eine simultane Produkt- und Prozessentwicklung durchzuführen (Simultaneous Engineering). Sie konzentrieren sich bei der Produktion auf ihre Kernkompetenzen und lagern sämtliche Tätigkeiten aus, die von Lieferanten kostengünstiger realisiert werden. Außerdem kaufen sich Kostenführer durch das Outsourcing von Leistungen ein hohes Maß an Flexibilität und Risikominimierung ein. Sinkt die Nachfrage, können Lieferanten meist leichter gekündigt werden als Arbeitsverträge. Steigt die Nachfrage, werden neue Lieferanten genutzt, die bei geringerer Nachfrage zu teuer sind. Die Make-or-Buy-Politik ist bei Kostenführern optimiert. Außerdem werden Kostendegressionen durch hohe Stückzahlen und intelligente Produktionsprozesse erzielt. Kostenführer vermeiden niedrige Losgrößen und Spezialaufträge oder Sonderanfertigungen. Die Produktionsziele heißen deshalb grundsätzlich: maximaler Ausstoß von Kapazitätseinheit pro Zeiteinheit, höchstmögliche Ausbeutung der Kapazitäten und Ressourcen, Vermeidung jeglichen Ausschusses und entsprechender Nacharbeiten. Managementansätze, die diese Ziele unterstützen, sind Total-Quality-Management-Systeme (Null-Fehler-Strategie) und das Prinzip des Lean Managements, welches Anfang der neunziger Jahre zunächst die Automobilindustrie, später andere produzierende Bereiche, revolutionierte.

Konzentration des eingesetzten Kapitals: Sämtliche Sachanlagen und Betriebsvermögen, welche nicht für die Kernkompetenzen des Unternehmens notwendig sind, werden eliminiert. Die Investitionen in Produktionsanlagen, Gebäude und sonstige Einrichtungen konzentrieren sich auf das Wesentliche und haben grundsätzlich eine Steigerung der Produktivität im Fokus. Die Forderungen und Lagerbestände des Unternehmens werden auf das notwendige Maß reduziert.

Die Unternehmenskultur des Kostenführers: Kostenführerschaft verlangt kompromissloses Kostendenken und die Suche nach dem Optimierungspotenzial auf allen Ebenen. Ingvar Kamprad – der Gründer von IKEA, Einrichter unzähliger Studentenbuden und Verursacher von noch mehr Nervenzusammenbrüchen (wo ist die Schraube?) – hat das Knausern zu seinem obersten persönlichen und unternehmerischen Prinzip erklärt. Führungskräfte müssen Economy Class fliegen, in Billighotels absteigen und grundsätzlich in der Betriebskantine essen. Kamprad selbst setzt sich lieber in den Bus statt in das teure Taxi, wenn er nicht gerade mit seinem alten Volvo unterwegs ist. Einweggeschirr benutzt er – so der IKEA-Mythos – zweimal, und zu Geschäftsessen lädt er oft und gern in die hauseigene Hotdogbude ein. Dass IKEA auf sämtlichen betriebswirtschaftlichen Ebenen die Kosten optimiert, ist selbstverständlich: Die Produktion ist komplett an Zulieferer vergeben, es werden weltweite Lieferanten – von

Ungarn bis Vietnam – genutzt, die komplexe Rechtsstruktur des Unternehmens ermöglicht die Minimierung der Steuerlast. Was uns die Schilderung des schrulligen Unternehmensgründers aber deutlich macht: Kostenführerschaft fängt im Kopf an. Kostenminimierung muss Maxime einer jeden Handlung sein. Kostenorientierung muss von den Führungskräften vorgelebt und im Unternehmen mit aller Konsequenz umgesetzt werden. Dazu gehören das Controlling und die rigorose Minimierung der Overhead-Kosten. Diese Kultur lässt sich nur langsam entwickeln. Deshalb ist es für einen Differenzierer schwierig, kurzfristig auf eine Kostenführerschaftsstrategie zu wechseln oder gar eine hybride Strategieform zu implementieren.

Organisatorische Maßnahmen: Ein Kostenführer verfügt meist über ein durchdachtes Berichts- und Controlling-System, welches kompromisslos zu Konsequenzen führt. Deshalb ist der Kontroll- und Koordinationsaufwand bei kostenorientierten Unternehmen in der Regel sehr hoch. Zudem ist die Organisation klar strukturiert und strikt geführt. Insbesondere in der Produktion besteht ein hohes Maß an Arbeitsteilung und Spezialisierung. Und es sind Anreizsysteme vorhanden, die sich an quantitativen Zielen orientieren, wie beispielsweise Zielkostenerreichung.

Gehen Sie systematisch bei der Identifikation von Kostenreduktionspotenzialen vor

Die Wertschöpfungskette ist ein zentrales strategisches Instrument zur Identifizierung und Realisierung von Wettbewerbsvorteilen. Sie ist Ausgangspunkt für die strategische Kostenanalyse, die wiederum die Grundlage einer Kostenführerschaftsstrategie darstellt. Die Wertekette gliedert ein Unternehmen in strategisch relevante Aktivitäten, die für den Leistungsprozess und somit die Erstellung eines Produktes oder einer Dienstleistung notwendig sind. Dabei können primäre und unterstützende Aktivitäten unterschieden werden. Primäre Aktivitäten sind unmittelbar mit der Erstellung und dem Vertrieb des Produktes verbunden (Ein- und Ausgangslogistik, Produktion, Vertrieb, Kundendienst) – es sind die wertschöpfenden Tätigkeiten. Beschaffung, Personalwesen, Forschung und Entwicklung sowie die Unternehmensinfrastruktur stellen unterstützende Tätigkeiten dar.

Kostenführer beherrschen ihren Wertschöpfungsprozess und sind in der Lage, diesen Prozess innovativ zu gestalten, um signifikante Kostensprünge zu erreichen. Gerade hier liegt ein wesentlicher Erfolgsfaktor, um im Rahmen der Kostenführerstrategie Wettbewerbsvorteile zu erlangen. Es muss dem Unternehmen gelingen, die typische Prozesslogik seiner Industrie zu durchbrechen – wie es vielen japanischen Unternehmen in den achtziger Jahren mit Kaizen, Kanban-Systemen und Just-in-Time-Produktion gelungen ist. Es kommt darauf an, Produkte anders herzustellen als der Wettbewerb und von gewohnten Pfaden abzuweichen. Durchleuchten Sie Ihre Prozesse und suchen Sie Schritte, bei denen Sie substanzielle Kostensprünge erreichen können. Später wird noch unter Business Reengineering auf ein innovatives Konzept zur fundamentalen und radikalen Kostenoptimierung eingegangen.

Zur Erzielung eines Wettbewerbsvorteils sind die einzelnen Aktivitäten kostengünstiger oder Nutzen bringender durchzuführen als bei der Konkurrenz. Betrachten Sie die Firma Würth: Als weltweit führender Lieferant von Befestigungs- und Montagematerial hat das Unternehmen ein Höchstmaß an Kostenoptimierung und Kundenbindung durch eine vertikale Prozessverzahnung mit seinen Kunden erreicht. Die Produkte des Unternehmens sind trivial: C-Teile (große Mengen, geringer Einzelwert) lassen eigentlich nicht viel Raum für unternehmerische Fantasie und Innovationskraft. Doch Würth denkt anders – Würth denkt systemisch und in Prozessen. Welche Probleme hat der Kunde beim Handling unserer Produkte? Wie können wir die Prozesse, die mit der Bestellung und Lagerung unserer Produkte verbunden sind, optimieren? Wie können wir den Kunden an uns binden? Würth hat die Prozesse der Kunden genauestens analysiert und ist zu dem Ergebnis gekommen: Was der Kunde widerwillig macht, können wir für ihn übernehmen. Deshalb überwacht Würth die Lagerbestände bei dem Kunden, löst die Bestellung der Ware aus und sorgt für die Einlagerung der Produkte. Ein Traum für jeden Lieferanten.

Die Ideen zur Realisierung dieses Konzepts sind genauso einfach wie genial. So hat der Montageprofi vernetzte Waagen unter die Schraubenbehälter gestellt. Diese ersetzen die regelmäßige Bestandskontrolle durch Lagerarbeiter. Sinkt das Gewicht der Schraubenbehälter unter einen bestimmten Grenzwert, wird bei Würth über die Datenleitung »Kundenwaage – Würth-System« eine Bestellung ausgelöst. Somit wird der komplette Bestellvorgang (intern und zum Lieferanten) durch eine Einkaufsabteilung beim Kunden überflüssig. Würth beliefert bis zu 97 Prozent der Auftraggeber innerhalb von 24 Stunden. Wenn die Ware beim Kunden eintrifft, wird über das Würth-System die Rechnung gestellt, der neue Lagerbestand beim Kunden eingegeben und die Rechnungskontrolle durchgeführt. Die Vorteile für den Kunden liegen auf der Hand: fehlerfreie Lagerkontrolle und ein optimiertes Bestellwesen bei minimalen Kosten. Kostenorientierung und Nutzenorientierung verbinden sich. Und Würth gewinnt durch maximale Kundenbindung, da die Austrittsbarrieren für Kunden extrem hoch sind. Wer will bei diesem Service schon zu einem anderen Lieferanten wechseln? Würth ist also ein Differenzierer, da es sich die Firma klar erlauben kann, teurer zu sein als der Wettbewerb. Gleichzeitig verschafft Würth jedoch dem Kunden eine Kostenersparnis, indem Logistik- und Bestellprozesse ausgelagert werden können.

Die strategische Kostenanalyse ist deshalb der Kern der Kostenführerstrategie. Sie ist eine ideale Methode, um Kostenvorteile zu entwickeln und Prozesse zu optimieren. Selbstverständlich können auch Unternehmen, die im Kern nicht auf die Kostenführerschaft setzen, von der Methode profitieren, da eine optimierte Kostensituation für jedes Unternehmen von Relevanz ist. Der Unterschied zwischen Kostenführern und differenzierenden Wettbewerbern liegt allerdings darin, dass ein Kostenführer das Hauptaugenmerk auf das Management der Kostenposition legen muss. Führen Sie folgende fünf Schritte durch, um Ihre Wettbewerbsposition als Kostenführer durchzusetzen:

1. *Beschreiben Sie Ihre Wertschöpfungskette:* Welche primären Tätigkeiten sind Bestandteile Ihres Wertschöpfungsprozesses? Betrachten Sie die einzelnen Wertschöpfungsprozesse genau. Die einzelnen Stufen werden hier schon detaillierter als in dem Grundmodell aufgegliedert.

2. *Definieren Sie die Kosten auf jeder einzelnen Wertschöpfungsstufe:* Dies hört sich zunächst einfach an, ist allerdings in der Praxis sehr aufwändig. Die Kostenzurechnung erfolgt analog zur Kostenstellenrechnung. Einzelkosten werden den Aktivitäten direkt zugeordnet. Gemeinkosten werden den verursachenden Aktivitäten anteilig zugeordnet. Da es sich um eine strategische Kostenanalyse handelt, werden sämtliche Kostenfaktoren als beeinflussbar behandelt. Stellen Sie die Analyse grafisch dar, wobei Sie größere Kostenblöcke in der Wertschöpfungskette auch größer darstellen.

3. Identifizieren Sie die Kostentreiber: Kostentreiber sind Kostenbestimmungsfaktoren, die von unterschiedlichen wirtschaftlichen Rahmenbedingungen abhängig sind. Dazu gehören zum Beispiel die Betriebsgröße, der Standort, Erfahrungs- und Lerneffekte, die Struktur der Kapazitätsausnutzung oder die Verknüpfung innerhalb der Wertekette. Beim Einkauf können zum Beispiel folgende Kostentreiber identifiziert werden: die Größe der Bestellmengen, die Anzahl der Lieferanten (je mehr Lieferanten, desto größer der Koordinationsaufwand) und die Verhandlungsmacht – sowohl die der Lieferanten als auch die des abnehmenden Unternehmens. Renommierte Referenzkunden haben häufig Kostenvorteile gegenüber weniger prestigeträchtigen Nachfragern. Betrachten Sie den Entwicklungsbereich. Wo können hier die Kostentreiber liegen? Je vielfältiger und unterschiedlicher die Entwicklungsaufträge sind, desto höher die Kosten. Im Sinne einer Verbundstrategie kann zum Beispiel eine Entwicklung für verschiedene Produkte durchgeführt werden. In der Montage sind die Größe sowie der Auslastungsgrad der Anlagen, die Erfahrung der Mitarbeiter oder der Automatisierungsgrad Beispiele für Kostentreiber. Konzentrieren Sie sich deshalb auf die grafisch dicken Kostenblöcke. Es ist unnötig, Zeit mit einem Prozess zu vergeuden, der 0,5 Prozent der Gesamtkosten ausmacht, wenn Potenzial bei den größeren Kostenblöcken besteht.

4. Identifizieren Sie Verknüpfungen und Wechselwirkungen: Im vierten Schritt stellen Sie sich die Frage: Inwieweit bedingen Entscheidungen und Maßnahmen auf der einen Wertschöpfungsstufe die Kosten auf einer anderen? Auch hier einige Beispiele: Das Design der Produkte (Entwicklung) hat nicht nur Auswirkungen auf die Produktionsprozesse, sondern auch auf die Lagerung und Distribution. Oder: Je umfangreicher die Qualitätskontrollen sind (Kostensteigerungsfaktor), desto geringer sind die Reklamationen (Kostensenkungsfaktor). Es gilt auch, Kosteneinflussgrößen zu analysieren, die zum Beispiel durch Lieferanten bedingt sind. Die Verflechtung der eigenen Wertekette mit vor- oder nachgelagerten Ketten ist elementar. So kann zum Beispiel, wie es in der Automobilindustrie üblich ist, die Wareneingangskontrolle auf den Lieferanten verlagert werden. Entsprechende Verträge garantieren den großen Herstellern eine fehlerfreie Zulieferung, sodass der Lieferant gezwungen ist, die Anforderungen des Kunden zu 100 Prozent zu erfüllen, wenn er nicht aus der Lieferantenliste gestrichen werden will.

5. *Entwickeln Sie einen Maßnahmenkatalog:* Gehen Sie dazu über, einen Aktionsplan zur Senkung der Kosten zu erarbeiten. In der Praxis gehört die Umsetzung von Kostenoptimierungsprogrammen zu den problematischsten Schritten, da mit Restrukturierung und Einsparung unweigerlich die Angst um die eigene Existenz oder Machtverlust verbunden sind. Einige Konzepte des Reengineerings und des Lean Managements haben auf der Mitarbeiterseite positive Energien und Bereitschaft für die Umsetzung freisetzen sollen. Dazu gehört ein Wechselspiel von integrativen Beteiligungs- und konsequenten Führungsphasen (siehe Abbildung 44).

Gestalten Sie die Unternehmensprozesse: Business Process Reengineering

Beim Reengineering geht es darum, die zentralen Prozesse eines Unternehmens zu analysieren und auf effizientere Weise und ohne Rücksicht auf bisher übliche Funktionsgrenzen neu zusammenzufügen. Business Reengineering heißt, gewisse bestehende Vorgehensweisen aufzugeben und die Arbeit aus einem neuen Blickwinkel zu betrachten sowie dem Kunden

Abbildung 44: Umsetzung von Kostenoptimierungsprogrammen

1. *Integration:* Ändern Sie die Denkrichtung und Kultur im Unternehmen: »Kostensenkung ist positiv und sichert Arbeitsplätze.«
2. *Führung:* Definieren Sie Kostensenkungsziele. Setzen Sie verbindliche Ziele, die alle Funktionen im Unternehmen erreichen müssen. Nicht nur der Einkauf oder die Produktion sind für Kostenmanagement verantwortlich, sondern auch das Marketing und die Verwaltung.
3. *Integration:* Beteiligen Sie die Mitarbeiter bei der Identifikation von Kostensenkungspotenzialen. Geben Sie Kostensenkungsziele vor, und fordern Sie von den Abteilungen und Mitarbeitern Vorschläge ein, wie die Kosten gesenkt werden können. Außerdem kommt es darauf an, funktionsübergreifende Projektteams zu bilden, die Verflechtungen und Wechselwirkungen zwischen den einzelnen Wertschöpfungsstufen analysieren.
4. *Führung:* Fordern Sie Konsequenz bei der Umsetzung der Maßnahmen. Es müssen verbindliche Projektschritte, ein klarer Terminplan und ein wirkungsvolles Controllingsystem existieren, damit der Kostenoptimierungsprozess erfolgreich abläuft.
5. *Integration:* Kommunizieren Sie intensiv: Analysen, Maßnahmen und Ergebnisse müssen den Beteiligten fortlaufend kommuniziert werden.

einen neuen Wert zu bieten. Praktisch bedeutet die Beantwortung der Frage: Wenn Sie dieses Unternehmen heute mit Ihrem jetzigen Wissen und beim gegenwärtigen Stand der Technik neu gründen müssten, wie würde es dann aussehen? Indem die funktionalen Einheiten in ihre einzelnen Prozesse zerlegt und in einer weniger vertikalen Form neu zusammengesetzt werden, zeigt sich, wo das Unternehmen überschüssiges Fett angesetzt hat und eine Verschlankung möglich ist.

Die Idee des Reengineering wurde Anfang der neunziger Jahre von Michael Hammer und James Champy (1996), dem Chef der Managementberatung CSC, entwickelt. Sie durchlief den klassischen Weg vieler populärer Managementideen: von den Forschungen eines Universitätsakademikers über das Marketing einer Managementberatung und ein Bestsellerbuch bis zum kurzfristigen Status eines Allheilmittels für jegliche Unternehmenskrankheiten. Dazu taugte Reengineering allerdings ebenso wenig wie irgendein anderes Managementrezept. Seine Popularität resultierte zum Teil aus der guten Zitierbarkeit der Autoren; das gilt vor allem für die Ausführungen Hammers. Der Ansatz wurde jedoch von einer Reihe bekannter Unternehmen mit beträchtlichem Erfolg implementiert. Der Postkartenhersteller Hallmark beispielsweise unterzog seinen gesamten Innovationsprozess einem Reengineering, und Kodak gelang es, mit der Anwendung dieses Verfahrens innerhalb des Herstellungsprozesses für Schwarzweißfilme die Reaktionszeiten auf Neubestellungen zu halbieren.

Die Optimierung, beziehungsweise das Reengineering der kritischen Leistungsprozesse ist der eigentliche Kern von Innovation und Exzellenz in der Produktion. Nachfolgend sind die wichtigsten Strategien und Verhaltensregeln für ein erfolgreiches Reengineering der Prozesse aufgeführt:

- Konzentration auf die wichtigsten bereichsübergreifenden Prozesse in der Produktion: Auswahl, Training und Motivation des direkten und indirekten Personals und Managements; Auswahl, Entwicklung und Management von Zulieferern; die simultane Entwicklung und Verbesserung von Produkten und Produktionsverfahren; die Spezifizierung, Akquisition, Installation und Instandhaltung von Anlagen und Maschinen; effektives Management der gesamten Logistikkette.
- Ein simultanes Top-down-Vorgehen (Ziele) und Bottom-up-Vorgehen (Lösungen) mit aktiver Einbindung der Beteiligten in multidisziplinären

Teams; Mitarbeiter fällen Entscheidungen; mehrere Positionen werden zusammengefasst (Generalist oder Team übernimmt gesamten Prozess).

- Die einzelnen Prozessschritte werden in eine natürliche Reihenfolge gebracht (künstliche lineare Ablauffolge wird abgeschafft); es gibt mehrere Prozessvarianten (Ende der Standardisierung – Unterteilung für einfache, mittelschwere und schwierige Prozesse); die Arbeit wird dort erledigt, wo es am sinnvollsten ist; Überwachungs- und Kontrollbedarf werden reduziert.
- Abstimmungsarbeiten reduzieren sich auf ein Minimum.
- Der Case-Manager ist die einzige Anlaufstelle für den Kunden.
- Ein gleichzeitiges Adressieren von Durchlaufzeiten, Kosten- und Qualitätsproblemen wird angestrebt.
- Das Vorgehen ist immer von außen nach innen, beginnend vom jeweiligen Kunden (extern aber auch intern).
- Es gibt keinen Stopp an den Werkstoren, sondern die Einbeziehung von Kunden und Lieferanten.
- Wichtig ist eine effektive, das heißt häufige und redundante Kommunikation (was von Führungskräften oft unterschätzt wird).

Das Business Reengineering zielt wie alle modernen Unternehmenskonzepte auf die Freisetzung von Begabungen und setzt auf menschliche Kreativität. Das innewohnende Prinzip ist deshalb kein Überstülpen eines Modells auf alle, sondern im Gegenteil: die Entfaltung der spezifischen inneren Ressourcen. Allerdings werden diese strikt den Erfordernissen des Marktes untergeordnet. Alle Geschäftsprozesse werden radikal infrage gestellt. Die nicht wertschöpfenden Prozesse werden reduziert, nicht etwa nur verbessert. Die verbleibenden Aufgaben werden nicht mehr nach Funktionen und somit arbeitsteilig organisiert, sondern prozessorientiert. Die Prozesse sind über den direkten Kundennutzen definiert, nicht über Positionen und Aufgaben.

Das Vorgehen ist fundamental: Es wird zuerst gefragt, warum WAS gemacht wird, und erst dann nach dem WIE. Es werden keine oberflächlichen Änderungen vorgenommen, sondern das Unternehmen wird völlig neu gestaltet. Dadurch werden starke Verbesserungen erreicht (nicht nur um einzelne Prozente, sondern um ein Faktorvielfaches!). Wichtig ist auch die Fokussierung auf den Kundenauftrag: ganzheitliche Prozessrealisierung durch Generalisten, statt Abarbeitung durch Spezialisten. Business

Reengineering sollte nicht bei einzelnen Organisationsteilen ansetzen, denn genau diese wird es infrage stellen.

Für die Mitarbeiter verändern sich die Arbeitsinhalte grundlegend. Nicht mehr das Abarbeiten von Aufgaben im Auftrag von Vorgesetzten ist Ziel, sondern die Erfüllung von Kundenwünschen in eigener Verantwortung. Der Markt rückt dem einzelnen Mitarbeiter auf den Leib. Er muss seine Leistung selbst vermarkten. Dies ist einerseits eine Bereicherung, andererseits aber auch eine Erhöhung des Drucks, weniger eines abstrakten Leistungsdrucks, sondern des Zwangs, die eigenen Fähigkeiten immer mehr zu erweitern.

Wie wird eine Differenzierungsstrategie entwickelt?

Warum präferieren Kunden einen Audi gegenüber einem Skoda, obwohl die Fahrzeuge weitestgehend identisch sind? Warum steigen Menschen in einen Lufthansa-Flieger für 400 Euro obwohl sie für 99 Euro mit Germania fliegen können? Was zieht Menschen zum Nobelrestaurant, obwohl sie doch auch beim Fastfood-König satt werden? Differenzierung heißt: Dem Kunden in der Leistung (Produkt oder Dienstleistung) einen wertvollen Nutzenvorteil bieten, über den man sich nachhaltig von den Wettbewerbern differenziert. Die Differenzierungsstrategie setzt somit auf Leistung statt auf Kosten. Der Kunde entscheidet sich für ein Angebot nicht aufgrund des Preises, sondern weil er einen Mehrwert erhält, für den er bereit ist, ein Preispremium zu zahlen. Die Differenzierungsstrategie setzt somit zwei Dinge voraus:

Die Akzeptanz beim Kunden: Der Mehrwert muss für die Kunden einen tatsächlichen, wahrnehmbaren Wert darstellen. In der Praxis ist häufig zu beobachten, dass Leistungsmerkmale von den Kunden gar nicht wahrgenommen oder als nicht wertvoll betrachtet werden. Der Anbieter dagegen vertritt die Meinung, dass die Mehrwertfaktoren besondere Leistungsmerkmale darstellen.

Die Abgrenzung zum Konkurrenten: Auch hier gilt es, mit Wettbewerbsanalysen festzustellen, welche Leistungsmerkmale differenzierenden, das heißt vom Wettbewerb abhebenden Charakter haben. Nur wenn Leistungsmerkmale tatsächlich besser sind als die der Konkurrenz, und sie im Sinne eines dauerhaften Wettbewerbsvorteils nur schwer imitiert werden können, darf von Differenzierungsvorteil gesprochen werden. Alles andere bewegt sich im Niemandsland des Mittelmaßes.

Die Merkmale der Differenzierung haben somit sehr viel mit den Eigenschaften von dauerhaften Wettbewerbsvorteilen zu tun, die jedoch vor allem auf der Ebene von Produkten und Dienstleistungen und nicht von Fähigkeiten und Ressourcen des Unternehmens angesieselt sind. Auch für Differenzierungsmerkmale gilt, dass sie wertvoll für den Kunden, selten am Markt verfügbar, durch die Konkurrenz schwer zu imitieren und schwer zu substituieren sein müssen. Wenn es dem Unternehmen darüber hinaus noch gelingt, die Differenzierungsmerkmale dauerhaft am Markt zu behaupten, kann von einem wahren Wettbewerbsvorteil gesprochen werden. Dauerhaftigkeit verlangt, dass die Kosten der Differenzierung über den gesamten Zeitraum durch entsprechende Erträge gedeckt sein müssen. Die Rendite des differenzierenden Unternehmens muss außerdem aufgrund der Differenzierung höher sein als die Rendite seiner Wettbewerber. Wenn die Konkurrenten das Differenzierungsmerkmal imitieren, muss der Pionier einen Ertrag erwirtschaftet haben, der es ihm ermöglicht, auf anderen Ebenen und mit anderen Merkmalen Wettbewerbsvorteile zu erlangen.

Wie für Kostenführer gilt auch für Differenzierer: Er hat nur dann einen Wettbewerbsvorteil gegenüber den Konkurrenten, wenn er der Differenzierer im Markt ist. Hier hilft eine enge Marktabgrenzung. Differenzierung muss eine klar definierte Zielgruppe vor Augen haben. Insofern tendiert Differenzierung stärker zu kleineren Marktsegmenten als die Kostenführerschaft. Differenzierung setzt auf Qualität, auf bestimmte Spezifikationen oder auf ein gut durchdachtes Servicekonzept. Diese Merkmale orientieren sich in der Regel an konkreten Bedürfnissen eines engen Kundensegmentes. Betrachten Sie zum Beispiel BMW. Auch wenn der Hersteller im Automobil-Massenmarkt tätig ist, bietet jedes Fahrzeug die individuelle Bedürfnisbefriedigung für kleine Segmente. Der sportliche Z3 fokussiert auf den gut situierten Zweitwagenfahrer, der am Wochenende ein schickes Spaß- oder repräsentables Einkaufsfahrzeug haben möchte. Der mit Internetzugang versehene 7er BMW befriedigt die Bedürfnisse und den Spieltrieb von erfolgreichen Geschäftsleuten – von Menschen, die permanent verfügbar und online sein möchten.

Differenzierung tendiert aus diesem Grund zur Fokussierung. Gerade in Zeiten, in denen die Menschen sich selbst über ihre Individualität definieren, werden Massenmärkte zu stark segmentierten Einzelmärkten. Das Mehl bei Aldi muss keine Individualität bedienen, es soll günstig sein, und dies ist ein Bedürfnis eines undifferenzierten Massenmarktes. Das hochwertige Produkt bringt aber eine Lebenseinstellung und die eigene Individualität zum Ausdruck.

Identifizieren Sie Ihre Differenzierungstreiber

Was sind die Differenzierungsmerkmale, auf die ein Unternehmen – egal ob im Dienstleistungs- oder Produktionssektor, egal ob beim Endverbraucher oder bei industriellen Abnehmern – setzen kann?

Differenzierungsfaktor 1: Ausstattung: Durch eine führende Technologie oder einen besonderen Leistungsumfang kann sich ein Unternehmen vom Wettbewerb abheben. Die innovationsbedingte Differenzierung wurde unter dem Aspekt Wettbewerbsphasen detailliert betrachtet, da es hier insbesondere darum geht, einen zeitlichen Vorsprung als wirtschaftlichen Erfolg umzusetzen. Differenzierung setzt auch bei der Frage an: »Welchen Leistungsumfang erhält der Endverbraucher für einen Endpreis?« Je umfangreicher das Leistungspaket, desto werthaltiger ist das Angebot. Gleichzeitig geht es darum, Exklusivität zu bieten. Ein Navigationssystem ist im Jahr 2002 ein besonderes Extra, welches nur in bestimmten Fahrzeugen, für die der Kunde ein Preispremium zahlt, angeboten wird. Dagegen ist das Antiblockier-System Standard in allen Fahrzeugklassen. Differenzierungsmerkmale entwickeln sich somit häufig von Exklusivität und Einmaligkeit zum Standard ohne besondere Wertigkeit.

Differenzierungsfaktor 2: Qualität: Warum sind Kunden bereit, für Qualitätsprodukte mehr zu bezahlen als für preiswerte Konkurrenzangebote? Der Grund ist uns seit der Kindheit bekannt: Gute Produkte haben eine größere Langlebigkeit, sodass es weniger Defekte gibt. Die Qualität ist besser. Es wurden bei der Produktion bessere Materialien verwendet, die Mitarbeiter waren hoch qualifiziert, und somit ist die Verarbeitung besser. Das Ergebnis: ein Qualitätsprodukt – wie die Messerklinge aus Solingen, der Spitzenwein aus dem Piemont oder die Maschine von der schwäbischen Alb. Der Kunde bezahlt mehr für das Produkt, da er während seines Einsatzes geringere Nutzungskosten hat.

Differenzierungsfaktor 3: Service: Im Wettbewerb der Gegenwart geht es darum, schneller zu sein (12-Stunden-Lieferservice), flexibler zu sein (365 Tage im Jahr verfügbar) und freundlicher zu sein als die Konkurrenz. Serviceorientierte Unternehmen bieten ihren Kunden einmalige Leistungen, mit denen manchmal sogar der Kunde nicht rechnet – wie zum Beispiel umfangreiche Beratung beim Kauf, kostenlose Montage der Anlagen, integrierte Überwachungssysteme, kostenloser Wartungsservice, Übernahme der Entsorgung, Beratung des Kunden bei seinen Prozessen, Integration des Kunden bei der Produktentwicklung und Lieferung von kundenspezifischen Lösungen. Dies sind nur einige Beispiele, die zu Differenzierung durch Service führen. Die Firma Putzmeister – Hersteller von Betonpumpen – hat über Jahre hinweg analysiert, wann bei welchen Maschinen Ersatzteile benötigt werden. Um seinen Kunden unnötige Ausfallzeiten der Anlagen zu ersparen, bietet das Unternehmen zum richtigen Zeitpunkt den Austausch der kritischen Teile an. Eine Dienstleistung, die sich für beide Seiten bezahlt macht. Der Kunde hat ein Höchstmaß an Ausfallsicherheit, und Putzmeister realisiert gute Serviceumsätze und zufriedene Kunden.

Die Analyse der Wertekette von Kunden ist daher eine wichtige Grundlage, um Dienstleistungen bedarfsorientiert zu gestalten. Das Unternehmen muss sich mit dem Wertschöpfungsprozess seines Kunden auseinandersetzen und analysieren, inwieweit es Mehrwert durch Dienstleistungen stiften kann. Dies bedeutet, dass die Prozesse des Unternehmens mit den Prozessen seiner Kunden verzahnt werden. Bei der Umsetzung der Differenzierungsstrategie werden Sie erkennen, dass auch alle anderen Differenzierungsfaktoren in die Wertekette des Kunden eingreifen und deshalb bei der Analyse berücksichtigt werden müssen.

Das Überraschungselement ist gerade bei dem Erlebnisprodukt Dienstleistung von entscheidender Bedeutung. Dienstleistungen, die Standard sind, werden von Kunden nicht wahrgenommen. Außergewöhnliche Dienstleistungen, die Industriestandards brechen, unterscheiden das Unternehmen jedoch nachhaltig. Die Spielstation im ansonsten servicefreien IKEA-Markt bietet für viele Familien mit Kindern die Möglichkeit zum entspannten Einkauf. Ein Service, der in anderen Einkaufsmärkten unbekannt ist und IKEA das Image des familienorientierten Möbelparadieses verschaffte. Auch hier wird deutlich, dass sich Servicestandards in der Abhängigkeit von der Industrie definieren.

Differenzierungsfaktor 4: Design: Bang und Olufsen sind ein Paradebeispiel für Differenzierung durch außergewöhnliches Design. Die Hifi-Anlagen bestechen durch eine einzigartige Optik und unterscheiden sich nachhaltig von den Wettbewerbern. Oder fragen Sie die Kunden von Braun: Nicht nur die Qualität des Produktes überzeugt, sondern auch der Design-Mythos, welcher seit den frühen fünfziger Jahren geschaffen wurde. Gestaltung muss nicht einen Massengeschmack treffen, sondern dem Abnehmer einen Mehrwert durch Alleinstellung und Individualität bieten. Der Fahrer eines alten SAAB oder eines brotkastenförmigen Volvo ist sich bewusst, dass er nicht im schönsten, aber zumindest in einem außergewöhnlichen Fahrzeug sitzt – ein Fahrzeug, das sich aufgrund seiner Form von der Masse abhebt. Design ist für Ästheten mit Sicherheit auch ein Qualitätskriterium. Allerdings kann die außergewöhnliche Gestaltung auch die Mittelmäßigkeit des sonstigen Angebots kompensieren. Insofern sollte die gestaltende Kategorie des Wettbewerbsfaktors Design als eigenständiges Differenzierungskriterium betrachtet werden.

Differenzierungsfaktor 5: Image: In einer Zeit, in der Produkte immer austauschbarer werden, ist die Signalwirkung eines Produktes von substanzieller Bedeutung für den Wettbewerbserfolg. Betrachten Sie den Markt für Markenzigaretten: Geschmacklich schwer zu differenzieren und ohne besondere Leistungseigenschaften sowie preislich weitestgehend auf gleicher Höhe, bleibt nur der Aufbau eines bestimmten Images, einer Markenwelt, um im Dickicht der Angebote als eigenständiges Produkt zu existieren. Wer Steuvesant raucht, ist multikulturell, wer Spülmittel von Frosch nutzt, handelt ökologisch, und wer arte sieht, ist intellektuell. Produkte schaffen Identifikation, sowohl für Außenstehende als auch für die Konsumenten selbst.

Beachten Sie einige Erfolgsfaktoren bei der Entwicklung von Differenzierungsstrategien

Ein Besuch im Hotel Adlon, Berlin: Die Fahrzeugtür wird aufgerissen und vom ersten Augenblick an wird der Gast mit einer außerordentlichen Freundlichkeit konfrontiert. Weil das Bezahlen des Taxifahrers zeitraubend und möglicherweise anstrengend ist, bietet der freundliche Portier an, dass das Adlon die Zahlung als Auslage übernehmen könne. Keine Zeit verlieren, ab in das warme Hotel. Dass man mit dem Transport seines Gepäcks nichts zu tun hat, ist selbstverständlich. Im Hotel angekommen, wird man vom ersten Augenblick an mit Namen angesprochen, mit Professionalität hofiert, und bei treuen Stammgästen wartet die bevorzugte Zigarettenmarke schon auf dem Zimmer. Dass die Ausstattung der Zimmer auf dem höchsten Standard ist, dass man mehrere Restaurants, einen exklusiven Wellness-Bereich und Business Lounges nutzen kann (sofern man die Fähigkeit zur Multilokalität besitzt) sowie dass man im Hotel auf seinesgleichen und Prominente trifft, steigert beim Gast das Bewusstsein, am richtigen Ort der uneingeschränkten Exklusivität zu sein. Schön, dass einem auch nachts die Schuhe geputzt werden – auch wenn man sie um 3.00 Uhr vor die Tür stellt, blitzen sie den verschlafenen Gast um 6.00 Uhr frisch gewienert wieder an. Für so viel Qualität und Service ist man gerne bereit, ein Preispremium zu zahlen. Und: Das Adlon unterscheidet sich nachhaltig von seinem Wettbewerb. Erfolgreiche Differenzierungsstrategien wie diejenige des Adlon haben gewisse Gemeinsamkeiten:

Abnehmerwert stiften: Differenzierung muss einen Wert für den Abnehmer darstellen. Dies kann dadurch entstehen, dass er die Kosten beim Abnehmer senkt oder seine Leistungsfähigkeit steigert.

Eigene Wertekette werttreibend beeinflussen: An erster Stelle muss die Wertekette des eigenen Unternehmens analysiert werden, bei der jede Wertschöpfungsstufe dahingehend analysiert werden muss, inwieweit sie zur jeweiligen Differenzierung des Angebots einen Beitrag leistet. Das serviceorientierte Unternehmen muss sich somit auf jeder Wertschöpfungsstufe die Frage stellen: Inwieweit trägt eine Tätigkeit zur Verbesserung unserer Servicequalität bei? Das heißt zum Beispiel für eine Bank, wenn sie die Wertschöpfungsstufe Verkauf betrachtet: Welche Maßnahmen müssen wir durchführen, um die Beratung durch unsere Mitarbeiter zu optimieren? Oder: Welche Informationen können wir dem Kunden an die Hand geben, damit er sich in der Kaufphase optimal betreut fühlt?

Kunden-Wertekette werttreibend beeinflussen: Durch Kompetenz und Vernetzung innerhalb der Wertekette des Kunden kann ebenfalls Mehrwert geschaffen werden, was ein weiteres wichtiges Element der Differenzierungsstrategie darstellt. Differenzierende Unternehmen müssen deshalb eine hohe Kompetenz im Hinblick auf die Wertschöpfungsprozesse ihrer Kunden besitzen. Sie müssen versuchen, die werttreibenden Tätigkeiten der Kunden durch eigene Leistungsbeiträge – Produkte oder Dienstleistungselemente – zu beeinflussen. Dies kann insbesondere dadurch geschehen, dass sich die Anbieter mit den Prozessen ihrer Lieferanten vernetzen. Durch diese prozessuale Vernetzung wird nicht nur ein kurzfristiger Wertsteigerungseffekt erzielt, sondern auch eine Bindung des Kunden an den Lieferanten.

Abnehmerwert durch Preispremium realisieren: Ende der neunziger Jahre lebte New York im irrationalen Rausch des E-Commerce-Booms. Gerade Service wurde in dieser Zeit groß geschrieben. Kozmo und Urbanfetch – heute vom Markt verschwunden – hatten den Lieferservice neu erfunden. Vom Videofilm bis zum Eis von Häagen Dasz, vom neuen Palm Pilot bis zum aktuellen Bestseller – Kozmo und Urbanfetch lieferten mit rasenden Radlern, wonach sich gestresste Menschen in der New Economy sehnten. Nicht irgendwann, sondern schnellstmöglich, mit einer zugesagten Reaktionszeit an sieben Tagen in der Woche rund um die Uhr und egal für welches Produkt. Hinzu kam, dass dieser Mehrwert kostenfrei angeboten wurde – kein Aufschlag für diesen Service, sondern zu marktüblichen Niedrigpreisen. Die Bestellung erfolgte über das Internet, und dem Kunden wurde ein Maximum an Bequemlichkeit – *New Economy Convenience* – geboten. Die Konsequenz lag auf der Hand: Kunden orderten mit viel Begeisterung Produkte zu handelsüblichen Preisen, und jede Lieferung wurde durch das Risikokapital der Venture-Capital-Gesellschaften subventioniert. Den wahren Wert der Leistung haben die Kunden niemals realisiert, und somit war das Konzept zum Scheitern verurteilt. Im Hinblick auf die Differenzierungsstrategie zeigt uns dieses Beispiel zwei Dinge auf: Mehrwert muss selbstverständlich im Marktpreis umgesetzt sein, und dieser Preis muss dem vom Kunden wahrgenommenen Wert entsprechen. Insofern sind Wertsignale bei der Differenzierungsstrategie von entscheidender Bedeutung. Stellen Sie sich die Frage, womit Sie den Wert Ihres Angebotes deutlich machen. Indem die neuen Kunden eines Maybach ein Bestellzertifikat erhalten, das vom Vorstand unterschrieben ist, wird deutlich gemacht, dass man zu einer exklusiven Klientel gehört. Auch die Hürden bei der Aufnahme in eine renommierte Business School sind entscheidende Elemente, um den Wert des Studiums zu dokumentieren: Je schwerer die Zulassung, desto besser die Business School.

Den wahren Kunden kennen: Wer ist eigentlich der Abnehmer Ihrer Produkte? Nicht anonyme Unternehmen, sondern individuelle Entscheidungsträger sind die wahren Kunden. Ihre Bedürfnisse und Kaufkriterien gilt es zu bedienen. Wenn Sie es mit großen Organisationen zu tun haben, sind es häufig Buying-Center, die für eine Kaufentscheidung verantwortlich sind, und bei Familien entscheidet häufig der Familienrat. Insofern gilt es nicht nur die Entscheider, sondern auch den gesamten Entscheidungsprozess detailliert zu durchleuchten. Wer trifft die Entscheidung? Wie laufen Entscheidungsprozesse ab? Welche Kaufkriterien sind relevant? Wer entscheidet über welche Kaufkriterien? Wie definiert der Kunde den Abnehmerwert?

Die wahren Kaufkriterien des Kunden berücksichtigen: Die Kaufkriterien des Abnehmers müssen differenziert betrachtet und genauestens analysiert werden. Warum entscheidet sich ein Kunde für eine Leistung? Es sind nicht zwangsläufig rationale Gründe, die zum Kauf motivieren. Image, Sicherheitsdenken – auch irrationale und emotionale Gründe sind kaufentscheidende Faktoren. So sind über 90 Prozent der Kriterien beim Versicherungskauf von irrationalen Faktoren geprägt. Grundsätzlich sind zwei Motivatoren zu unterscheiden: Nutzungskriterien sind Angebotseigenschaften, die beim Kunden Kostensenkung oder Leistungssteigerung bedingen. Dies können Funktionalität, Qualität, Lieferzeiten und Service sein. Signalkriterien sind Merkmale, aus denen der Kunde auf den Wert des Angebotes schließt. Dies können imageprägende Faktoren sein wie Werbung, Gestaltung oder auch das Verhalten der Mitarbeiter. Vor diesem Hintergrund spielen Marketing und Design eine wichtige Rolle für Differenzierer. Betrachten Sie die Mode- oder Parfumindustrie, in der die Differenzierung über immense Marketingbudgets stattfindet. Die Produkte können von den Kunden über Anzeigen (eine Ausnahme sind Geruchsanzeigen) nicht unterschieden werden, sondern nur über gezielte Imagearbeit, mit der die Produkte im Lifestyle der Zielgruppe positioniert werden.

Differenzierung als Differenzierungsbündel verstehen: Auch wenn einzelne Differenzierungskriterien für Unternehmen entscheidend sein können, müssen Differenzierungsstrategien in der Regel auf mehrere Kriterien setzen. Die »monothematische« Positionierung über ein einziges Differenzierungsmerkmal ist spätestens dann gefährlich, wenn Mitbewerber dieses Merkmal imitieren können. Nur wenigen Unternehmen gelingt es, sich auf der Basis eines einzigen Differenzierungsmerkmals vom Wettbewerb abzuheben. Betrachten Sie dagegen eine differenzierende Marke wie Mercedes-Benz, bei der sowohl die Technologie, der Service, die Verarbeitungsqualität und das Image zu einer Produkteinmaligkeit führt. Bang und Olufsen differenziert nicht nur über ein einmaliges Design, sondern exklusiven Verkauf und außergewöhnlichen Kommunikationsaufwand.

Differenzierung heißt sich abheben: Differenzierung lebt nicht nur von einer außergewöhnlichen Kundenkompetenz, sondern auch von exzellentem Konkurrenzverständnis. Als Differenzierer müssen Sie genauestens wissen, welchen Mehrwert Ihre Konkurrenten bieten, wo in der Wertkette der Konkurrenz werttreibende Tätigkeiten sind, und inwieweit sich Ihre Leistung von dem Angebot des Konkurrenten tatsächlich unterscheidet. Unternehmen machen häufig den Fehler, Standards als Differenzierungskriterien zu sehen. Wer heute überlegt, einen 7er BMW oder einen S-Klasse-Wagen von Mercedes zu kaufen, wird mit hervorragendem Informationsmaterial und brillanten Broschüren versorgt. Doch diese Marketinginstrumente stellen keine Differenzierungsmerkmale dar. Sie sind in ihrer Austauschbarkeit Branchenstandard. Mit entsprechenden Methoden gilt es zu unterscheiden, welche Leistungsmerkmale Standards darstellen, was von dem Kunden als wertvoll wahrgenommen wird und womit ein Mehrwert gestiftet wird, für den der Kunde tatsächlich zu zahlen bereit ist. Stellen Sie sich die Frage: Was unterscheidet uns tatsächlich von unseren Wettbewerbern, und was bekommt der Kunde nur bei uns?

✓ *Eine wertorientierte Unternehmenskultur:* Bei der Kostenführerschaft ist deutlich geworden, dass sie auch eine Frage der mentalen Grundeinstellung ist. Das Gleiche gilt für die Differenzierungsstrategie: Wer Mehrwert schaffen will, muss wertorientiert denken. Dies verlangt Raum für Kreativität, für Großzügigkeit (in den Grenzen der Wirtschaftlichkeit), für Individualität und eine risikoorientierte Innovationskultur. Gleichzeitig stellt man in vielen Unternehmen mit Differenzierungsstrategie eine Liebe zum Produkt und ein Höchstmaß an Kundenorientierung fest. Auch hier gilt: Eine wertorientierte Unternehmenskultur in eine kostenbewusste Kultur überzuführen würde Jahrzehnte dauern. Deshalb ist es wichtig, sich für eine Positionierung dauerhaft zu entscheiden.

Gehen Sie systematisch bei der Identifikation von Differenzierungspotenzialen vor

Ob ein Industrieunternehmen einen neuen Gabelstapler kauft oder eine Familie über eine Urlaubsreise nachdenkt: Sowohl für Investitionsgüter als auch bei Dienstleistungen für Endverbraucher können die nachfolgenden acht Schritte durchlaufen werden, um eine durchdachte Differenzierungsstrategie zu realisieren. Die genannten Beispiele sollen Ihnen verdeutlichen, was hinter den einzelnen Schritten der Systematik steht. Wir weisen an dieser Stelle darauf hin, dass sich die Autoren beim Kauf und Verkauf von Reisen weitestgehend auskennen, allerdings auf dem Gebiet der Gabelstapler nur profunde Amateurkenntnisse vorweisen können, wenn es darum geht, Differenzierungsstrategien zu entwickeln. Deshalb sollten Sie die nachfolgenden Beispiele als Hinweise zum besseren Verständnis der Methodik und nicht zur Gründung eines Gabelstapler-Unternehmens verstehen.

1. Stellen Sie fest, wer der wahre Käufer ist: Die Feststellung, dass die Identifikation des wahren Käufers von verkaufsentscheidender Bedeutung ist, sollte der erste Schritt sein. Er negiert die Fokussierung auf institutionelle Kunden, auf ein anonymes, nicht entscheidungsfähiges Gebilde und fordert die Ausrichtung auf das kaufentscheidende Individuum. Deshalb müssen Sie sich darüber Klarheit verschaffen, wer in Ihren Kundenunternehmen (dazu können auch Vertriebspartner wie Händler gehören) in der

Regel die Einkaufsentscheidungen trifft: einzelne Einkäufer, Buying-Center, cross-funktional besetzte Einkaufsgremien oder bei Prestigeentscheidungen die obersten Führungskräfte. In diesem Zusammenhang müssen Sie auch herausfinden, ob bestimmte Einkaufsobergrenzen existieren, damit Sie an die richtigen Käufer adressieren.

Wer allerdings einen dauerhaften, kundenorientierten Mehrwert schaffen will, sollte sowohl den wahren Käufer als auch den kaufentscheidenden Nutzer identifizieren. Denn über die Feedbackschleifen der Nutzung nach dem Kauf werden Einstellungen zum Lieferanten geprägt und Folgekäufe begründet. Was nützt es einem Unternehmen, wenn es erstmals erfolgreich seine Produkte bei einem Kunden verkauft, aber zu keinem Folgegeschäft gelangt, weil die Anwender das Produkt ablehnen und vor der Wiederanschaffung schlechte Zeugnisse ausstellen? Nutzfahrzeughersteller haben festgestellt, dass neben den Einkaufsgremien oder dem finalen Einkäufer die Lkw-Fahrer eine zentrale Rolle spielen. Von ihrem Plazet hängt es häufig ab, ob der Scania oder der Volvo besser bewertet wird. Deshalb werden Kommunikationsmaßnahmen gezielt auf die Fahrer abgestimmt und die Fahrzeuge (insbesondere die Kabinen und das Design) entsprechend den Fahrerbedürfnissen gestaltet. Für das Betriebsklima des Fuhrunternehmens ist der zufriedene Fahrer von entscheidender Bedeutung. Deshalb gilt es, die praktischen Präferenzen und Einkaufskriterien der Fahrer genauso zu berücksichtigen wie die ökonomischen Überlegungen des Kunden. Das Gleiche gilt im privaten Sektor: Kinder sind heute häufig entscheidend, wenn es im Haushalt um die Wahl des nächsten Urlaubszieles oder um den Kauf der neuen Familienkutsche geht. Studien haben ergeben, dass 20 Prozent aller Kaufentscheidungen für Autos von den Kindern nachhaltig beeinflusst werden, über 30 Prozent der Möbelkäufe werden von den Kindern diktiert. Kein Wunder, dass die Werbung für diese Güter verstärkt jugendgerecht gestaltet wird.

In diesem Kontext, und hier gehen wir schon etwas über die Entwicklung einer Differenzierungsstrategie hinaus, sollten Sie sich darüber bewusst werden, wie der Kaufentscheidungsprozess bei Ihren Kunden konkret abläuft: Wer besorgt und bewertet die Informationen? Welche Entscheidungsstufen werden durchlaufen? Wer ist für den finalen vertraglichen Abschluss zuständig? Wann müssen Sie wen beeinflussen? Fazit: Es gilt somit, den wahren Käufer und die Kaufvorbereiter (Empfehler) für das Kundenunternehmen zu identifizieren. Beim Kauf eines Gabelstaplers entscheiden – abhängig von Unternehmensstruktur und Einkaufsobergrenzen – Einkaufsgremien, Einkäufer, Unternehmer oder Geschäftsführer. Kaufvorbereiter können Gabelstaplerfahrer, Lageristen oder andere Empfehler sein. Bei der Familienreise treffen meist die Eltern die Kaufentscheidung, beeinflusst von den Kindern oder außenstehenden Empfehlern.

2. Bestimmen Sie die Wertekette des Abnehmers und Ihren Einfluss darauf: Gute Differenzierer verfügen über eine hohe Kompetenz im Hinblick auf die Wertekette des Kunden. Sie wissen, worauf es beim Kunden ankommt und womit dieser sein Geld verdient. Deshalb müssen Sie auf dieser Stufe detailliert beschreiben, wie die Wertekette des Kunden aussieht und an welchen Stellen Sie realistischerweise positiven Einfluss auf die werttreibenden Faktoren oder auf die kostentreibenden Faktoren nehmen können. Dieser Schritt erscheint auf den ersten Blick bei Endverbrauchern schwerer durchführbar, da es nicht so einfach ist, Werteketten von Individuen zu identifizieren. Hier empfiehlt sich die Beschreibung des Kauf-Nutzungs-Entsorgungsprozesses, bei dem Sie die einzelnen Aktionen während des Produktkaufes, der Anwendung und der Entsorgung mit Nutzenattributen (Steigerung der Abnehmerleistung oder Senkung der Abnehmerkosten) des Kunden verbinden. Abbildung 45 zeigt diese Beschreibung für eine Bank bei der Kreditfinanzierung eines Hauskaufs.

Die Wertschöpfungskette eines Gabelstapler-Herstellers entspricht der eines produzierenden Industriebetriebes. Die Einflussmöglichkeiten bestehen in der Kaufphase und in der Nutzungsphase (Eingangslogistik und Ausgangslogistik sowie in der Produktion). Die Prozesse der Familienreise können in die Stufen Kauf, Durchführung der Reise und Abschluss/ Nachbetrachtung der Reise unterteilt werden. Einflussmöglichkeiten des Anbieters von Reisen bestehen hier in allen drei Prozessstufen.

3. Bestimmen Sie die Rangfolge der Kaufkriterien: Ermitteln Sie, welche Kriterien über den Kauf des Angebots entscheiden. Die Unterscheidung nach Nutzungskriterien (Erfüllung der Kernfunktionalität) und Signalkriterien (Wahrnehmung des Abnehmerwertes aus Sicht des Kunden) sollte hier vorgenommen werden. Dabei sind die Kriterien mit ihrem Wertbeitrag innerhalb der Wertekette des Kunden anzusetzen. Als Anbieter müssen Sie wissen, welche leistungssteigernden oder kostensenkenden Implikationen Ihr Angebot beim Kunden hat. Die Ermittlung des Wertschöpfungsbeitrags

Abbildung 45: Bestimmung der Wertekette eines Individuums
am Beispiel der Kreditfinanzierung eines Hauskaufs

	Aktionen des Kunden	Werttreibende Faktoren	Aktionen des Anbieters
Kaufphase	Information	Transparenz/Planung	Kompetente Beratung
	Kalkulation	Sicherheit	Schulung des Kunden; Finanzrechner zur Verfügung stellen
	Vertragsabschluss	Vertrauen	
Nutzung	Controlling	Sicherheit	Frühwarnsystem
	Finanzmanagement	Optimierung der Finanzierung	Optimierungsangebote Umschuldung
Entsorgung	Beendigung der Kredittilgung	Anschlussberatung für Vermögensaufbau und -sicherung; Versicherung	Angebot von neuen Anlageobjekten

kann über die Wertekettenanalyse erfolgen, wobei Kundeninterviews und das detaillierte Wissen über die Bedürfnisse, Prozesse und Industrielogik des Kunden entscheidende Faktoren sind.

Kann der Preis ein Kaufkriterium sein? Nein, weil niemand etwas kauft, weil es einen Preis hat. Grundsätzlich sind Nutzeneffekte in Form von Leistungssteigerung und Kostensenkung maßgeblich, damit ein Kauf getätigt wird. Wenn Kunden behaupten, sie hätten ein Produkt wegen seines Preises gekauft, dann meinen sie damit ein minimales Preis/Leistungs-Verhältnis. Denn auch bei Niedrigpreisangeboten erwartet der Kunde gewisse Leistungseffekte des Produktes. Um diesen Wert zu bekommen, ist er allerdings nicht bereit, einen hohen Preis zu zahlen. Wenn das Unternehmen also auf eine Differenzierungsstrategie setzt, darf das minimale Preis/Leistungs-Verhältnis niemals von der fokussierten Kundengruppe an erster Stelle genannt werden.

Wenn es einem Unternehmen gelingt, dem Kunden einmalige Nutzungskriterien zu bieten, schafft es im Wettbewerb einen völlig neuen Abnehmerwert. Dies unterscheidet es nachhaltig von der Konkurrenz. Die Maße des Smart sind ein einmaliges Differenzierungsmerkmal, da es nur mit diesem Fahrzeug möglich ist, kleinste Parklücken in Angriff zu nehmen. Um zu den Gabelstaplern zurückzukommen: In den neunziger Jahren hat sich ein führender Gabelstaplerproduzent gewundert, warum ein neuer Konkurrent immer häufiger den Vorzug erhielt. Nach langen Untersuchungen fand man das entscheidende Kaufkriterium heraus: ein Radio. Die Präferenz der Fahrer, welche stark in den Kaufprozess integriert wurden, lag eindeutig bei dem Fahrzeug mit Unterhaltungswert. Deshalb fanden sie viele Gründe, um den Gabelstapler ohne Musik auf die Verliererstraße zu schicken. Die Kaufkriterien bei einem Gabelstapler gehen von der Nutzungsdauer, der Qualität, der Betriebssicherheit bis hin zur Ergonomie für Fahrer. Bei einer Familienreise treten andere Kriterien in den Vordergrund: die Möglichkeit, komplett abschalten zu können, sich um nichts kümmern zu müssen, die Betreuung der Kinder oder der Imageeffekt gegenüber Freunden.

4. Finden Sie heraus, wo in Ihrer Wertekette einmalige Differenzierungsmöglichkeiten bestehen oder bestehen könnten: Können Sie eine außergewöhnliche Qualität, aufgrund von besonderen Produktionsverfahren oder exklusiven Ausgangsmaterialien, anbieten? Verfügen Sie über Rechte, die kein anderer Anbieter hat? Ist Ihr Standort ein differenzierender Wettbewerbsvorteil, der Ihnen Einmaligkeit verschafft? Ist Ihr Image außergewöhnlich? Wie Sie sehen, geht es an dieser Stelle nicht darum, das bestehende oder potenzielle Angebot zu analysieren, sondern darum, in der Wertekette nach Alleinstellungsmerkmalen zu suchen.

Eine detaillierte Konkurrenzanalyse ist ein essenzielles Element des vierten Schrittes, denn Differenzierung ist relativ. Deshalb müssen Sie sich darüber Klarheit verschaffen, welche Quellen der Einmaligkeit der Wettbewerb aufzeigen kann, was Standard in der Branche ist, und wo Sie einmalige Wettbewerbsvorteile in Ihrem Wertschöpfungsprozess haben. Für unser Gabelstaplerbeispiel können Quellen von Einmaligkeit in einem dichten Servicenetz, im überragenden Image oder in einzigartiger Technologie liegen. Der Anbieter von Familienreisen kann sich durch die Größe der Serviceorganisation, der Kundendatenbank oder durch den Ausbildungsgrad der Mitarbeiter differenzieren.

5. Ermitteln Sie die Kosten vorhandener beziehungsweise potenzieller Differenzierungsquellen. Differenzierung hat ihren Preis: Mithilfe einer Kostenanalyse gilt es die Kostenantriebskräfte der werttreibenden Faktoren zu analysieren. Die Entscheidung für die Differenzierungsstrategie ist eine bewusste Entscheidung für höhere Kosten und ein damit verbundenes Preispremium. In unseren Beispielen bedeutet dies für den Gabelstapler eine Kostenanalyse für Servicenetz, Imagepflege und Produktionsoptimierung und für die Familienreise Kostenanalyse für Serviceorganisation, Kundendatenbank und die Fortbildung der Mitarbeiter.

6. Gestalten Sie Ihre Werteaktivitäten so, dass Sie, gemessen an den Differenzierungskosten, für den Abnehmer die wertvollste Differenzierung schaffen: Im sechsten Schritt entwickeln Sie wahrnehmbare Differenzierung. Sie wissen, wo die Quellen Ihrer Einmaligkeit liegen, und Sie sind sich bewusst, was für den Kunden von entscheidender Bedeutung ist. Nun sind die Werteaktivitäten so zu gestalten, dass ein optimales Preis/Leistungs-Verhältnis für den Abnehmer entsteht. Differenzierungsstrategien setzen in der Regel auf Mehrwertbündel für den Kunden. Nicht allein der exzellente Service bei Singapore Airlines ist für die Kunden entscheidend, sondern auch das Image, die Ausstattung der Flieger oder die Signale des Marketings.

Um hier zu guten Ergebnissen zu gelangen, ist es sinnvoll, die wichtigsten Abnehmerkriterien der Kunden in Relation zu den Quellen der Einmaligkeit zu setzen. Was ist für unseren Kunden wichtig? Wo haben wir Differenzierungspotenzial? Sehen Sie anhand der Beispiele, wie der Gabelstaplerproduzent und das Reisebüro einen optimalen, differenzierenden Mehrwert stiften können: Der Gabelstaplerhersteller bietet einen kostenfreien, präventiven Wartungsservice, bei dem potenzielle Fehler aufgrund der Erfahrungswerte im Vorfeld ausgeschlossen werden. Die Gabelstapler werden mit einem Frühwarnsystem ausgestattet, das Ausfälle verhindert. Im Marketing wird auf die einmalige Qualität des Produktes hingewiesen und die Beeinflusser werden speziell angesprochen. Die Produkte werden auf den Wertschöpfungsstufen Einkauf und Produktion verbessert: Durch hervorragende Material- und Verarbeitungsqualität werden Ausfälle weitestgehend verhindert, was zur Senkung der Kosten während der Nutzung führt und die Nutzungsdauer verlängert. Für die Familienreise heißt das totaler Service für den Reisenden: umfangreiche Informationspakete, Abwicklung aller Reiseformalitäten, Transfer zum Flughafen, Hausbetreuung und Gartenpflege während der Reise, bestes Wellness-Angebot und optimale Kinderbetreuung im Wettbewerbsegment, maßgeschneiderte

Angebote auf der Basis der Kundendatenbank, Verkauf von Adressen oder eine Imagekampagne, die den Reiseanbieter als Serviceführer positioniert.

7. *Prüfen Sie die Differenzierungsstrategie auf ihre Imitierbarkeit:* Im vorletzten Schritt sollten Sie bewerten, inwieweit die gewählte Strategie dauerhaft gegenüber der Konkurrenz durchgesetzt werden kann. Besteht die Gefahr, dass die Wettbewerber das Angebot ohne großen Aufwand imitieren oder substituierende Angebote auf den Markt bringen? Wer sich die Entwicklung in der Internetwirtschaft von 1998 bis 2001 ansieht, wird feststellen, dass viele Angebote deshalb scheiterten, weil sie leicht zu imitieren waren. Deshalb waren die schnellstmögliche Besetzung des Marktsegmentes und das Erreichen einer kritischen Kundenmasse, die Quellen der Einmaligkeit darstellen, entscheidend. eBay als Anbieter einer Online-Auktionsplattform ist attraktiv, weil alle Marktteilnehmer wissen, dass sie auf eine große Menge von potenziellen Interessenten ihrer Angebote oder Gesuche treffen. Ein Wettbewerber wird es deswegen schwer haben, ein neues Netzwerk aufzubauen. Eine zusätzliche Hürde für den Gewinn von neuen Kunden eines potenziellen eBay-Wettbewerbers ist das individuelle Image, das sich die Marktteilnehmer aufbauen. Bei eBay kann jede Transaktion des Handelspartners in der Vergangenheit betrachtet werden, woran man seine Vertrauenswürdigkeit abschätzten kann. Wechselt ein Kunde von eBay zur Online-Auktion von Yahoo!, so ist er wieder ein »Niemand« ohne Vergangenheit.

Die Prüfung der Gabelstapler-Differenzierungsstrategie gegen Imitations- oder Substitutionsmöglichkeiten ergibt Folgendes: Kostenfreier, präventiver Wartungsservice ist nicht imitierbar, da der Konkurrenz das Servicenetz fehlt (welches schwer aufzubauen ist). Das Frühwarnsystem ist eine einzigartige und patentierte Technologie und deshalb drei Jahre lang sicher. Die Marketingfähigkeiten können vom Wettbewerber schnell imitiert werden, da sich die Firma bei der Entwicklung des Marketingkonzeptes auf eine externe Werbeagentur stützt. Die Produktqualität als Quelle der Einmaligkeit ist wiederum schwierig zu imitieren, da der Konkurrenz die Investitionskraft fehlt, um vergleichbare Standards zu erreichen.

Die Prüfung der Familienreise-Differenzierungsstrategie gegen Imitations- oder Substitutionsmöglichkeiten ergibt Folgendes: Der Service ist kurzfristig nicht zu imitieren, da der Konkurrenz die Serviceorganisation fehlt. Sowohl das Wellness-Angebot als auch die optimale Kinderbetreuung sind wiederum leicht zu kopieren und generieren daher keinen nachhaltigen Wettbewerbsvorteil. Die Kundendatenbank ist nicht kopierbar, da sie über 50 Jahre hinweg gewachsen und gegen Raubkopien geschützt ist. Das Image ist einmalig und schwer imitierbar.

8. *Senken Sie die Kosten bei den Aktivitäten, die sich nicht auf die gewählte Differenzierungsform auswirkt:* Wer auf eindeutig definierte Differenzierungsmerkmale setzt, sollte sämtliche Kräfte auf die differenzierenden Aktivitäten und Leistungsmerkmale lenken und bei Merkmalen, die für den Kunden nicht von Bedeutung sind, eine aktive Kostensenkungsstrategie fahren. Was dem Kunden nichts wert ist, bringt dem Unternehmen nichts und muss auf der Kostenseite minimiert werden. Für den Gabelstaplerhersteller kann das heißen, in Design und geringen Kraftstoffverbrauch nicht mehr zu investieren, da dieser bereits sehr gering ist. Irrelevante Faktoren, in denen Kostensenkungspotenzial beim Reiseanbieter steckt, sind Kunden, die kein Unterhaltungsprogramm wollen und als Konsequenz auch keine Animation vor Ort bekommen.

Wie wird eine Fokusstrategie entwickelt?

Die Fokusstrategie richtet sich im Gegensatz zu den breit angelegten Strategien der Kostenführerschaft und der Differenzierung auf ein klar abgegrenztes, eng definiertes Marktsegment. Die Nische ist das Aktionsfeld des Unternehmens. Sie definiert sich in der Regel über die spezifische Problemstellung eines klar beschreibbaren Kundenkreises. In dieser Nische entwickelt das Unternehmen, welches die Fokusstrategie gewählt hat, spezielle Fähigkeiten und Ressourcen, um die Kundenbedürfnisse optimal zu befriedigen. Dabei ist die Wertschöpfungskette des Unternehmens in der Regel schmal, weil es sich nur auf wenige Produkte und Märkte konzentriert. Gleichzeitig zielen diese Unternehmen häufig darauf ab, innerhalb der Wertekette eine tiefe – häufig auch eine komplette – Abdeckung der Wertschöpfungsaktivitäten zu haben. Von der Forschung über den Einkauf bis zum Service liegen sämtliche Tätigkeiten beim Nischenanbieter. Gleichzeitig versucht der Nischenanbieter, möglichst viele Berührungspunkte mit dem Wertschöpfungsprozess des Kunden zu erzielen. Auch hier ist seine Intention, in möglichst vielen Phasen der Wertschöpfung Leistungsbeiträge zu bieten. Nicht ein einziges Produkt (ein einziger Wertschöpfungsbeitrag) wird der Zielgruppe offeriert, sondern ein möglichst breites Portfolio an Lösungen.

Diese zunächst theoretisch erscheinende Konstruktion führt in der Praxis zu sehr relevanten Effekten:

- Der Nischenanbieter ist »Herr« über sein Spezialgebiet: Durch die Konzentration auf ein Anwendungsgebiet, auf spezifische Technologien oder klar abgegrenzte Kundengruppen entwickeln die Nischenanbieter ein hohes Qualitäts-, Prozesskompetenz- und Marktkompetenzniveau. Über die Zeit gesehen wird der Nischenanbieter immer besser in dem, was er tut.
- Sämtliche Energien werden auf ein Ziel ausgerichtet, was einerseits ein hohes Risiko darstellt, andererseits gleichzeitig aber auch den Zwang zur kompromisslosen Führerschaft im Segment verlangt.
- Die Bedürfnisse des Kunden werden optimal befriedigt, sodass eine hohe Kundenbindung geschaffen wird. Die Austrittsbarrieren des Kunden sind äußerst hoch. Durch die enge Zusammenarbeit mit dem Kunden entstehen vielfältige Rückkopplungseffekte (Informationen, Verbesserungsvorschläge, organisatorische Verzahnungen und vieles mehr), welche die Bedienung der Zielgruppe weiter optimieren.
- Die Eintrittsbarrieren für Konkurrenten werden höher, da es auf der einen Seite schwierig ist, den Kompetenzgrad des führenden Nischenanbieters zu erreichen, und andererseits die Kunden nur schwer davon zu überzeugen sind, den (vermeintlich) führenden Anbieter zu wechseln.

Innerhalb dieser Nische kann das Unternehmen sowohl als differenzierendes als auch als kostenführendes Unternehmen auftreten. Insofern gliedert sich die Entwicklung der Nischenstrategie in zwei Schritte:

1. *Wahl eines engen Marktsegmentes:* Hier ist eine durchdachte Marktsegmentierung notwendig.
2. *Umsetzung der Differenzierungs- beziehungsweise Kostenführerschaftsstrategie* in der Nische, sobald ein weiterer Wettbewerber in die Nische eintritt.

Ob wir es mit speziellen Reiseangeboten für Senioren, mit Fitness-Studios, die sich auf die Stärkung des Rückens spezialisiert haben, oder mit Herstellern von Geschirrspülautomaten für Hotels und Restaurants zu tun haben, immer wieder zeichnen sich solche Unternehmen durch eine hohe Marktkompetenz und eine enge organisatorische Verzahnung mit dem Kunden aus. In der Praxis haben sich verschiedene strategische Ansätze für nischenorientierte Unternehmen herauskristallisiert, die nachfolgend an einigen Beispielen verdeutlicht werden sollen. Im Einzelnen sind dies:

- Problemanalyse;
- Zielgruppenanalyse;
- Weiterentwicklung und verbesserte Imitation sowie;
- Nischenanbieter als Zielgruppe.

Die Fokusstrategie ist von verschiedenen Parametern abhängig, die sowohl auf der kulturellen Ebene des Unternehmens anzusiedeln sind, von dem strategischen Geschick des Managements geprägt werden und zum dritten durch Umfeldparameter bedingt werden. Zu den kulturellen Erfolgsfaktoren gehören neben einer gewissen Risikobereitschaft eine äußerste Hingabe und Leidenschaft für das Produkt sowie für die Problemstellungen der Zielgruppe – somit eine extreme Kundenorientierung. Für das Management von nischenorientierten Unternehmen kommt es darauf an, weder ein zu kleines Marktsegment noch ein zeitlich begrenzt ertragreiches Segment zu fokussieren. Unternehmen, die auf Modeerscheinungen setzen, laufen Gefahr, nur für einen begrenzten Zeitraum Erfolg in der Nische zu haben. Außerdem muss es den Unternehmen gelingen, gegenüber Konkurrenten Markteintrittsbarrieren aufzubauen. Dies kann durch den permanenten Ausbau technologischer oder vertriebsseitiger Überlegenheit, der aktiven Kundenbindung oder dem Aufbau von rechtlichen Barrieren (wie Patente) gelingen. Ein dritter zentraler Faktor ist die Entwicklung und der Ausbau von Spezialkompetenz. Wer den Erfolg von nischenorientierten Unternehmen eingehend analysiert, wird außerdem feststellen, dass er auch häufig von günstigen Rahmenbedingungen abhängig ist: Konkurrenten verschlafen das Potenzial eines Marktsegmentes und sind später nicht in der Lage, als Zweiter im Markt Fuß zu fassen, da das gesamte Marktpotenzial zu gering ist. Viele Unternehmen, welche wir heute als Nischenunternehmen bewundern, sind aber auch das Endresultat eines langwierigen Ausleseprozesses. Wirtschaftliches Durchhaltevermögen hat einmalige Marktführer geschaffen, die heute in einer monopolartigen Situation agieren, welche sie durch eine optimale Kundenbetreuung und hohe Spezialisierung verteidigen. Deshalb sind Glück und Geschick wichtige Merkmale vieler Unternehmensgeschichten in Nischenmärkten.

Nachfolgend finden Sie einige Beispiele und grundlegende Ansätze zur Entwicklung und Realisierung einer Fokusstrategie. Häufig sind das Beispiele, die von Innovationskraft und risikobewusstem Unternehmertum geprägt sind, Eigenschaften, die Nischenanbieter auszeichnen.

Setzen Sie sich intensiv mit Problemsituationen auseinander

Die intensive Analyse und Auseinandersetzung mit spezifischen Problemstellungen, die sich für bestimmte Kundengruppen ergeben, ist ein intelligenter Ansatz, um Nischen zu finden. In einer Zeit, in der mit standardisierten Angeboten Kundenmassen bedient werden, kommt häufig die individuelle Lösung zu kurz. Hier liegt Geschäftspotenzial. Der problemorientierte Ansatz setzt sich mit bestehenden Problemen von Menschen und Organisationen auseinander, für die es noch keine oder nur unbefriedigende Lösungsangebote gibt. Im Mittelpunkt steht deshalb die Suche nach dem Problem, um im Anschluss die Lösung zu entwickeln.

Der Deutschen Bahn hilft es relativ wenig, wenn sie über Kunden klagt, die ihre Ware lieber mit dem flexiblen Lkw als über die Schiene transportieren lassen. Hier sollte man sich lieber Gedanken über eine noch flexiblere Lösung des Transportproblems von A nach B machen. Zwischen dem produktorientierten und dem problemorientierten Ansatz besteht ein fundamentaler Unterschied: Der produktorientierte Ansatz ist stets eindimensional auf eine bestimmte Leistung ausgerichtet, während der problemorientierte Ansatz offen ist für die Vielfalt der Bedürfnisse, Chancen und Probleme der Kunden. Wenn die Deutsche Bahn die Aussage »Wir betreiben eine Eisenbahnlinie« als ihre Mission versteht, wird sie niemals offen für die Komplexität der Problemstellungen und wahren Bedürfnisse der Kunden sein. Mit der Mission »Wir bieten pünktlichen Transport« entfaltet sich gleich eine ganz andere Dynamik für das Unternehmen und seine Mitarbeiter. Man kann sich um Verbesserungspotenziale mit einer klaren Aufgabenstellung kümmern und entwickelt auch ein Gespür für alle Potenziale, die sich um den pünktlichen Transport der Kunden bewegen. Nachfolgend drei Beispiele, wie das problemlösungsorientierte Denken zum Besetzten einer Nische führte:

1. Das Problem: Was macht man, wenn man gelegentlich ein Auto benötigt, dies aber so selten nutzt, dass sich die Anschaffung eines eigenen Fahrzeugs nicht lohnen würde?

Die Lösung: Man schließt sich einem Car-Sharing-System an. Gegen eine feste monatliche Gebühr und Kaution werden die Fahrzeuge telefonisch gebucht. An festen Stellplätzen innerhalb der Stadt liegen Papiere und Schlüssel in einem Tresor. Stattauto in Köln zum Beispiel übernimmt die Wartung, Reparatur und Versicherung der Fahrzeuge. Monatlich wird abgerechnet. 1992 mit zwei Fahrzeugen, zehn Teilnehmern und einer Station gestartet, stehen zehn Jahre später insgesamt 95 Autos an 19 Stationen in Köln bereit, die von rund 1 900 Teilnehmern genutzt werden. Das von Ulrich Ferber geleitete Unternehmen ist damit die größte Station in Europa. Zusätzlich wird der Stadtverkehr in Köln um 400 Fahrzeuge entlastet, da ein Stattauto fünf Privatwagen ersetzt.

2. Das Problem: Was macht man, wenn man als Geschäftsfrau oder -mann in eine neue Stadt versetzt wird – jedoch keine Zeit, keine Wohnung und darüber hinaus keine Beziehungen hat.

Die Lösung: Man nutzt den Relocation Service, der eine sehr homogene Nachfragergruppe bedient. International tätige Unternehmen sind die Hauptkunden dieser Dienstleistungsunternehmen. Sie unterstützen Mitarbeiter bei einem Umzug nach oder innerhalb Deutschlands mit einem weit gefächerten Leistungsangebot. So werden Aufgaben von der Wohnungssuche über Behördengänge bis hin zur Schulauswahl für die Kinder und Orientierungsfahrten durch die Stadt als Unterstützung für die Eingewöhnung übernommen. Auch die Integration in das gesellschaftliche Leben, der Aufbau von Beziehung (zum Beispiel über die Einladung zu bestimmten Veranstaltungen oder die Zulassung zu bestimmten Clubs) gehört mittlerweile zum Leistungsportfolio der Agenturen. Die Kosten für diesen Service trägt in aller Regel das Unternehmen, da die Mitarbeiter durch Einschaltung des Relocation Services wesentlich schneller wieder Unternehmensaufgaben wahrnehmen können. Ein Nutzeneffekt für beide Seiten.

3. Das Problem: Was macht man, wenn man einen Elefanten nach London transportieren möchte und der freundliche Herr von Federal Express einem nicht weiterhelfen kann?

Die Lösung: Man ruft bei World-Courier an. In der Speditionsbranche besetzt das Unternehmen eine extreme Nische, in der sie schwer transportierbare Güter, wie Elefanten oder Maschinenersatzteile, innerhalb kürzester Zeit in die ganze Welt versendet. So benötigt das Unternehmen lediglich fünf Stunden, um Ersatzteile von Norddeutschland nach Schottland zu bringen. Die Preise von World-Courier liegen dabei ca. acht bis zehn mal höher als bei großen Anbietern der Branche wie UPS, TNT oder DHL, die diese Spezialtransporte nicht durchführen. Aufgrund der geringen Preissensibilität der Nachfrager besteht allerdings die Gefahr, dass auch große Anbieter in dieses Segment vorstoßen.

Setzen Sie sich intensiv mit Kundengruppen auseinander

Der Kern der Fokussierung ist die Identifizierung eines klar abgegrenzten Marktsegmentes. Dies ist eine Feststellung, welche bereits bei der grundlegenden Beschreibung des strategischen Prinzips dargelegt wurde. Die intensive Auseinandersetzung mit der Kundengruppe als Herangehensweise zur Umsetzung der Strategie verlangt die folgenden Schritte:

1. *Identifikation einer homogenen und wirtschaftlich attraktiven Zielgruppe, die zum aktuellen Zeitpunkt noch keine spezifischen Lösungsangebote hat.* Stellen Sie sich die Frage, wo entwickeln sich Kundengruppen oder wo wurde die Bedienung von bestimmten Kunden vom Markt schlichtweg vergessen? Zum Beispiel ist der Markt für Homosexuelle ein sich entwickelnder Nischenmarkt. Reisen, Literatur, Veranstaltungen oder Internetangebote, die speziell auf die Bedürfnisse von Schwulen und Lesben ausgerichtet sind, boomen. Ein weiterer Faktor, der die Durchsetzung dieses Nischenangebots fördert, ist die zunehmende Toleranz in der Gesellschaft, sodass auch das Marketing aus der scheinbaren gesellschaftlichen Schmuddelecke verschwinden und die Produktkommunikation offen und direkt ablaufen kann. Der Raum für Vermarktung ist schlicht gegeben. Der Markt für Senioren ist ein weiteres Beispiel, an dem deutlich wird, dass auch große Märkte

von Anbietern häufig verschlafen werden. So gibt es in Deutschland erst zwei Seniorenspezialgeschäfte – in Heidelberg und Hamburg. Das Angebot reicht von Möbeln über Seh- und Hörhilfen bis zu Fach- und Unterhaltungsliteratur, Gesundheitshilfen und Fitnessgeräten. Seminare und Vortragsveranstaltungen gehören ebenfalls zum Programm.

2. *Intensivste Analyse des Lebens, der Bedürfnisse und Probleme der Kernzielgruppe.* Viele Nischenanbieter versuchen, die Wertekette ihrer Kunden möglichst breit zu bedienen. Es geht ihnen nicht um einen einzelnen Wertschöpfungsbeitrag, sondern sie zielen darauf ab, möglichst viele Nutzenbeiträge auf der Wertekette ihres Kunden zu stiften. Deshalb ist die intensive Analyse des Nutzungsverhaltens von äußerster Relevanz. Doch viele Nischenanbieter gehen an dieser Stelle einige entscheidende Schritte weiter. In der intensiven Auseinandersetzung mit dem engen Marktsegment identifizieren sie eine Vielzahl weiterer Potenziale. Sie stellen sich die Frage, wie lebt unser Kunde, was ist ihm über die Nutzung unserer Produkte sonst noch wichtig, und wie können wir ihm – sofern es sich um einen industriellen Abnehmer handelt – helfen, sein Geschäft zu optimieren?

Betrachten Sie den Markt für türkische Konsumenten. 1961 war der junge Student Vural Öger in Berlin der türkische Zuwanderer Nummer 31. In Hamburg hatte er acht Jahre später die Idee seines Lebens, als er bemerkte, dass von dort kein Direktflug in die Türkei möglich war. Obwohl er mittlerweile einer der größten Reiseveranstalter in Deutschland für jedermann geworden ist, war er damals der Entdecker eines wahrhaft neuen Marktes. Heute entwickeln sich immer speziellere Angebote mit großen Zuwachsraten für türkische Mitbürger in Deutschland: Türkische Spezialitäten werden importiert, die in deutschen Supermärkten nicht erhältlich sind, aber für die türkische Familienküche unentbehrlich sind. Auch bieten spezielle Versicherungsprodukte und Finanzdienstleistungen große Potenziale, die es schafften, spezifische Aufgabenstellungen zu lösen, die häufig mit der ruhestandsbedingten Rückkehr in das Heimatland verbunden sind. Gleichfalls boomend ist: der Markt für türkische Medien. Sei es metropol.fm in Berlin oder der flächendeckende Vertrieb von türkischsprachigen Tageszeitungen in Deutschland – vieles, was heute wie eine Selbstverständlichkeit eines großen Marktes aussieht, ist die strategische Entwicklung eines Nischenmarktes.

3. *In der Nische spezialisieren:* Ein dritter entscheidender Schritt ist die Weiterspezialisierung in der Nische. Betrachten Sie das Unternehmen Sopur, das sich auf Rollstühle in hoher Qualität für den Behindertensport und die Krankenbetreuung spezialisiert hat. Neben dem Differenzierungsansatz in der Nische (Qualitätsführerschaft) findet eine Fokussierung auf den Behindertensport und Krankentransporte statt. Das Unternehmen konzentriert sich auf die sehr eng abgegrenzte Zielgruppe der Querschnittsgelähmten im Markt für Rollstühle. Diese Nischenzielgruppe macht nur ungefähr 3,1 Prozent der 360 000 Rollstuhlfahrer in Deutschland aus, sie ist aber sehr homogen, das heißt jung, sportlich und für eine positive Darstellung der Behinderten in der Öffentlichkeit geeignet. Das qualitativ hochwertige Produkt wird durch eine spezielle Kommunikationspolitik unterstützt. Besonders hervorzuheben sind dabei die Positionierung des Rollstuhls als Individualprodukt, das hohe Engagement des Unternehmens für den Behindertensport sowie ein enger Kontakt zu den Meinungsbildenden in den Reha-Zentren und -Kliniken.

Entwickeln Sie Ideen weiter oder kopieren Sie intelligenter

Innovation ist die Königsdisziplin des Unternehmertums, und die Imitation wird mit verächtlicher Geringschätzung gestraft. Wer kopiert hat keine Ideen und wird in der Regel nie der Beste am Markt sein, so lautet ein häufig zu hörendes Vorurteil. Allerdings steckt in der durchdachten Weiterentwicklung eines bestehenden Angebots die Möglichkeit, ein besseres Leistungskonzept durchzusetzen – insbesondere in einem klar abgegrenzten Segment. Beobachten Sie deshalb Konzepte, die sich auf einem breiten Markt etabliert haben, für die also eine Nachfrage besteht, und stellen Sie sich die Frage, wo in diesem Gesamtmarkt Sub-Nischen existieren, oder wie für bestimmte Zielgruppen das Konzept weiterentwickelt werden kann. Der Fahrradkurierdienst Messenger hat zum Beispiel die Nische der Fahrradkurierdienste weiterentwickelt, die in Berlin bereits hart umkämpft ist. Das Unternehmen hat sich gefragt, wo neue Zielgruppen und Potenziale der Idee liegen. Indem das Dienstleistungsportfolio erweitert wird, zum Beispiel durch das Abholen von Schuhen vom Schuster oder die Besorgung von Theaterkarten für die abendliche Vorstellung. Außerdem wurde der Fuhrpark um Autos erweitert, um den Markt für sperrige Güter und große Entfernungen nicht der motorisierten Konkurrenz überlassen zu müssen. Diese Erweiterung der Nische ist aber oft gefährlich: Die Strategie verwässert und das Unternehmen begibt sich in einen Zusatzmarkt, von dem es nichts versteht. Der Fahrradkurierdienst tut vielleicht besser daran, klein zu bleiben und bei Anfragen für sperrige Güter auf andere Transportunternehmen zu verweisen.

Musik war für Fernsehsender schon immer ein interessantes und wichtiges Programmelement. Nur auf Musik zu setzen, das traute sich lange Zeit kein Anbieter. Zu unterschiedlich schienen die Geschmäcker, zu vielfältig die Musikrichtungen. Doch MTV kommt seit mittlerweile 20 Jahren dem Nischenbedürfnis der 15- bis 29-Jährigen nach, sich rund um die Uhr Musikvideoclips anschauen zu können. Und selbst in diesem Nischenmarkt ist in Deutschland Platz für zwei Anbieter. Mit VIVA wurde ein zweiter Musiksender etabliert, der gegen MTV antrat – mit Erfolg. Ähnlich wie die Tageszeitung *Financial Times Deutschland* gegen das *Handelsblatt* und der Nachrichtensender N24 gegen n.tv versuchen sich »die Zweiten« gerade im Medienmarkt durch neue Konzepte, spitzere Positionierungen und viel Marketing zu etablieren. Dies funktioniert, sofern im Markt tatsächlich nicht erschlossenes Potenzial existiert und die Differenzierung überzeugend ist. Dem Nachrichtenmagazin *Fokus* ist dies gelungen, als es gegen den Platzhirsch *Spiegel* angetreten ist. Allerdings hat das Magazin mit einem differenzierten Konzept eine andere Zielgruppe »fokussiert«. Außerdem ermöglicht der Markt für Nachrichtenmagazine äußerst hohe Auflagen mit sehr wichtigen Zielgruppen für die werbetreibende Industrie. In konjunkturell problematischen Zeiten werden dagegen enge Marktsegmente, die von mehreren Anbietern besetzt werden, zum Risikofeld, in dem ein radikaler Selektionsprozess stattfindet.

Die Weiterentwicklung als konzeptioneller Denkansatz für die Entwicklung von Nischenstrategien bezieht sich nicht nur auf Angebotskonzepte, sondern auch auf die Weiterentwicklung von Märkten. »Wie können wir mit unseren bestehenden Produkten, Dienstleistungen, Technologien, Ressourcen oder Kompetenzen andere Nischen besetzen?« lautet hierbei die Kernfrage. Die Kistler AG in der Schweiz bedient mit ihrer speziellen Sensorentechnologie mehrere Branchen. Das Unternehmen stellt Sensoren her für Crash-Wände bei Auto-Crash-Tests, für die Verbrennungsmotorenforschung, die Kunststoffverarbeitung, die Biomechanik, die Werkzeugmaschinenüberwachung oder die Fahrzeug- und Raumfahrttechnik. Kistler hat auf dem Sensoren-Gesamtmarkt nur einen marginalen Marktanteil, da ausschließlich Nischen bearbeitet werden. Allerdings hat sich das Unternehmen ein überlegenes Know-how in der eng definierten Nische der hoch spezialisierten Sensortechnik aufgebaut. Die empfindlichen Sensoren werden eingesetzt, um Kräfte und Bewegungen festzuhalten, die für das menschliche Auge zu schnell ablaufen. Spezialanwendungen, die für Großserienhersteller zu wenig rentabel und zu kompliziert sind, wie in Bioplattformen, die beim Gewichtheben oder auch beim Hoch- und Weitsprung den Kraftverlauf exakt festhalten, sind der Markt des Unternehmens. Auch die Firma Renker hat mit einer speziellen Beschichtungstechnologie zur Veredelung von Papier und Folien ihr Branchenportfolio ausgedehnt: von Lampenschirmen bis zu Satellitenfolien, Thermopapieren für Telefaxe und Kassenbons, spezielle Folien für Fenster- und Autoglas, Folien für den Automobilbau sowie für die Luft- und Raumfahrt. Neben typischen Eigenschaften von kundenorientierten Nischenanbietern (schnelle Reaktion auf Marktbedürfnisse, intensive Pflege der Kundenkontakte und Anwenderberatung, hohe Flexibilität im Vertrieb) muss das Unternehmen permanent auf der Suche nach neuen Anwendungsfeldern für die eigene Technologie sein.

So entwickeln Sie Ihr Angebot intelligent weiter:

1. Beschreiben Sie Ihr Angebot in einem Satz.
2. Listen Sie die wichtigsten Konkurrenten auf und setzen Sie sich intensiv mit deren Leistungsangebot auseinander. Beschreiben Sie das bestehende Angebot.
3. Segmentieren Sie den Gesamtmarkt.
4. Bestimmen Sie die wichtigsten Bedürfnisse der einzelnen Segmente.
5. Identifizieren Sie die Schwächen der bestehenden Angebote – insbesondere mit Bezug auf jedes einzelne Segment.
6. Entwickeln Sie ein besseres Angebot für jedes einzelne Segment. Wie können Sie für das Segment XYZ durch die Veränderung der Differenzierungs-Parameter ein optimales Angebot gestalten: Qualität, Service, Ausstattung, technologischer Standard, Flexibilisierung, minimale Kosten, Umweltfreundlichkeit, Design und vieles mehr.

Werden Sie der Spezialist der Spezialisten oder der Extremist für Extreme

Bei der Analyse von Nischenanbietern fällt auf, dass viele Firmen wiederum Nischenanbieter als ihre Kunden definiert haben. Sie sind also Spezialisten für Spezialisten. Die 1917 gegründete Münchener Firma Arnold & Richter Cine Technik hat sich zum Beispiel einen hervorragenden Namen auf dem Markt für Filmkameras erarbeitet. Nicht der breite Markt ist im Fokus, sondern das Segment der anspruchsvollsten professionellen Filmemacher. Das Unternehmen bietet technisch ausgefeilte, computergesteuerte 35-Millimeter-Kameras an und hat in dieser weltweiten Nische einen Marktanteil von 60 Prozent. Die Arriflex, von der jährlich nur 1000 Stück produziert werden, ist weltweit bei Regisseuren der Inbegriff von exzellenten Bildern. Die herausragende Stellung der Firmengründer August Arnold und Robert Richter wurde 1982 mit einem Oscar für ihr revolutionäres Lebenswerk unterstrichen. Seit 1966 hat das Unternehmen bereits neun Oscars für technische Innovationen erhalten.

Die Forplan GmbH hat sich in der Branche der Unternehmensberatungen als *Spezialist für Spezialisten* hervorgetan, indem sie sich auf die Beratung von öffentlichen und privaten Rettungsdiensten konzentriert hat. Obwohl das Unternehmen im Vergleich zu großen Unternehmensberatungen sehr klein ist, besitzt es aufgrund seiner hohen Spezialisierung einen Marktanteil von rund 80 Prozent bei Rettungsdiensten.

Zwei problematische Punkte der Nischenstrategie werden an diesen Beispielen deutlich:

- Einseitige Abhängigkeit kann bei strukturellen Veränderungen und Krisen in der Branche zum Einbrechen der gesamten Geschäftsbasis führen. Was passiert, wenn die Filmindustrie von einer globalen Krise heimgesucht wird oder eine technologische Innovation die Kameras von Arnold & Richter aus dem Rennen wirft?
- Es ist wichtig, dass für die Bedienung des Segments eine hohe Kompetenz vorhanden ist, die von anderen Anbietern nicht ohne weiteres kopiert werden kann. Für Forplan ist das detaillierte Wissen um die Belange der Rettungsdienste spielentscheidend, um nicht durch typische, undifferenzierte Beratungen ersetzt zu werden.

Beachten Sie die Grundregeln für Fokusstrategien

Zusammenfassend lassen sich folgende Prinzipien für die Umsetzung einer Fokusstrategie festhalten: Sie müssen grundsätzlich auf ein bestehendes oder ein latentes Bedürfnis eingehen, das durch keines der vorhandenen Angebote auf dem Markt ausreichend befriedigt wird. Sie brauchen eine klare und enge Abgrenzung der Nischenzielgruppe, deren Bedürfnisstruktur möglichst homogen ist. Sie sollten der Erste im Marktsegment sein und Ihre Position als Innovator schnellstmöglich ausbauen. Prüfen Sie, ob der Nischenfaktor in verschiedenen Branchen oder zur Befriedigung verschiedener Zielgruppen einsetzbar ist. Bauen Sie ein überlegenes Know-how in Bezug auf den Nischenfaktor im eng definierten Marktsegment auf. Verteidigen Sie Ihre Sonderstellung und sichern Sie sich technologische Überlegenheit. Halten Sie Ihre Produkte und Dienstleistungen exklusiv und binden Sie Ihre Kunden aktiv ein.

Der Beitrag der Entwicklung einer Geschäftsbereichsstrategie im Rahmen des strategischen Prozesses: Die funktionalen Bereiche wie Marketing, Personalwesen, Verkauf, Produktion oder die Forschung und Entwicklung haben nun klare Vorgaben, wie das Endprodukt – und alles, was dazugehört aussehen soll. Haben die Entscheidungen auf der Geschäftsbereichsebene oft noch einen relativ abstrakten Charakter, so sind sie doch eine unablässige Orientierungs- und Koordinationshilfe für die einzelnen Funktionen im Unternehmen.

9. Funktionale Strategien /

Was Sie bei der Entwicklung von funktionalen Strategien machen müssen:
Mit der Entwicklung der funktionalen Strategien wird der erste Schritt
Richtung Implementierungsphase gemacht. Der Konkretisierungsgrad
steigt und Sie schreiten zur Tat. Spätestens hier sollten die konzeptio-
nellen und planerischen Ansätze der Geschäftsbereichsstrategie einer kla-
ren funktionalen Politik weichen: aus Planung wird Handlung. An dieser
Stelle werden wir exemplarisch auf zwei funktionale Bereiche eingehen,
um die Durchgängigkeit der Strategieentwicklung zu beschreiben.

Die Geschäftsbereichsstrategie gibt eine generelle Ausrichtung vor, wie
Wettbewerbsvorteile entwickelt werden können. Konkrete Maßnah-
menpakete zur effektiven Umsetzung dieser Geschäftsbereichsstrategien werden aber erst auf der funktionalen Ebene ausformuliert. Das
Managementteam beschreibt somit im Sinne einer sukzessiven Planung
die operativen Konsequenzen aus der Gesamtunternehmensstrategie
und der Geschäftsbereichsstrategie für die einzelnen Funktionen. Daher
ist die funktionale Strategie eine Brücke zur Implementierung, weil der
Detaillierungsgrad der Planung erhöht wird und konkrete Handlungsanweisungen gegeben werden. Im Folgenden wird anhand einer Übersicht über die Entscheidungsbereiche von zwei wichtigen Funktionen die
Verbindung zwischen den drei Strategieebenen illustriert. Diese beiden
Funktionen sind Marketing/Verkauf und Personalwesen, deren wichtigste Aufgaben dargestellt werden. Spezialisten der einzelnen Gebiete
mögen es verzeihen, dass wir an dieser Stelle nicht in die Tiefe gehen
können. Ziel ist, die Managementteams der funktionalen Stellen dazu
zu bewegen, ebenfalls langfristig zu planen und sich über die Implementierung der Geschäftsbereichsstrategie Gedanken zu machen. Meist
kann zudem die horizontale Koordination zwischen Funktionen stark

Abbildung 46: Entwicklung von funktionalen Strategien als echter Prozessschritt

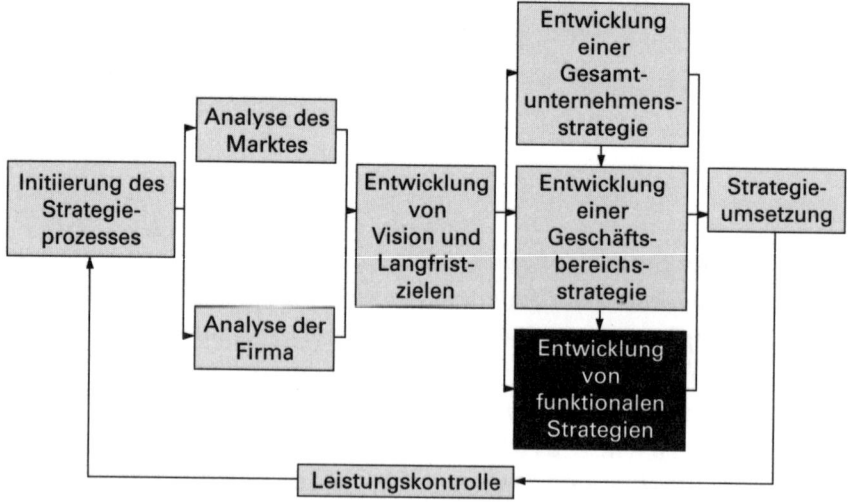

verbessert werden. Würden sich nur die Verkäufer und die F&E-Fachleute besser verstehen!

Wie wird eine Marketingstrategie entwickelt?

Oft wird zwischen operativem und strategischem Marketing unterschieden. Bei operativem Marketing werden in erster Linie Entscheidungen über Produktecharakteristika, den Preis, die Promotion und die Distributionskanäle getroffen. Strategisches Marketing hingegen kommt dem strategischen Management, wie es in diesem Buch dargestellt ist, sehr nahe. Im Unterschied zur Geschäftsbereichsstrategie übersetzt der Marketingexperte die generellen Vorgaben und quantitativen Pläne mit höherem Detaillierungsgrad.

Wählen Sie Ihren Zielmarkt aus

Die Entscheidungen des operativen Marketing werden aufgrund einer sehr gründlichen Analyse des Marktes und insbesondere der Kundengruppen gemacht. Gesucht wird das homogene Marktsegement, das groß genug ist, um die eigenen Produkte und Dienstleistungen Gewinn bringend zu verkaufen. Märkte können nach vielen verschiedenen Kriterien segmentiert werden. Sind Marktsegmentsgrenzen einmal definiert, so hat dies einschneidende Konsequenzen für die Organisation der Geschäftsbereiche und für die Differenzierung des Angebotes in den einzelnen Segmenten. Oft geben Unternehmen auch der Verlockung nach, die Segmentsgrenzen nicht einzuhalten. Beispielsweise kann ein Anlagenbauer im Namen der Kundenbindung für einen guten Kunden Maschinen außerhalb des Produkteprogrammes herstellen. Oder ein fleißiger Verkäufer bedient auch kleinere Firmen mit den für Großfirmen maßgeschneiderten Produkten. Definieren Sie bei den Zielmärkten genau, wem die Kaufentscheidung obliegt und wie diese zu beeinflussen ist. Ähnlich wie bei der Portfolio-Analyse von Geschäftsbereichen können auch Produktegruppen oder einzelne Produkte in einen Lebenszyklus eingeordnet werden. Ein erhöhtes Verständnis des Reifegrades der Märkte verbessert Ihre Fähigkeit, die Marktentwicklung zu prognostizieren und weitere Marketingentscheidungen zu treffen.

Definieren Sie die Produktecharakteristika

Die Produktecharakteristika werden aufgrund der Basisstrategie definiert. Verfolgen Sie eine Differenzierungsstrategie, so werden Sie versuchen, die Wünsche und Erwartungen des Käufers bestmöglichst zu befriedigen. Der Preis ist zunächst Nebensache. Eine Kostenführerschaft wird dann erreicht, wenn die Produktecharakteristika nicht hauptsächlich mit dem Kunden, sondern mit der Produktion abgestimmt werden. Produktecharakteristika sind unter anderem über folgende Elemente definiert: Design, Funktionalität, Größe, Zuverlässigkeit, Verpackung, Grad der individuellen Anpassung, Labeling und Service. Aus dem Mix dieser Charakteristika wird ein Produktangebot erstellt, das sich vom Wettbewerb positiv abhebt und gleichzeitig das eigene Produktsortiment ergänzt und möglichst nicht kannibalisiert.

Wählen Sie die Distributionskanäle aus

Welche Verkaufskanäle erreichen das gewählte Marktsegment am effektivsten? Wie selektiv, exklusiv oder intensiv sollte ein Verkaufskanal genutzt werden? Wie hoch ist die Verhandlungsmacht der potenziellen Verkaufspartner? Wie können die Vertriebspartner motiviert und kontrolliert werden? Welche Distributionspartner haben die nötigen Kompetenzen und das Produkt-Know-how, um unsere Produkte zu verkaufen? Welche Profitmargen müssen den jeweiligen Partnern gezahlt werden? Wie hoch sind die Kosten für die Steuerung des Distributionssystems? Anhand dieser Fragen entscheiden Sie sich für einen Mix von Vertriebskanälen: Einzelhandel, Großhandel, eigene Verkaufsmannschaft, selbstständige Vertreter, Online-Verkauf, Katalogverkauf oder Shop-in-Shop-Konzepte.

Definieren Sie die Werbestrategie

Die Aufgabe der Werbestrategie wird anhand einer klaren Kundenanalyse definiert. Sie kann dazu dienen, den Kunden über das Produkt zu informieren, ein Kaufbedürfnis auszulösen oder ein klar identifiziertes Bedürfnis in einen Kauf zu transformieren. Werbemaßnahmen erhöhen die Kundenloyalität und bewirken, die Gebrauchshäufigkeit des Produktes zu erhöhen. Pull-Werbestrategien zielen darauf ab, dass sich die Kunden dorthin bewegen, wo Ihr Produkt verkauft wird: In einem TV-Werbespot wird dem Kunden ans Herz gelegt, zum nächsten Ford- oder Mercedes-Händler zu gehen. Push-Werbestrategien zielen darauf ab, die Vertriebskanäle zu motivieren, mehr von Ihrem Produkt zu verkaufen. So können Bierbrauer mit direktem Vertrieb Gaststätten und Bars dazu motivieren, ihre Biermarke zu verkaufen oder sogar mit Lieferstopp drohen, falls nicht eine bestimmte Menge verkauft wird. Beispielsweise bei Sportartikelherstellern ist Marketing neben Forschung und Entwicklung längst zur zentralen Unternehmensaktivität geworden. Bei Puma, Nike, Adidas oder Reebok haben Marketingausgaben einen Umfang von 10 bis 15 Prozent des Umsatzes. Bei der Höhe der Ausgaben ist es wichtig, den effektiven Einfluss der Werbemaßnahmen auf den Umsatz zu messen. Fragen Sie Ihren Marketing-Verantwortlichen, wie hoch die Umsatzsteigerung bei einer Verdoppelung des Werbebudgets sein wird.

Definieren Sie das Preisniveau

Die Entscheidung, wie hoch der Preis des Produktes sein soll, beeinflusst den Marketing-Mix. So verlangen tiefpreisige Produkte beispielsweise andere Verkaufskanäle. Die Preisentscheidung wird von mehreren Faktoren beeinflusst. Zum einen gibt es psychologische Preise, beispielsweise 299 Euro, die einen positiven Effekt auf den Konsumenten haben können. Auch überdurchschnittlich hohe Preise können einen positiven Effekt auf die Konsumenten bewirken, da sie eine wichtige Signalwirkung haben: »Was nichts kostet, ist nichts wert.« Häagen Dasz hat mit dem Slogan: »Alles wird teurer. Wir bleiben es.« kokettiert und sich damit an die Spitze der Premium-Eismarken gesetzt. Eine zweite Kalkulationsmethode ist, die Gesamtkosten für die Herstellung des Produktes zu errechnen und die gewünschte Profitmarge zu addieren. Oder Sie können versuchen, die Wertschätzung für das Produkt durch Ihre Kunden bewerten zu lassen und nehmen dies als Indikator für den Endpreis. Oft diktieren jedoch die Wettbewerber den Verkaufspreis, und Ihnen bleibt nichts übrig, als sich anzupassen, sofern Sie sich nicht grundsätzlich vom Wettbewerb differenzieren können. Vor allem in High-tech-Produktsegmenten werden innovative Produkte in einer Einführungsphase mit sehr hohen Margen in den Markt eingeführt, um die Innovationstätigkeit zu finanzieren (skimming). Mit dem Preis können aber auch Kapazitätsengpässe gesteuert werden. Abhängig von der Preiselastizität des Kunden werden einige bei einer Preiserhöhung zu einem Konkurrenzprodukt abspringen. Unternehmen haben deshalb oft das Problem, Umsatzwachstum und gute Margen zu verbinden.

Wie wird eine Personalstrategie entwickelt?

Allgemein wird stets postuliert, dass die Mitarbeiter die wichtigste Ressource des Unternehmens sind. In vielen Firmen sind solche Aussagen aber nicht mehr als für den Arbeitsmarkt wirksame Lippenbekenntnisse. Oder andersherum gefragt: Wie viele Topmanager kennen Sie, die ihre Karriere in der Pesonalabteilung begonnen haben? Wie viele Personalchefs kennen Sie, die entweder im Vorstand nicht vertreten sind oder dort kein Gewicht haben? Zugegeben, oft haben die Personalchefs auch kein allzu gutes Verständnis des operativen Geschäfts und können einfach nicht mitreden. Häufig sind sie dazu verdammt, rein reaktiv die Strategien der Kollegen im Topmanagement umzusetzen. Strategisches Personalmanagement kann jedoch bedeuten, aufgrund einer professionellen Einschätzung des Wissens und der Kompetenzen der Mitarbeiter die Wettbewerbsstrategie (inside-out) maßgeblich zu beeinflussen.

Planen Sie den Personalbedarf pro-aktiv

Die Personalplanung kann reaktiv aufgrund von Anfragen aus der Linie geschehen oder aufgrund einer Analyse der zukünftigen strategischen Herausforderungen und der mit ihnen verbundenen notwendigen Mitarbeiterprofile. Das Ziel ist, die zukünftig freien oder neuen Stellen mit den richtigen Mitarbeitern zu besetzen. Diese Planung beruht auf einer detaillierten Analyse und Gestaltung von Stellenanforderungen. Oft werden die Stellenprofile in Kategorien gebündelt und bilden dann zusammen mit der Beurteilung des individuellen Profils die Grundlage für die Berechnung des Fixlohns.

Recruiting: Steigern Sie Ihre Attraktivität als Arbeitgeber

Die Personalbeschaffung ist eine zentrale Aufgabe der Personalabteilung. Freie Stellen können entweder über den internen Personalmarkt (durch die Versetzung eines Mitarbeiters) oder durch den externen Arbeitsmarkt besetzt werden. Beide Märkte müssen hierbei langfristig und intensiv bearbeitet werden. Die meisten größeren Firmen haben für den internen Stellenmarkt ein dafür geeignetes Kommunikationsmedium: Intranet, Schwarze Bretter oder die Hauszeitung. Beim externen Stellenmarkt sind Zeitungsinserate, Recruiting-Aktivitäten in Universitäten und Hochschulen oder die direkte Abwerbung eines Kandidaten durch persönliche Kontakte die üblichen Instrumente. Oft wird die sehr zeitintensive und meist heikle Suche nach qualifiziertem Personal an Headhunter, Executive-Search-Firmen oder Stellenvermittlungsagenturen übertragen. In Zeiten von Wirtschaftskrisen wird eine weitere Variante des Besetzens von offenen Stellen in der Regel unpopulärer: das »Bodyleasing«. Manager oder Mitarbeiter auf Zeit verrichten zu erheblich höheren Kosten die Arbeit auf Basis von Stunden- oder Tagessätzen.

Personalauswahl: Erstellen Sie Ihren Methodenmix

Die Auswahlmethode sollte die Wahrscheinlichkeit erhöhen, dass der Kandidat in der neuen Position erfolgreich ist. Beratungsunternehmen wie McKinsey oder BCG sortieren den Großteil der Bewerber schon auf der Basis von Lebenslauf, Motivationsbrief, Referenzschreiben und Schul- und Arbeitszeugnissen. Oft reichen dafür schon schlechte Mathematiknoten während der Gymnasialzeit oder das Fehlen außerschulischer Aktivitäten. Übersteht ein Kandidat diese Hürde, wird er in ein meist eintägiges Interview-Abenteuer eingeladen: morgens drei Interviews mit einer Zwischenselektion am Mittag und für die Verbleibenden nochmals zwei bis drei Interviews am Nachmittag. Das Interview führt meist ein einzelner Senior Berater. McKinsey überprüft mitunter, ob die Kandidaten »Drive« haben (schon etwas geleistet haben im Leben), wie sie im sozialen Umgang reagieren und ob sie analytische Fähigkeiten besitzen. Diese analytischen Fähigkeiten scheinen besonders wichtig zu sein, da meist der größte Teil der Zeit darauf verwendet wird, Fallstudien oder abstrakte Denkaufgaben zu lösen: »Wie viele Tankstellen gibt es in Deutschland?« »Wie viele Paare werden in der Schweiz im Jahre 2005 den Bund der Ehe schließen?« »Warum sind die Deckel der Zugänge zu den Abwasserkanälen rund?« Bei den Fragen geht es meist nicht darum, richtig zu schätzen (man sollte sich zumindest nicht um eine 10er-Potenz verschätzen), sondern es zählt die analytische Zerlegung des Problems.

Andere Organisationen wie Effems Mars, Credit Suisse oder die Schweizer Armee schwören auf eine Kombination von Einzelinterviews, psychologischen Tests und als krönender Abschluss ein Assessment Center: in künstlich erzeugten Arbeitssituationen werden bei Effems Mars die acht Kandidaten abwechselnd in der Gruppe und einzeln von vier Linienvorgesetzten beobachtet und anhand von einem Kriterienkatalog bewertet. Nach jeder Gruppenübung müssen sich die Kandidaten selbst beurteilen und dann eine Rangliste erstellen. Dabei sollten sie sich ab und zu unter den ersten zweien einreihen, da sie wissen, dass von acht Kandidaten nur zwei einen Arbeitsvertrag bekommen werden. Assessment Center können sowohl für die interne als auch für die externe Selektion angesetzt werden. Als letzte Hürde gibt es oft noch einen gesundheitlichen Test durch Ärzte.

Personalbeurteilung: Haben Sie den Mut zu offenem und fundiertem Feedback

In den meisten Unternehmen gibt es Positionen, die eine variable Entlohnung auf Leistungsbasis vorsehen. Meist sind es die Verkäufer, die aufgrund von Verkaufszahlen einen Bonus bekommen. Diesen festzulegen ist relativ einfach. Kommen aber qualitative Bewertungsmerkmale ins Spiel, so wird die objektive Bewertung schwieriger. Wie würden Sie die Arbeit eines Journalisten oder eines Lektors bewerten? Wie werden Maschinenbauingenieure bewertet? Die Abteilungsleiter wissen auf diese Frage meistens keine Antwort – aber sie sind fähig, eine Rangliste der Mitarbeiter zu erstellen, und können sofort sagen, welche Mitarbeiter die besten sind. Dies beweist, es gibt intuitive Bewertungskriterien. Haben Sie den Mut, diese Intuition explizit zu machen und mit den Mitarbeitern Ziele und Standards zu vereinbaren, diese periodisch zu kontrollieren und ein offenes und klares Feedback zu geben.

Bonus oder Malus? Das ist selten die Frage. Natürlich ist es einfacher, den Bonus auszuzahlen, zumal die Kinder des Mitarbeiters in dieselbe Schule gehen wie die eigenen und man sich beim Bäcker am Samstag treffen könnte. Vorgesetzte sind oft erstaunlich konfliktscheu, wenn es um Beurteilungsgespräche geht. Auch wenn die Beurteilung nicht an einen monetären Bonus geknüpft ist, haben Vorgesetzte die Pflicht, sich während des Jahres ein Bild über die Leistung des Mitarbeiters zu machen und diesem eine Rückmeldung zu geben. Das jährliche Feedbackgespräch sollte dann für den Mitarbeiter jedoch keine Überraschung sein und sich nicht nur auf die Monate November und Dezember beziehen. Sammeln Sie regelmäßig Leistungsnachweise und kommunizieren Sie Ihre Einschätzung der Mitarbeiterleistung auch mal spontan. Bereiten Sie das jährliche Mitarbeitergespräch sorgfältig vor und verlangen Sie vom Mitarbeiter eine Selbsteinschätzung seiner Leistung.

Die Qualität der Personalentwicklung ist oft ein wichtiger Punkt bei der Auswahl eines Arbeitgebers. Zu den Aufgaben der Personalentwicklung gehört es, interne oder externe Weiterbildungsseminare zu organisieren und langfristige Karrierepläne aufzuzeigen. Stellen Sie sich vor, ein internes Assessment Center findet statt, und die Besten bekommen über Jahre hinweg keine neue Herausforderung. Die Beurteilung, die Selektion und die Entwicklung von Personal sind stark miteinander verknüpft. Es ergibt auch wenig Sinn, dass am Ende des Jahres bei der Mitarbeiterbeurteilung Defizite in der Präsentationstechnik festgestellt werden und dann keine geeigneten Weiterbildungsmaßnahmen beschlossen und umgesetzt werden. Ein weiteres Problemfeld der Personalentwicklung ist die internationale Besetzung von Positionen. In vielen Firmen gehört es zu einer soliden Karriere, sich im Ausland bewährt zu haben. Durch die Auslandsaufenthalte verdünnt sich aber oft das Firmennetzwerk dieser *High Potentials* und sie finden bei ihrer Rückkehr keine passende Herausforderung. Die Personalentwicklung kann zudem verschiedene Leistungen wie das Coaching von Führungskräften, Teamentwicklungssitzungen oder eigene Fachseminare anbieten. Durch klare interne Verrechnungspreise und die Konkurrenz externer Institute wird die Marktfähigkeit der Personalentwicklungsbereiche gefördert.

Der Beitrag der Entwicklung von funktionalen Strategien im Rahmen des strategischen Prozesses: Die funktionalen Bereiche haben klare strategische Ansätze entwickelt und untereinander abgestimmt. Oft ist das Schnittstellen-Management und die Orchestrierung von funktionalen Aktivitäten eine wichtige Quelle von anhaltenden Wettbewerbsvorteilen.

10. Strategieumsetzung

Was Sie bei der Strategieumsetzung machen müssen: Während des strategischen Prozesses hatten Sie schon immer die Implementierungsphase im Kopf. Sie haben die Teilnehmer danach ausgewählt und strategische Alternativen nach ihren Umsetzungschancen bewertet. An dieser Stelle geht es nun darum, strategische Projekte aufzusetzen. Das Wort »Projekt« haben wir gewählt, da genau solche jetzt definiert werden. Projekte mit einem Verantwortlichen, einem Projektteam, Ressourcen und Meilensteine. Sie haben nun die schwierige Aufgabe, Organisationsstrukturen und Prozesse, Menschen und die Unternehmenskultur so zu verändern, dass sie zur gewählten Strategie passen.

Veränderungen sind meist mit starken Emotionen verbunden und verlangen die Umstellung von individuellen Gewohnheiten. Diese Routinen sind wichtig, um einen effizienten Ablauf des Tagesgeschäftes sicherzustellen. Je größer und älter die Organisation ist, desto schwieriger ist es aber, diese Routinen zu verändern. Beobachten Sie einmal Ihre Routinetätigkeiten am Morgen: Zähne putzen, Gesicht waschen oder Duschen. Machen Sie jetzt den Versuch, bewusst einige dieser Routinen zu ändern, ohne sich durch einen Zettel am Spiegel daran zu erinnern: Zähne putzen mit der anderen Hand, bevor Sie duschen anstatt danach. Die meisten Menschen werden es in mehreren Versuchen nicht schaffen, sich spontan daran zu erinnern und diese Abläufe zu verändern. Veränderungen benötigen einen gewissen Leidensdruck von außen, damit sie tatsächlich in Angriff genommen werden. Besonders in erfolgreichen Firmen ist es schwierig, einen breiten Konsens zu erzeugen, dass Handlungsbedarf besteht. Wie kann nun solch ein Handlungsdruck entstehen?

Ein Wandel wird erzeugt, indem entweder der Druck von den Wandlungskräften (wie technologische Veränderungen) erhöht wird oder die

Abbildung 47: Strategieumsetzung als neunter Prozessschritt

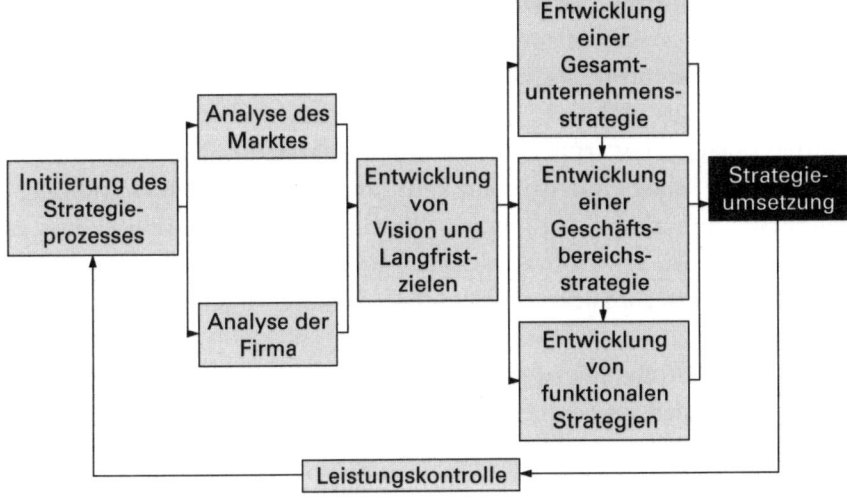

Wandlungsbarrieren (wie Informationsmangel, Misstrauen, risikoscheue Kultur) abgebaut werden. Die Erhöhung des Wandlungsdrucks führt häufig zu einer Erhöhung des Widerstandes und ist deshalb ein Nullsummenspiel. Es empfiehlt sich daher, die Wandlungsbarrieren genau zu identifizieren und gezielt abzubauen. Organisationen können demnach in einem 3-Stufen-Prozess verändert werden: »Unfreeze – Move – Refreeze« (Lewin 1963).

Dieser Grundsatz ist einfach zu merken, aber schwierig umzusetzen. In einer ersten Phase (unfreeze) sollten die Mitarbeiter dazu bewegt werden, ihre eigenen Verhaltensmuster kritisch zu betrachten. Warum nehmen wir uns am 1. Januar eines neuen Jahres vor, mit dem Rauchen aufzuhören, und nicht am 13. August? Wir brauchen einen Punkt, an dem wir sagen können, dass ein Kapitel abgeschlossen ist und wir ein neues aufschlagen möchten. Eine radikale Veränderung der Arbeitsstätte oder ein Umzug in ein neues Büro kann eine solche Wirkung ausüben. Erst wenn ein großer Teil der Organisation dazu bereit ist, sollten die Veränderungen gezielt vorgenommen werden (move). Obwohl der Spruch »Wandel ist die einzige Konstante im heutigen Leben« sich allgemeiner Beliebtheit erfreut, sollten fundamentale Wandlungsprozesse nach einer gewissen Zeit als abgeschlossen betrachtet werden. Erfolgserlebnisse werden gefeiert, und man kann sich wieder darum bemühen, Routinen zur Bewältigung des Alltagsgeschehens zu entwickeln (refreeze).

Ein anderer Weg, um die volle Aufmerksamkeit der Organisation zu erreichen, liegt darin, bewusst eine Krise zu erzeugen. Speziell in großen Firmen herrscht oft ein Gefühl der Sicherheit vor: »Die von der Unternehmenszentrale müssen halt ein bisschen Geld locker machen, wenn es bei uns mal nicht so läuft.« Oder noch schwieriger: »Bei uns läuft es doch gut – warum sollten wir uns verändern?« Die Organisation durch einen Schock aufzurütteln kann die Mitarbeiter für Wandlungsinitiativen aufnahmefähig machen. Es versteht sich von selbst, dass es nicht ratsam ist, allzu oft zu diesem Mittel zu greifen oder eine schon eingeschüchterte, unsichere Belegschaft dadurch noch stärker zu verängstigen.

Eine Krisenstimmung zu provozieren gelingt oft am schnellsten mittels objektiver Zahlen aus der (negativen) Erfolgsrechnung, direktem Feedback unzufriedener Kunden oder durch Meldungen von zunehmender Konkurrenzstärke. Es kann aber schon ausreichend sein, sich im Zeitraffer ein fünfminütiges Video der geografischen Karte des Römischen Reiches anzuschauen und zu verfolgen, wie über mehr als vier Minuten ein riesiges Imperium entsteht, das dann in wenigen Sekunden zerfällt. Danach sind die meisten Manager bereit, über Firmenbeispiele wie AEG oder Encyclopaedia Britannica zu sprechen.

Um glaubhaft zu machen, dass sich die Firma vom Status quo wegbewegen muss, sollten alte Statussymbole von vergangenen Erfolgen eliminiert werden. Firmenwagen mit Chauffeur, luxuriös ausgestattete Chefbüros oder die Business Lounge für obere Führungskräfte geben allen Mitarbeitern das Gefühl, dass alles in Ordnung ist. Um eine Unternehmung grundlegend zu verändern und tiefgreifende strategische Initiativen umzusetzen, reicht es meist nicht aus, nur an der Oberfläche zu kratzen und neue Organigramme zu zeichnen. Wandlungsprozesse laufen häufig ähnlich ab wie das folgende Beispiel: Stellen Sie sich einen großen Baum im Winter vor. Unzählige Raben sitzen auf dem Baum und machen es sich gemütlich. Ein wütender Bauer versucht nun, die Raben zu vertreiben, indem er mit einer Schrotflinte auf den Baum schießt. Darauf fliegen die Raben hoch, kreisen über dem Baum und kommen schon nach ein paar Minuten zurück. Die meisten werden auf einem anderen Ast sitzen, und ein paar Raben werden tot auf dem Boden liegen. Um zu verhindern, dass Veränderungsprozesse so ablaufen, muss von Anfang an ein tief greifender Einschnitt in das Wertesystem der Firma geplant werden.

Auf welchen Ebenen können Sie Wandlungsinitiativen beeinflussen?

Ist die strategische Grundausrichtung vorhanden, müssen vier Bereiche auf diese abgestimmt werden: die Organisationsstruktur, die verschiedenen Organisationssysteme, die Mitarbeiter und die Organisationskultur. Bezüglich der Zeitachse sind Veränderungen der Struktur relativ schnell zu realisieren, wobei Systeme schon Monate oder gar Jahre brauchen, um neu implementiert zu werden. Die Veränderung von Menschen und damit verbunden ein Wandel in der Organisationskultur braucht jedoch wesentlich länger. Studien haben gezeigt, dass – abhängig von der Größe und dem Alter des Unternehmens – auch nach einer Generation (also 25 Jahren) noch einige Spuren der alten Unternehmenskultur vorhanden sind. Schon bei der Gründung einer Firma werden gewisse kulturelle Weichen gestellt, die nachher nicht mehr leicht zu verändern sind. Planen Sie den kulturellen Wandel deshalb mit einem langen Zeithorizont, und entwickeln Sie eine gewisse Frustrationstoleranz, falls es doch ein bisschen länger dauert als geplant.

Verändern Sie die Struktur

Das Negativbeispiel des Baumes mit den Raben hat gezeigt, dass strukturelle Veränderungen sehr schnell durchgeführt werden können, aber oft nicht viel bewirken, sondern nur Unruhe stiften. Strukturelle Veränderungen sollten deshalb darauf abzielen, strategische Initiativen zu implementieren, wie der Grundsatz »Structure follows Strategy« zum Ausdruck bringt. Wie die meisten Regeln hat auch diese Ausnahmen. Nach fundamentaler Veränderung der Organisationsstruktur sollte die »Refreeze«-Phase, also die Entwicklung von effizienten Prozessen, nicht durch erneute tief greifende Veränderungen gestört werden. Die Organisationsstruktur kann somit für ein oder zwei Jahre als Rahmen für die Strategiefindung vorgegeben sein.

Strukturen zu verändern heißt nicht nur, neue Organigramme zu zeichnen, sondern auch die dazugehörenden Rollenbeschreibungen zu verändern. Wie hoch sollte der Dezentralisierungsgrad von Aufgaben sein? Wie flexibel sollte die Organisation sein? Welche neuen Aufgaben werden notwendig? Welche Aufgaben können durch externe Lieferanten erledigt werden? Wie viele Entscheidungsfreiheiten sollten die einzelnen Einheiten haben, um unternehmerisch, aber dennoch im Sinne des Gesamtunternehmens zu handeln? In Stellenbeschreibungen werden die organisatorische Eingliederung einer Stelle, ihre Ziele, Aufgaben, Kompetenzen und Verantwortlichkeiten sowie die Beziehung zu anderen Stellen schriftlich, verbindlich und in einheitlicher Form abgefasst.

Verändern Sie die Systeme

Welche neuen Fähigkeiten werden gebraucht, um die Strategie umzusetzen? Wie sollte der Informationsfluss oder der Materialfluss organisiert werden? Wie sollte das strategische und operative Planungssystem aussehen? Wie gestaltet man die Budgetrunden? Wie können Anreizsysteme, Beurteilungssysteme oder Controllingsysteme gezielt das Verhalten der Mitarbeiter beeinflussen und die Aktivitäten in die richtigen Bahnen lenken? Gute Systeme können Mitarbeiter zu einem bestimmten Verhalten zwingen. Wenn die Verkäufer beispielsweise keine Kundendaten aufbauen oder keine Besucherberichte schreiben, können intelligente Softwarelösungen Abhilfe schaffen, welche die Kontrolle der eingefügten Daten nach Qualität und Quantität erlaubt. Natürlich wird es nicht einfach sein, ein neues Verkaufssystem einzuführen – auch wenn es sich nur um ein zusätzliches Formular pro Kundenbesuch handelt. Wie bei allen Wandlungsinitiativen ist es unmöglich, Patentrezepte zu entwickeln, die auf jeden Fall funktionieren. Generell sollten jedoch die Systeme einfach sein, einen klaren Nutzen haben und miteinander verknüpft sein. Ford hat die Fehlerquote seiner Zulieferer im Rahmen eines Business-Reengineering-Projektes mit einer einfachen Systemveränderung in kürzester Zeit auf Null gesetzt: Sofern auch nur ein Teil der Lieferung fehlerhaft oder unvollständig war, wurde noch am Werkstor die komplette Lieferung Retour geschickt. Da die Mitarbeiter außerdem keine Möglichkeit hatten, das neue System zu umgehen (es bestand keine Möglichkeit zur Einbuchung eines unvollständigen oder fehlerhaften Auftrags), wurden die Lieferanten innerhalb kürzester Zeit zur Nullfehler-Kultur erzogen.

So kann das neue System beispielsweise den Verkäufern gewisse Arbeiten abnehmen, wie beispielsweise Weihnachtskarten schreiben, und sie dadurch motivieren, die Kundendaten zu pflegen. Kundendaten können auch durch ein System generiert werden, das dem Verkäufer ermöglicht, mittels Mobiltelefon seine Eindrücke des Kundengespräches auf einem Endlos-Anrufbeantworter zu hinterlegen. Die Resultate werden dann von einem Mitarbeiter im Backoffice ausgewertet und allen zur Verfügung gestellt. Auch negative Anreize, wie beispielsweise die Auszahlung von Reisespesen nur nach vollständigem Ausfüllen des Kundenberichts, können unter Umständen hilfreich sein.

Ein wichtiges System zur Forcierung von Veränderungen ist die Kombination aus Mitarbeiterbewertung und -entlohnung. Viele Firmen haben bereits vor längerer Zeit das 3P-System zur Mitarbeiterentlohnung eingeführt:

- *Person:* Eine Komponente des Fixlohns wird bestimmt von dem individuellen Profil des Mitarbeiters: Alter, Erfahrung, Ausbildung, und so weiter.
- *Position:* Die zweite Komponente des Fixlohns wird bestimmt von der einzunehmenden Stelle: Mitarbeiterverantwortung, Umsatz- oder Kostenverantwortung, benötigte Qualifikationen. Die Analyse der Stellen und die Bildung von Stellenkategorien (Stellen mit gleichem Positionsgewicht) sind oft schwierige und politisch brisante Aufgaben.
- *Performance:* Neben dem Fixlohn werden vermehrt variable Lohnteile ausbezahlt, um die erbrachte Leistung zu würdigen. Um diesem Bonus ein effektives Gewicht zu geben, sollte er nicht kleiner als 10 Prozent sein und kann bis zu einer total erfolgsabhängigen Entlohnung führen (wie teilweise bei Topmanagern wie Steve Jobs von Apple gesehen). Die aktuelle Debatte, ob der Bonus an individuelle oder Gruppen- beziehungsweise Firmenziele geknüpft werden soll, kann durch einen gesunden Mix von beiden Komponenten gelöst werden. Wichtig ist, dass die Zielvereinbarungsgespräche eine klare Ausgangslage für eine möglichst objektive Beurteilung der Leistung schaffen.

Verändern Sie die Menschen

Welches Know-how und welche Erfahrungen müssen die Mitarbeiter mitbringen, um die Strategie erfolgreich umsetzen zu können? Welches sind die Schlüsselpersonen, die Wandlungsinitiativen beeinflussen können?

Welche Erwartungen haben die Mitarbeiter, und wie können sie motiviert werden? Radikale Veränderungsprozesse beginnen oft mit dem Austausch zentraler Führungskräfte. Wie in einem Fußballteam kann die Auswechslung des Trainers ein wichtiges Zeichen setzen und neue Impulse liefern. Die Veränderung des »genetischen Codes« einer Firma kann zwar schnell Wirkung erzielen, sie ist aber auch mit einigen Kosten verbunden. Neben finanziellen Aspekten der Gehaltszahlungen geht viel Wissen verloren, das nur schwer wieder aufgebaut werden kann. Meist liegt der Veränderungsbedarf einer Firma aber auch nicht in einzelnen Personen. Weiterbildungsmaßnahmen, die Bildung eines eingeschworenen und komplementären Managementteams und die Auswahl der richtigen Leute für die entsprechenden strategischen Aufgaben sind zentrale Aspekte bei der Umsetzung von strategischen Initiativen.

Verändern Sie die Kultur

Die Organisationskultur kann definiert werden als ein durch Erfahrungen aufgebautes Wertesystem, das sich in gemeinsamen Verhaltensweisen und organisatorischen Routinen manifestiert und durch Symbole und Erzählungen an neue Generationen übertragen wird. Hierbei können drei Kulturebenen unterschieden werden (Schein 1984):

1. *Sichtbare Artefakte* wie Kleidung, Büroeinrichtungen, Umgangsformen, Architektur, Kantinenessen, Schriftstücke, Feiern oder die ausgestellten Kunstgegenstände.
2. *Ausgesprochene Wertevorstellungen* über Aspekte unseres Lebens. Diese Ebene der Organisationskultur ist oft in Leitbildern, Führungsgrundsätzen, Dogmen, Handlungsmaximen, Ideologien oder Heldenbildern wiederzufinden.
3. *Unausgesprochene Basisannahmen* über fundamentale Aspekte des Lebens bilden die dritte Komponente von Kultur. In einem Kulturkreis wird die Zeit beispielsweise mit der Metapher eines Sees beschrieben (Zeit ist wie Wasser in einem See: Was heute nicht genutzt wird, ist morgen auch noch da), und in einem anderen Kulturkreis trifft der Vergleich mit einem Fluss eher zu (Zeit ist wie Wasser in einem Fluss: Was heute nicht genutzt wird, ist für immer verloren).

Es braucht lange Zeit, um die Unternehmenskultur zu verändern. Arie de Geus von Shell behauptete einmal, dass die letzte Quelle von anhaltenden Wettbewerbsvorteilen in der Lernkultur der Firma zu suchen ist. Quellen von anhaltenden Wettbewerbsvorteilen haben vier Charakteristika: Sie sind wertvoll, selten, schwer zu imitieren und schwer zu substituieren. Eine positive Lernkultur erfüllt als eine der wenigen Fähigkeiten diese vier Kriterien. Die Lernkultur ist aus mindestens zwei Gründen schwierig zu imitieren.

Erstens ist sie schwierig zu beschreiben – oder wie würden Sie Ihre Unternehmenskultur beschreiben? Ein erster Schritt in der Veränderung der Kultur sind klare Aussagen, wie die Kultur heute ist und wie sie in Zukunft aussehen sollte. Vage Leitbilder sind damit nicht gemeint. Die Kultur sollte vom Topmanagement vorgelebt werden. Die Mitarbeiter sollten sich Anekdoten darüber erzählen, was mit Kundenorientierung, professionellem Projektmanagement oder Transparenz gemeint ist.

Zweitens ist die Lernkultur schwierig zu imitieren, weil Kultur nur langfristig zu verändern ist. Symbolische Handlungen können hier helfen, den Mitarbeitern klar zu machen, wie sie sich in Zukunft verhalten sollten. So versuchte einmal ein verzweifelter Verkaufsleiter, seine Verkäufer dazu zu bewegen, vier von fünf Arbeitstagen beim Kunden zu verbringen. Diese jedoch bevorzugten es, nicht zu reisen und vier Tage im Büro zu sein. Nach mehrmaligen verbalen Versuchen nahm er Hammer, Nägel und Holzleisten und vernagelte die Türen zu ihren Büros. Solch eine Aktion bietet sicherlich Diskussionsstoff und regt zum Denken und wahrscheinlich auch zur Veränderung der Verhaltensweise an.

Wie können Wandlungsprozesse gesteuert werden?

Nachdem wir uns über die Initiierung und die generellen Elemente von Wandlungsinitiativen Gedanken gemacht haben, folgt die Frage, wie Wandlungsprozesse schließlich konkret gesteuert werden können. Wie schon erwähnt, gibt es hierfür keine Patentrezepte. Dies ist keine billige Ausrede, sondern eine Warnung vor Rundumschlägen und unreflektierter Anwendung von Methoden, die in anderen Firmen schon zum Erfolg geführt haben. Auch in Ihrer Firma gibt es verschiedene Subkulturen, die geografische-, religiöse- oder Tochterfirmenzugehörigkeit reflektieren.

Bestimmen Sie Timing und Intensität von Wandlungsinitiativen genau

Nachdem Sie sich entschieden haben, welche der vier Elemente Sie verändern müssen, um Ihre strategischen Initiativen umsetzen zu können, müssen Sie sich über den Zeitpunkt und die Intensität von Wandlungsinitiativen Gedanken machen. Wie Abbildung 48 veranschaulicht, sind die Kosten abhängig von dem Zeitpunkt, an dem die Veränderung begonnen worden ist und von ihrer Intensität. Durch ein proaktives Wandlungsmanagement der kleinen Schritte können eventuell Kosten gespart werden. Der Veränderungsdruck vom Umfeld ist gering, und dementsprechend schwierig ist es auch, die Firma grundlegend zu verändern. Wie wir aus der Klassifizierung der strategischen Themen wissen, sollten diese früh identifiziert und Kontingenzpläne entwickelt werden, bevor es zur Krise

Abbildung 48: Kosten im Verhältnis zum Wandlungsdruck

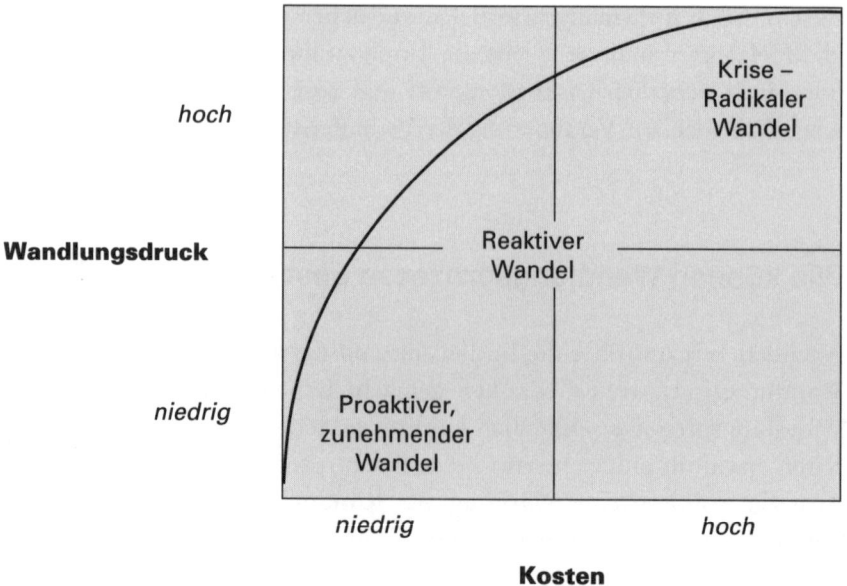

kommt. Leider ist dies nicht immer möglich (siehe Veränderung von erfolgreichen Firmen).

Konzentrieren Sie sich auf die Veränderung der organisatorischen Lehmschicht: die mittlere Führungsebene

Muss die Veränderung in einer Krisensituation schnell gehen, so wird oft temporär die Entscheidungsmacht zentralisiert mit zum Teil diktatorischen Befehlen von oben. Demokratische Bottom-up-Veränderungen brauchen zu viel Zeit. Viele japanische Führungskräfte sehen den Knackpunkt des Wandels nicht im Topmanagement, sondern beim mittleren Führungskader. Der Begriff »organisatorische Lehmschicht« soll zum Ausdruck bringen, dass es im Unternehmen eine Schicht gibt, die Initiativen von oben und unten abblockt. Ähnlich wie Wasser eine Lehmschicht nicht durchdringen kann, so können gute Ideen und Informationen die »Lähmschicht« der Organisation nicht durchdringen.

Deshalb lohnt es sich, grundlegende Veränderungen fest im mittleren Management zu verankern. Identifizieren Sie die Zugpferde organisatori-

Abbildung 49: Die organisatorische Lehmschicht

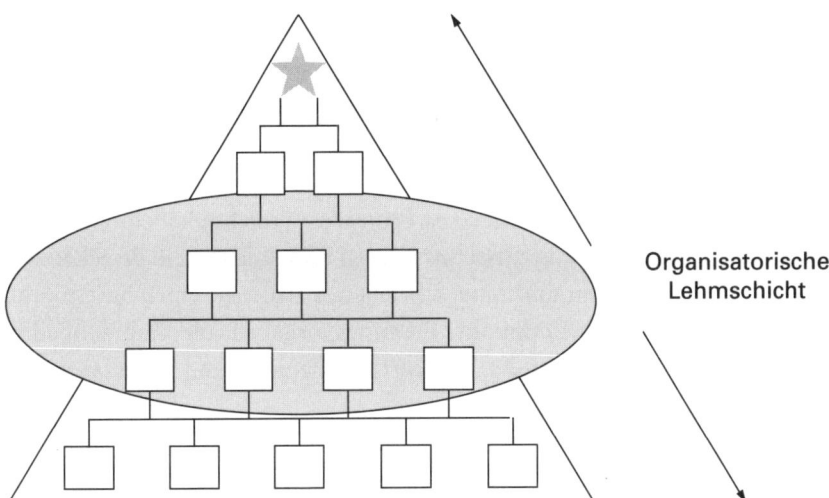

Organisatorische
Lehmschicht

Abbildung 48: Die organisatorische Lehmschicht

schen Wandels und sorgen Sie dafür, dass diese die nötige Unterstützung bekommen, um in ihren jeweiligen Bereichen eine dominante Koalition zu bilden und über genügend Einfluss verfügen, schmerzhafte Entscheidungen schnell zu fällen und durchzusetzen. Vielleicht ist es auch günstiger, eine Wandlungsinitiative vorerst auf einen Teilbereich der Firma zu beschränken. Ist dieser erfolgreich verlaufen, so haben Sie mit den anderen Bereichen ein weit leichteres Unterfangen vor sich.

Betrachten Sie Strategieumsetzung als ein Portfolio von Projekten

Strategische Implementierungsprojekte beginnen oft wie eine dreispurige Autobahn und enden dann als kleiner Feldweg. Manchmal ist es Teil der alten Unternehmenskultur, langfristigeren Projekten eine niedrigere Priorität zu geben als Kundenprojekten. Das Versagen bei einem Strategieprojekt kann auch mit der ach so dynamischen Umwelt erklärt werden oder mit der fehlenden Zeit neben dem Tagesgeschäft. Deshalb empfiehlt es sich, für größere Strategieprojekte einen Vollzeitprojektleiter einzusetzen. Wenn nach drei bis vier Monaten noch keine Entscheidungsgrundlagen und Strategiealternativen vorliegen, dann ist das ein Zeichen von mangelndem Projektmanagement oder von Paralyse durch Analyse. Unser Tipp: Wenden Sie ähnliche Projektmanagement-Standards bei strategischen Aufgaben und Kundenprojekten an. Ein Projekt ist eine Serie untereinander verknüpfter, interdisziplinärer und zeitlich limitierter Aktivitäten für die Erreichung eines spezifischen Ziels oder Endergebnisses:

Charakterisierende Merkmale eines Projektes: Projekte haben einen Auftraggeber, einen Steuerungsausschuss, einen Projektleiter, ein Projektteam, einen klar formulierten und unterschriebenen Auftrag, einen Startpunkt, Zwischenziele und ein Endpunkt, Planungsvorgaben und Rahmenbedingungen, mehrere involvierte Verantwortungsbereiche und einen laufenden Soll-/Ist-Vergleich.

Aufgaben innerhalb des Projektes: Generelle Aufgaben während eines Projektes sind das Abgrenzen des Problems und der Aufgabenstellung, die Vereinbarung der Ziele und des Vorgehens, zielgerichtete Planung und

Einsatz der Ressourcen, Überwachung und Steuerung des Projektablaufes, Projektmarketing und Führung der Projektgruppe.

Relevante Fragestellungen: Warum wird das Projekt gemacht (generelle Zielsetzungen)? *Was* muss gemacht werden (spezifische Projektziele)? *Wie* soll vorgegangen werden (Mittel und Wege)? *Wo* wird am Projekt gearbeitet (Projektstandort)? *Wer* ist vom Projekt betroffen (Anspruchsgruppen)? *Wann* wird begonnen und abgeschlossen (Terminplanung)? *Wie viel* kostet das Projekt (Projektkosten)? *Wie gut* müssen die Ergebnisse sein (Qualität)?

Wenn die Umsetzung von strategischen Zielen als ein Portfolio von Projekten gesehen wird, kann auch verhindert werden, dass Ressourcen unrealistisch eingeplant werden. Oft wird die Erstellung einer Analyse oder die Implementierung einer Idee zusätzlich zur täglichen Arbeitsbelastung zugemutet, was die gesamte Strategieumsetzung gefährdet.

Gestalten Sie politische Prozesse

Von einer strukturellen Perspektive aus gesehen sind Organisationen von an der Spitze festgelegten Zielen und einer jeweiligen Politik bestimmt. Eine Strategie wird jedoch nie ohne den Faktor Macht funktionieren. Durch Machteinflüsse können Projekte bewegt werden. Führungskräfte haben sogar die Pflicht, durch Machtausübung Menschen zu mobilisieren.

Strategische Entscheidungsprozesse haben meist eine Zeit von knappen Ressourcen zur Folge. Konflikte bei der Entscheidungsfindung sind ein natürliches und notwendiges Element, da fortwährende Unterschiede in Werten, Präferenzen und Wahrnehmungen zwischen Einzelpersonen und Gruppen bestehen. Durch diese Konflikte wird der Status quo infrage gestellt und neu verhandelt. Macht ist ein zentraler Faktor, um solche Konflikte zu lösen. Organisatorische Zielsysteme entstehen meist durch einen Verhandlungsprozess zwischen unterschiedlichen Machtgruppen oder Koalitionen.

Die Machtbasis ist durchaus unterschiedlich: Die Position in der Organisationshierarchie kann einen Manager dazu ermächtigen, Anweisungen zu geben, zu belohnen oder zu bestrafen. Oft haben Experten durch ihr ganz spezielles Wissen eine starke Machtbasis und nützen diese in Meetings durch den gezielten Einsatz von technischen Begriffen aus. Auch charismatische Führungspersönlichkeiten findet man, aber viel seltener als gemeinhin angenommen. In Sitzungen, bei denen strategische Ziele verhandelt werden, kommen solche Machtbasen zur Geltung und müssen irgendwie in die richtigen Bahnen gelenkt werden:

Prinzip der umgekehrten Handlung: Oft bemerkt man gar nicht, dass Macht im Spiel ist. Gibt es Unterschiede in der Gesprächsführung, wenn die Chefin zu Ihnen ins Büro kommt oder wenn Sie in ihr Büro gehen? Auch die Sitzordnung in einem Meeting oder subtile Gesten und Äußerungen können die Beteiligten schon stark beeinflussen. Um solche Machtprozesse aufzudecken, können Sie sich fragen, ob die eben erfolgte Handlung auch in die entgegengesetzte Richtung gehen könnte. Der Chef klopft Ihnen auf die Schulter: »Das haben Sie gut gemacht!« oder er sagt zu Ihnen: »Eigentlich wollten Sie doch das Folgende mit Ihrem Votum aussagen.« Würden Sie Ihren Chef so freizügig loben und ihm auf die Schulter klopfen? Können Sie sich herausnehmen, das zu formulieren, was der Chef eigentlich sagen wollte? Wenn ja, existiert ein Machtgleichgewicht.

Machtmanagement in Sitzungen: Die erste Herausforderung ist, zu erkennen, wo und wie Macht überhaupt wirkt. Erst danach kann man versuchen, Machtprozesse zu managen. Hierbei können altbekannte Methoden helfen: die Benennung eines Advocatus Diaboli, das Einstreuen von Gruppen- oder Einzelarbeiten oder der Hinweis an den Chef, sich als Letzter zu einem Thema zu äußern. Es kann sich durchaus lohnen, einmal eine halbe Stunde darauf zu verwenden, die Gesprächsregeln in den Sitzungen des Managementteams zu definieren und an der Wand sichtbar für jedermann aufzuhängen. Reicht dies nicht aus, um einen angepassten Gesprächsfluss zu finden, kann die folgende Übung helfen.

Disziplinierte Gespräche: Für diese Übung bereitet der Moderator für jeden Gesprächsteilnehmer (maximal zehn) drei mal fünf verschiedene Spielkarten vor. Jede Karte hat eine andere Farbe und Funktion. Spielt ein Gesprächsteilnehmer die grüne A-Karte, so berechtigt das zu einer Aussage, die auf dem Argument des Vorredners aufbaut. Die gelbe N-Karte führt ein neues Argument ein. Die schwarze F-Karte berechtigt, dem Vorredner eine Frage zu stellen. Schließlich erlaubt die rote S-Karte, das Gespräch grundsätzlich zu hinterfragen. In manchen Gruppen kann es sinnvoll sein, zusätzlich die Regel einzuführen, dass jede Karte nur zu einer limitierten Sprechzeit berechtigt. Jeder Gesprächsteilnehmer bekommt drei Karten jeder Sorte. Nehmen Sie sich jetzt ein strategisch wichtiges Diskussionsthema vor und achten Sie darauf, dass die Regeln eingehalten werden. Nach etwa 20 Minuten werden Sie bemerken, dass die Intensität nachlässt und es Zeit ist, das Experiment abzubrechen. Einige Vielredner werden dann keine Karten mehr haben, während andere noch mit dem kompletten Satz dasitzen. Besprechen Sie nun mit der Gruppe folgende Fragen: Wie haben Sie sich während des Gesprächs gefühlt? Welches sind die Vorteile, Gespräche derart zu strukturieren? Welche Gesprächsregeln sollten aufgrund dieser Erfahrung in den nächsten Sitzungen auch ohne Karten eingehalten werden?

Passen Sie Ihr Veränderungsmanagement an die Firmensituation an: Spezialfall Turnaround-Management

Von einem Turnaround spricht man, wenn eine Firma von einer einschneidenden Krise wieder in die Gewinnzone gebracht wurde. Privatisierungen, bei denen Organisationen aus der Sicherheit des Behördendaseins in die raue Wirklichkeit des Wettbewerbs geführt werden (siehe Bahn oder Post), haben oft einen ähnlichen Charakter. Meist kann beobachtet werden, dass ein solcher Prozess in zwei Phasen abläuft:

Restrukturierung: Eine gut gehende Firma, eine neu gegründete Firma oder eine Firma in einer Turnaround-Situation braucht jeweils einen anderen Managertyp in der Führung. Es wird deshalb als Erstes ein geeigneter Turnaround-Manager gesucht, der sich darauf konzentriert, ein schlagkräftiges Managementteam zu formieren, das den Wandel durchsetzen kann. Der Turnaround-Manager sucht sich Teilgebiete heraus, in denen er schnell Erfolge vorweisen kann, um das Vertrauen der Interessengruppen zu gewinnen. Transparente Controllinginstrumente werden eingeführt, um ein verlässliches Navigationssystem für Managemententscheidungen bilden zu können. Die Bilanz wird umstrukturiert. Bei Entlassungen müssen ein Sozialplan und Umschulungsmaßnahmen für die Mitarbeiter erstellt werden. Nicht zum Kerngeschäft gehörende Aktivitäten werden wenn möglich verkauft. Das Organigramm wird neu entwickelt, und die Kernprozesse werden auf ihre Tauglichkeit hin überprüft und bei Bedarf verändert. Diese Phase sollte nach ein bis zwei Jahren abgeschlossen sein.

Wachstum: Die Firma ist nun schlank und bereit, wieder langsam zu wachsen. Aufbauend auf den Kernfähigkeiten kann die Firma wieder auf Expansionskurs gehen. Entscheidungskompetenzen werden wieder nach unten delegiert, und die Organisationskultur beginnt sich langsam zu verändern. Erfolgsmeldungen zeigen der Firma, dass sie auf dem richtigen Weg ist, und motivieren die Mitarbeiter. Es werden neue, interessante Stellen geschaffen, und das Image der Firma steigt. Es wird wieder überdurchschnittlich in Marketing investiert. Die Durchdringung des Heimatmarktes steigt, und diese stabile Position erlaubt es der Firma, neue Produkte und Märkte zu entwickeln.

Der Beitrag der Strategieumsetzung im Rahmen des strategischen Prozesses: Unternehmen brauchen Erfolgserlebnisse. Und genau das sollte diese Phase bringen. Natürlich scheitern strategische Projekte auch manchmal, und eine Unternehmenskultur kann man nicht in zwei Jahren grundlegend verändern. Als Resultat dieser Phase ist es aber essenziell zu beweisen, dass die Organisation auf dem richtigen Weg ist und sich die Anstrengung lohnt. Dieser Beweis wird unter anderem dann angetreten, wenn sich der Kreislauf des strategischen Prozesses wieder schließt und wieder in die Phase der Leistungsmessung eingetreten wird.

Fazit: Der Prozess ist weitaus wichtiger als der Inhalt

Bevor Sie nun in den Unternehmensalltag zurückkehren, möchten wir unser Hauptanliegen in einem Satz fixieren: »Gestalten Sie die Prozesse mit Geduld, Realismus und Konsequenz und Sie werden sehen, dass die Inhalte automatisch an Qualität gewinnen.« Wir sind der Überzeugung, dass die Entwicklung und Umsetzung einer Strategie für die meisten Manager kein intellektuelles, sondern vielmehr ein mentales Problem ist. Es ist nicht besonders schwierig, die Funktionsweise einer SWOT-Analyse oder einer Sensitivitätsanalyse zu verstehen. Sie brauchen kein BWL-Studium, um eine Wertschöpfungskette zeichnen zu können. Im Gegenteil: Je einfacher die strategischen Instrumente desto erfolgreicher sind die Konzepte in der Praxis. Steven Covey's Bestseller *The 7 Habits of Highly Effective People* (deutsch: *Die sieben Wege zur Effektivität*, Campus Verlag) beschreibt in einfachen Worten, wie Einzelpersonen ihre Effektivität steigern können. Grundprinzipien wie »first things first« sind so einfach, dass sie bei so manchem Leser ein leicht sarkastisches »first things first – warum hat mir das nicht schon früher jemand gesagt« hervorrufen. Die strategischen Instrumente sind also einfach zu verstehen. Die wahre Herausforderung besteht darin, diese »Common-Sense«-Strategiewerkzeuge in eine Strategie-«Practice« einzubetten.

Falls Sie sich beim Lesen dieses Buches auf das Verständnis der Strategiekonzepte und -instrumente konzentriert haben, so laden wir Sie dazu ein, sich jetzt ein großes Blatt Papier zu nehmen (am besten einen DIN A1-Bogen oder noch größer) und mit einem Bleistift den Strategieprozess mit den neun Boxen aufzuzeichnen: Leistungskontrolle – Initiierung des strategischen Prozesses – Markt-/Firmenanalyse (zwei Boxen) – Vision – Strategie auf den drei Ebenen (drei Boxen) – Strategieumsetzung. Nehmen Sie sich jetzt Ihre Organisationseinheit – für die Sie verantwortlich sind – als Objekt der Analyse vor. Versuchen Sie, für diese durch jede der neun

Abbildung 50: Mind Map zum Strategieprozess
(Beispiel zur Verfügung gestellt von Caroline Stiller)

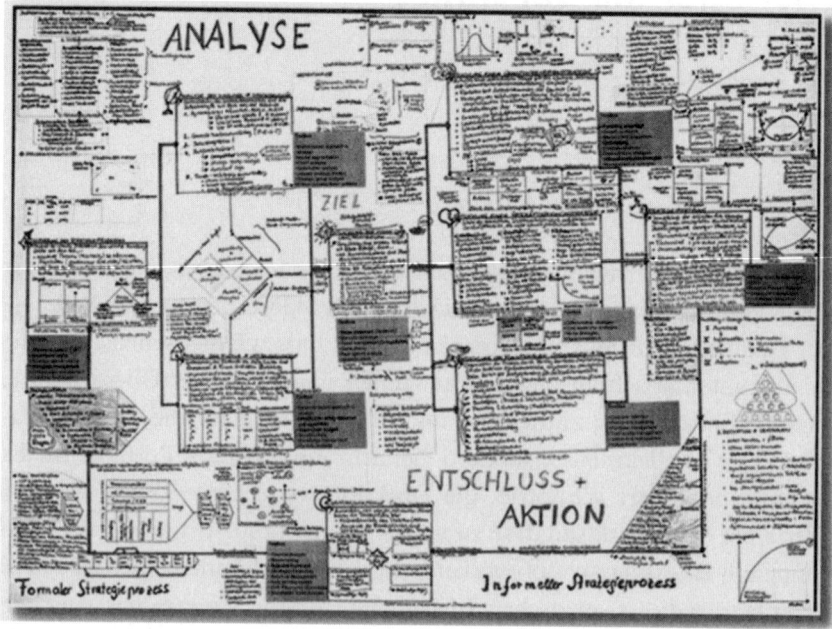

Boxen durchzugehen: Wie messen Sie die Leistung Ihres Bereiches? Zeichnen Sie eine Balanced Scorecard auf das Blatt. Wie ist der Gesundheitszustand des Bereiches? Basierend auf dieser Analyse: welche strategischen Themen müssen Sie in den kommenden Monaten angehen? Danach versuchen Sie in der nächsten Box, eine Liste dieser Themen zu erstellen und diese Themen zu priorisieren. Sie nehmen sich dann ein Thema heraus und gehen für dieses durch die nächsten zwei Boxen. In dieser Analysephase beschreiben Sie den Markt und das Unternehmen. Danach schließen Sie Ihre Augen und versuchen sich vorzustellen, wie die Idealwelt bezüglich des ausgewählten Themas aussehen könnte. Die anschließende Formulierung von langfristigen Zielen hilft Ihnen, die Vision zu revidieren, falls diese zu unrealistisch gewesen ist. Danach überlegen Sie sich, wie denn der Weg zum Ziel, die Vision Realität werden zu lassen, aussehen müsste. Zuerst generell und dann immer konkreter bis hin zu funktionalen Strategien und der Auflistung von Implementierungsprojekten.

Die Darstellung des strategischen Prozesses auf einem Blatt Papier hilft Ihnen, die Komplexität einer Situation zu verringern und die Stringenz von strategischen Argumenten zu erhöhen. Wie das Topmanagement von 3M sind wir davon überzeugt, dass Hunderte von Power-Point-Folien noch keine Strategie ausmachen. Durch das Auflegen von Folien mit einer übersichtlichen Anzahl von Bullet Points wird keine Stringenz erzeugt. Mit Folienpräsentationen können oft wichtige Zusammenhänge verloren gehen, und selbst erfahrene Manager können in die Irre geführt werden. Was wir brauchen ist keine wissenschaftliche Analyse von Unternehmenssituationen, die letztendlich mit vielen Unsicherheiten behaftet sind, sondern klare und offene Gespräche über die Zukunft der Firma. Fassen Sie die nächste Power-Point-Präsentation in einem kurzen Prosatext zusammen und verzichten Sie auf zu detaillierte Analysen. Sie werden sofort ein Gefühl dafür bekommen, ob die Strategie auf wackligen Beinen steht oder ein stabiles Fundament besitzt. Akademiker und teilweise Berater haben in den letzten Jahrzehnten versucht, aus der Kunst der strategischen Unternehmensführung eine exakte Wissenschaft zu machen. Der Anteil an quantitativen Analysen ist bei den meisten strategischen Reports überproportional: Vor allem die Englisch-sprachigen Fachzeitschriften sind voll mit statistischen Analysen. Doch das ersehnte Ergebnis von Planbarkeit und Kontrollierbarkeit in einer wechselhaften Welt wird nicht eintreten. Das Streben nach Scheinsicherheit ersetzt allzu oft unternehmerische Intuition, Kreativität und Pragmatismus.

Machen Sie also den Versuch der Komplexitätsreduktion und zeichnen Sie Ihre eigene Strategielandkarte mit den neun Boxen. Sie werden sehen, dass sich die Logik und Stringenz der Argumente stark verbessert, und dass es für Sie leichter wird, den Überblick zu bewahren – den Prozess zu steuern. Wenn Sie dann noch die Zeit finden, einmal pro Woche in aller Ruhe auf diese Strategielandkarte zu schauen und über die Zukunft der Firma nachzudenken, haben Sie gute Aussichten, die Qualität Ihrer strategischen Entscheidungen um ein Vielfaches zu erhöhen. Führen Sie Ihr Unternehmen mit den Grundprinzipien des Strategieprozesses: Fundieren Sie Ihr Handeln mit der richtigen und überschaubaren Analyse, entwickeln Sie innovative Konzepte und setzen Sie insbesondere Wettbewerbsvorteile mit unternehmerischem Herzblut konsequent um.

Literatur

Ackermann, F.; Eden, C. (2000): *Making Strategy,* Wiltshire.

Ansoff, I. (1965): *Corporate Strategy: An Analytical Approach to Business Policy for Growth and Expansion,* New York.

Ansoff, I. (1981): »Die Bewältigung von Überraschungen und Diskontinuitäten durch die Unternehmensführung – Strategische Reaktionen auf schwache Signale«, *Planung und Kontrolle,* München.

Barney, J. (2001): *Benchmarking von Ressourcen und Fähigkeiten: Gaining and Sustaining Competitive Advantage,* Prentice Hall, Vol. 32, S. 107–116.

Bartlett, C. A.; Ghoshal, S. (2000): *Going Global: Lessons from Late Movers,* Cambridge/MA.

Bartlett, C. A.; Ghoshal, S. (1989): *Managing Across Borders: The Transnational Solution,* Cambridge/MA.

Buzan, T. (2002): *Das Mind Mapping Buch: Die beste Methode zur Steigerung ihres geistigen Potenzials,* München.

Campbell, A.; Goold, M. (1994): *Corporate-level Strategy: Creating Value in a Multi-Business Company,* New York.

Charan, R. (2001): »Wider eine Kultur der Entschlusslosigkeit«, *Harvard Business Manager,* Vol. 5, S. 34–43.

Chandler, A. (1962): *Strategy and Structure,* Cambridge.

Courtney, H. (2001): »Making the Most out of Uncertainty«, *McKinsey Quarterly,* Vol. 4, S. 38–48.

Courtney, H.; Kirkland, J. (1997): »Strategy under Uncertainty«, *Harvard Business Review,* Nov./Dez., Vol. 75/6, S. 67–81.

Covey, S. (2000): *Die sieben Wege zur Effektivität,* Frankfurt/New York.

Dierickx, I.; Cool, K. (1989): »Asset Stock Accumulation and Sustainable Competitive Advantage«, *Management Science,* S. 1504–1511.

Dyhle, A. (1991): *Controllerpraxis: Führung durch Ziele – Planung – Controlling,* München.

Eisenhardt, K. M. (1999): »Strategy as Strategic Decision Making«, *Sloan Management Review,* Spring, S. 65–72.

Glaister, Keith W.; Falshaw, I. Richard (1999): »Strategic Planning still going strong?«, *Long Range Planning,* Vol. 32, S. 107–116.

Grant, R. (1991): »Resource-based Theory of Competitive Advantage: Implication for Strategy Formulation«, *California Management Review*, Vol. 33/3, S. 114–135.

Grant, R. (2002): »Contemporary Strategy Analysis: Concepts, Techniques, Applications«, Malden/MA., S. 121.

Gupta, Anil K.; Govindarajan, Vijav (1991): »Knowledge Flows and the Structure of Control within Multinational Corporations«, *Academy of Management Review*, 1991, S. 768–792.

Hammer, M.; Champy, J. (1996): *Business Reengineering. Die Radikalkur für das Unternehmen*, Frankfurt/New York.

Kaplan, R. S.; Norton, D. P. (1997): *Balanced Scorecard: Strategien erfolgreich umsetzen*, Stuttgart.

Kotter, J. P. (1996): *Leading Chance*, Boston.

Krystek, U.; Müller-Stewens, C. (1990): »Grundzüge einer strategischen Frühaufklärung«, in: *Strategische Unternehmensplanung – Strategische Unternehmensführung*, Heidelberg.

Leonard-Barton, D. (1992): »Core Capabilities and Core Rigidities: A Paradox in Managing New Product Development«, *Strategic Management Journal*, Vol. 13, S. 111–125.

Leonard-Barton, D. (1995): *Wellsprings of Knowledge and Sustaining the Sources of Innovation*, Boston/MA.

Lewin, K. (1963): *Feldtheorie in der Sozialwissenschaft*, Bern/Stuttgart.

Markides, C. (2001): *So wird Ihr Unternehmen einzigartig. Ein Praxisleitfaden für professionelle Strategieentwicklung*, Frankfurt/New York.

McGee, John; Thomas, Howard (1986): »Strategic Group: Theory, Research and Taxonomy«, *Strategic Management Journal*, Vol. 7, S. 141–160.

Mintzberg, H. (1990): *The Decision School: Reconsidering the basic Promises of Strategic Management*, London.

Mintzberg, H. (1994): *The Rise and Fall of Strategic Planning*, New York/London.

Mintzberg, H. (1998): *Strategy Safari: Eine Reise durch die Wildnis des Strategischen Managements*, Frankfurt.

Müller-Stewens, G.; Lechner, C. (2001): *Strategisches Management*, Stuttgart.

von Oetinger, B.; von Ghyczy, T.; Bassford, Ch. (2001): *Strategie denken*, München.

Porter, M. E. (1980): *Competitive Strategy. Techniques for Analyzing Industries and Competitors*, New York/London.

Porter, M. E. (1996): »What is Strategy?«, *Harvard Business Review*, Nov.-Dec., S. 61–78.

Prahalad, C. K.; Bettis, R. A. (1986): »The Dominant Logic: A New Linkage between Diversity and Performance«, *Strategic Management Journal*, Vol. 7, S. 485–501.

Pümpin, C. (1980): *Strategische Führung in der Unternehmenspraxis*, Bern.

Quinn, James Brian; Hilmer, Frederick G. (1995): »Strategic Outsourcing«, *McKinsey Quarterly*, Vol. 1, S. 48–70.

Quinn, James Brian (1992): *Intelligent Enterprises,* New York.

Rasner, C.; Füser, K.; Faix, W. (1997): *Das Existenzgründer-Buch,* Landsberg/ Lech.

Schein, E. (1984): »Coming to a New Awareness of Original Culture«, *Sloan Management Review,* S. 76–90.

Shaw, Gordon; Brown, Robert; Bromiley, Philip (1998): »Strategic Stories: How 3M is Rewriting Business Planning«, *Harvard Business Review,* May-June, S. 3–8.

Schoemaker, Paul, J.H.; (1995): »Scenario Planning: A Tool for Strategic Thinking«, *Sloan Management Review,* Vol. 36/2, S. 25–41.

Simon, H.; von der Gathen, A. (2002): *Das große Handbuch der Strategieinstrumente. Werkzeuge für eine erfolgreiche Unternehmensführung,* Frankfurt/New York.

Venzin, M. (1998): »Knowledge Management«, *CEMS Business Review,* Vol. 2, S. 205–210.

Von Krogh, G.; Roos, J. (1995): *Organizational Epistemology,* New York u. a.

Register